科学出版社“十三五”普通高等教育本科规划教材

线性代数

(第二版)

胡建成　杨　韧　主编

科学出版社

北　京

内 容 简 介

本书根据高等院校非数学类本科线性代数课程的教学基本要求，参照近年来线性代数优秀教材及一流课程建设的经验和成果修订而成. 全书共六章，内容包括：行列式、矩阵、矩阵的初等变换与线性方程组、向量组的线性相关性、矩阵的特征值与特征向量、二次型. 各章均有背景介绍和典型的应用案例分析，并配有适量的习题，书后附有参考答案. 书中楷体排印内容和加*号的内容适用于分层教学中较高层次的教学.

本书可作为一般高等院校非数学类专业的分层教学教材，也可供自学者、科技人员和参加考研的读者参考.

图书在版编目(CIP)数据

线性代数/胡建成，杨韧主编. —2版. —北京：科学出版社，2020. 9
科学出版社“十三五”普通高等教育本科规划教材
ISBN 978-7-03-065974-3

Ⅰ. ①线… Ⅱ. ①胡… ②杨… Ⅲ. ①线性代数-高等学校-教材
Ⅳ. ①O151.2

中国版本图书馆 CIP 数据核字（2020）第 164321 号

责任编辑：王胡权 李 萍／责任校对：杨聪敏
责任印制：霍 兵／封面设计：迷底书装

科学出版社 出版
北京东黄城根北街 16 号
邮政编码：100717
http://www.sciencep.com
石家庄继文印刷有限公司印刷
科学出版社发行 各地新华书店经销
*
2017 年 9 月第 一 版 开本：720 × 1000 1/16
2020 年 9 月第 二 版 印张：15 1/4
2024 年 7 月第九次印刷 字数：306 000

定价：45.00 元

第二版前言

《线性代数》(第二版) 是在第一版的基础上, 依据高等院校线性代数课程教学的基本要求, 参照新工科和国际工程教育专业认证对大学数学课程的要求, 并借鉴一流课程建设对教材的需求进行修订而成. 内容的组织上重视基本概念的理解, 简化繁琐的理论证明, 注重实际问题的解决.

这次教材修订的主要内容包括以下两个方面.

(1) 内容上进行了较大的调整, 在第一版的基础上, 优化和完善了各章引言、部分定义和定理的表述以及部分定理的推导过程; 增加了部分内容, 例如矩阵多项式、过渡矩阵等; 重新编写了部分章节, 加强了基础知识的完整性, 例如将第一版中的第 5 章矩阵的相似对角化与二次型拆分为矩阵的特征值与特征向量和二次型两章内容; 各章增加了应用案例, 重视数学建模的思想和方法, 启发读者数学建模思维和意识的形成, 加强理论知识的应用; 各章的例题和习题都做了增加和修改, 兼顾基本知识与题型的多样化, 难易结合, 满足各个层次的读者需求.

(2) 进一步完善了数字资源, 修改了 “课程导学”“知识拓展” 等内容, 增加了课后自测练习题的题量, 新增了 “知识图谱” 栏目, 建设了与教材配套的数字课程, 提供了 “课后自测”“知识提升” 等丰富的数字资源. 这些内容可作为读者巩固复习、拓宽视野的选读内容, 方便读者进行个性化的学习. 线性代数作为一门大学数学公共基础课程, 长期教学实践形成的内容体系已经非常完善. 但随着科学技术的不断发展, 也会有新的成果出现, 书中介绍了一些新的成果, 为经典的线性代数内容融入了活力, 同时对读者深刻理解内容也大有裨益.

此次修订工作得到了科学出版社和成都信息工程大学应用数学学院的大力支持. 成都信息工程大学周钰谦教授详细审阅了本修订稿, 并提出了许多修订意见; 研究生王颖提供了大量习题; 成都信息工程大学线性代数课程组的老师, 对此次修订提出了不少宝贵的建议. 在此表示衷心的感谢!

限于编者水平, 书中难免有疏漏和不足之处, 敬请读者指正!

编　者

2020 年 6 月

第一版前言

线性代数是高等学校理工类专业和经管类专业的一门公共基础课程, 它对于培养逻辑推理能力、抽象思维能力和数学素养起着重要作用. 线性代数作为数学基础, 为专业课程的学习以及科学计算提供基本理论和基本方法. 特别是随着计算机技术和数值计算方法的不断发展, 线性代数已成为自然科学、社会科学、工程技术、经济管理等诸多领域中解决实际问题的重要工具.

本书是编者在进行多年教学改革和教学实践基础上, 历经五年编写而成的. 在编写过程中, 借鉴国内外许多优秀教材的思想, 重视线性代数的基本概念阐述和基本理论推导, 针对不同层次学生使用的需要, 精心选择和编排内容结构, 并安排适量的应用案例. 通过案例分析, 使学生深入理解线性代数知识, 并初步体会线性代数理论在实际问题中的作用. 本书主要有以下几个特点:

(1) 精心提炼教学素材. 根据高等教育对本科线性代数课程的基本要求, 合理组织基本概念和基本理论的教学内容, 编写和选取有助于理解基本概念、有利于掌握基本理论的例题, 编写和遴选有益于培养分析问题和解决问题能力的习题. 在保证一定理论深度的基础上, 对难度较大的教学内容做相应处理, 适当降低抽象理论的难度.

(2) 精心编排教学内容. 在章节的开始追溯理论渊源与应用背景, 以问题驱动引入线性代数的基本概念及基本理论, 安排由浅入深、由易到难、循序渐进的内容次序. 以矩阵为载体, 变换为工具, 使初等变换的基本思想贯穿教材内容, 强调线性代数知识的系统性和连贯性. 在章节最后安排典型案例分析, 所选案例贴近生活, 易于理解, 增加读者的学习兴趣.

(3) 精心选取应用案例. 在基本理论满足教学要求的基础上, 注重知识和方法的实际应用. 通过典型案例分析, 融入数学建模思想方法, 介绍线性代数知识的应用和涉及的领域; 并在习题中配套实际问题, 供读者思考与探讨, 使读者初步建立应用线性代数知识解决实际问题的意识和能力.

(4) 精心制作数字资源. 以纸质教材为基础, 利用二维码技术, 将数字化资源与纸质教材相融合, 从而丰富教材内容, 有助于提升学习兴趣, 拓展视野. 各章在章前总结了教学内容、基本要求、重点和难点, 章中提供了知识拓展阅读材料, 章后配有适量自测题及其参考答案, 以及教学 PPT 课件.

本书由胡建成、杨韧任主编, 杨韧负责统稿并修改定稿, 周钰谦负责审稿. 参与编写工作的有: 胡建成 (第 1, 2, 5 章和第 3, 4 章理论内容), 杨韧 (第 4 章部分内容和例题习题), 江小平 (第 3 章部分内容和例题习题), 谢海英 (参与选材和部分习题). 在编写过程中得到了成都信息工程大学应用数学学院李保军教授、杨光崇教授、韩章家教授、高增辉副教授、陈玲副教授的帮助, 他们提出了许多宝贵意见. 科学出版社对本书的出版给予了大力的支持, 在此一并表示衷心的感谢!

由于编者水平有限, 书中难免存在疏漏和不足之处, 敬请同行和读者批评指正!

编　者

2017 年 4 月

目　　录

第1章 行 列 式

行列式是由解线性方程组产生的一种算式. 它作为一种基本的数学工具, 在线性代数、多项式理论以及微积分中有着重要的应用. 本章主要介绍行列式的定义、性质及其计算方法; 此外介绍行列式在解线性方程组中的应用, 即克拉默法则.

第1章 课程导学

第1章 知识图谱

引 言

行列式起源于线性方程组的求解, 最早是一种速记表达式. 行列式的提出比形成独立体系的矩阵理论大约早 160 年. 行列式的概念最早是由日本数学家关孝和 (Seki Takakazu, 1642—1708) 在 1683 年提出来的. 他在一部名为《解伏题之法》的著作 (意思是 "解行列式问题的方法") 中对行列式的概念和它的展开已经有了清楚的叙述. 在欧洲, 第一个提出行列式概念的是德国数学家莱布尼茨 (G. W. Leibniz, 1646—1716), 他是微积分学的奠基人之一. 1693 年 4 月, 他在写给法国数学家洛必达 (L′ Hospital, 1661—1704) 的一封信中给出并使用了行列式.

1750 年, 瑞士数学家克拉默 (G. Cramer, 1704—1752) 在其著作《线性代数分析导引》中, 对行列式的定义和展开法则给出了比较完整、明确的阐述, 通过行列式构造 xOy 平面中的某些曲线方程, 并给出了求解 n 元线性方程组的克拉默法则.

很长一段时间内, 行列式只是作为解线性方程组的一种工具, 并没有形成一门理论. 第一个对行列式理论做出连贯的逻辑阐述, 即把行列式理论与线性方程组求解相分离的人, 是法国数学家范德蒙德 (A. T. Vandermonde, 1735—1796). 1771 年, 他不仅把行列式应用于解线性方程组, 而且对行列式理论本身进行了开创性研究. 他给出了用二阶子式和它的余子式来展开行列式的法则, 还提出了符号行列式, 对行列式理论做出连贯的逻辑阐述.

法国数学家柯西 (A. L. Cauchy, 1789—1857) 对行列式理论做出了突出贡献. 1812 年, 他在一篇论文中首先提出行列式这个名称, 给出了行列式的第一个系统的、几乎是近代的处理. 他通过行列式给出了奇数个多面体体积的行列式公式, 并将这些公式与早期行列式的工作联系起来.

后来德国数学家雅可比 (C. G. Jacobi, 1804—1851) 引进了函数行列式, 即 “雅可比行列式”. 1841 年他所发表的著名论文《论行列式的形成与性质》, 给出了函数行列式的导数公式, 还利用函数行列式证明了函数之间相关或无关的条件, 又给出了雅可比行列式的乘积定理, 这标志着行列式系统理论的形成.

1.1　二阶行列式和三阶行列式

1.1.1　二元线性方程组与二阶行列式

在初等数学中, 二元线性方程组

$$\begin{cases} a_{11}x_1 + a_{12}x_2 = b_1, \\ a_{21}x_1 + a_{22}x_2 = b_2 \end{cases} \tag{1.1}$$

的解表示平面上两条直线的交点. 当两条直线不平行, 即 $a_{11}a_{22} - a_{12}a_{21} \neq 0$ 时, 方程组 (1.1) 可用消元法求解.

将 a_{22} 乘以第 1 个方程两端, a_{12} 乘以第 2 个方程两端, 然后相减消去 x_2, 得

$$(a_{11}a_{22} - a_{12}a_{21})x_1 = b_1a_{22} - a_{12}b_2,$$

类似地, 消去 x_1, 得

$$(a_{11}a_{22} - a_{12}a_{21})x_2 = a_{11}b_2 - b_1a_{21}.$$

当 $a_{11}a_{22} - a_{12}a_{21} \neq 0$ 时, 求得方程组 (1.1) 的解为

$$x_1 = \frac{b_1a_{22} - a_{12}b_2}{a_{11}a_{22} - a_{12}a_{21}}, \quad x_2 = \frac{a_{11}b_2 - b_1a_{21}}{a_{11}a_{22} - a_{12}a_{21}}. \tag{1.2}$$

显然, x_1, x_2 完全由方程组的四个系数 $a_{11}, a_{12}, a_{21}, a_{22}$ 和常数项 b_1, b_2 所确定. 分母是由方程组的四个系数按照它们在方程组中的位置排成两行两列 (横的称为**行**, 竖的称为**列**) 的数表

$$\begin{matrix} a_{11} & a_{12} \\ a_{21} & a_{22} \end{matrix}$$

所确定的算式 $a_{11}a_{22} - a_{12}a_{21}$, 为便于记忆, 引进记号

$$D = \begin{vmatrix} a_{11} & a_{12} \\ a_{21} & a_{22} \end{vmatrix} = a_{11}a_{22} - a_{12}a_{21}, \tag{1.3}$$

称为二阶行列式, 数 $a_{ij}(i=1,2;j=1,2)$ 称为行列式 D 的**元素或元**, 元素 a_{ij} 位于第 i 行第 j 列, 称为该行列式 D 的 (i,j) **元**.

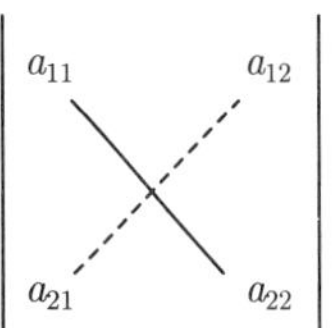

图 1.1 对角线法则

上述二阶行列式的定义, 可用对角线法则来记忆. 如图 1.1 所示, 将 a_{11} 到 a_{22} 的实连线称为**主对角线**, 将 a_{12} 到 a_{21} 的虚连线称为**副对角线**. 于是二阶行列式便是主对角线上的两个元素之积减去副对角线上两个元素之积.

注 行列式一般用大写字母 D 表示, 元素一般用小写字母 a,b,c,d 等表示.

利用二阶行列式的定义, 记

$$D=\begin{vmatrix} a_{11} & a_{12} \\ a_{21} & a_{22} \end{vmatrix}, \quad D_1=\begin{vmatrix} b_1 & a_{12} \\ b_2 & a_{22} \end{vmatrix}, \quad D_2=\begin{vmatrix} a_{11} & b_1 \\ a_{21} & b_2 \end{vmatrix},$$

那么二元线性方程组 (1.1) 的解可以表示为

$$x_1=\frac{D_1}{D}, \quad x_2=\frac{D_2}{D}, \tag{1.4}$$

其中, D 称为方程组 (1.1) 的**系数行列式**.

1.1.2 三阶行列式

类似地, 定义三阶行列式

$$\begin{vmatrix} a_{11} & a_{12} & a_{13} \\ a_{21} & a_{22} & a_{23} \\ a_{31} & a_{32} & a_{33} \end{vmatrix}$$
$$=a_{11}a_{22}a_{33}+a_{12}a_{23}a_{31}+a_{13}a_{21}a_{32}-a_{13}a_{22}a_{31}-a_{12}a_{21}a_{33}-a_{11}a_{23}a_{32}, \tag{1.5}$$

可以用图 1.2 所示的**对角线法则**来记忆: 平行于主对角线 (用实线连接) 的三个元素的乘积前面冠以正号, 平行于副对角线 (用虚线连接) 的三个元素的乘积前面冠以负号.

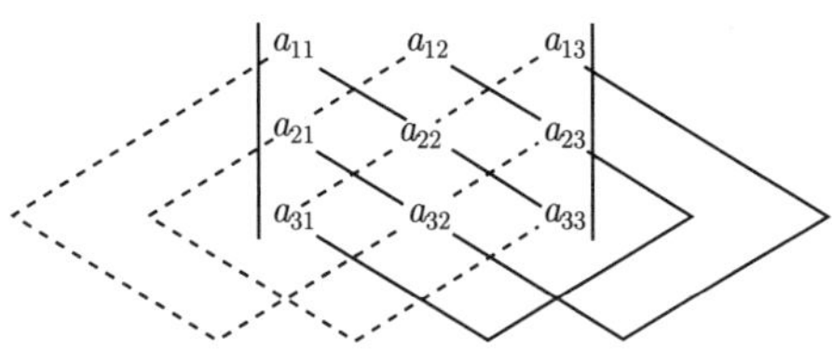

图 1.2 对角线法则

注 对角线法则只适用于二、三阶行列式, 而不适用于四阶及以上各阶行列式.

例 1 计算三阶行列式 $D=\begin{vmatrix} 1 & -2 & 3 \\ -5 & 7 & 0 \\ 6 & -3 & 4 \end{vmatrix}$.

解 根据对角线法则, 有

$$\begin{aligned} D =& 1\times 7\times 4+(-2)\times 0\times 6+3\times(-5)\times(-3)-3\times 7\times 6 \\ & -(-2)\times(-5)\times 4-1\times 0\times(-3) \\ =& 28+0+45-126-40-0=-93. \end{aligned}$$

例 2 求解方程 $\begin{vmatrix} -1 & x & 0 \\ 0 & x & 1 \\ x & 2 & 3 \end{vmatrix}=0$.

解 根据对角线法则, 可得

$$\begin{vmatrix} -1 & x & 0 \\ 0 & x & 1 \\ x & 2 & 3 \end{vmatrix}=x^2-3x+2,$$

由 $x^2-3x+2=0$, 解得 $x=1$ 或 $x=2$.

1.2 n 阶行列式

1.1 节介绍了二阶、三阶行列式, 现以此为基础, 分析二、三阶行列式的结构规律, 并将其推广到 n 阶行列式.

1.2.1 排列与逆序数

由 n 个不同的数组成一个的有序数组, 称为这 n 个数的一个全排列 (简称排列), 记为 $p_1p_2\cdots p_n$, 排列中的数称为排列的元素.

例如, 由三个数 1, 2, 3 可以组成的排列分别是

$$123, 132, 213, 231, 312, 321,$$

共有 6 种.

考察由 n 个自然数 $1,2,\cdots,n$ 组成的排列, 共有多少种?

一般地, n 个自然数 $1,2,\cdots,n$ 组成的所有排列的种数用 P_n 表示, 显然,

$$\mathrm{P}_n=n(n-1)\cdots 2\times 1=n!,$$

其中, 由小到大的排列为 $12\cdots n$, 称为**自然排列**或**标准排列**, 并规定自然排列的次序为**标准次序**.

定义 1 在一个排列 $p_1p_2\cdots p_i\cdots p_j\cdots p_n$ 中, 若其中两个元素 p_i, p_j 的先后次序与标准次序不同, 即 $p_i > p_j$, 则称这两个元素构成一个**逆序**. 排列 $p_1p_2\cdots p_n$ 中所有逆序的总数称为该排列的**逆序数**, 记为 $\tau(p_1p_2\cdots p_n)$.

例如, 在排列 312 中出现的所有逆序有 31 和 32, 所以 $\tau(312) = 2$, 同理, $\tau(321) = 3$.

设 $p_1p_2\cdots p_n$ 是 n 个自然数 $1, 2, \cdots, n$ 的一个排列, 依次考虑元素 $p_i(i = 1, 2, \cdots, n)$, 若比 p_i 大且排在 p_i 前面的元素有 t_i 个, 则元素 p_i 的逆序数为 t_i. 一个排列的逆序数等于这个排列中所有元素的逆序数之和, 即

$$\tau(p_1p_2\cdots p_n) = t_1 + t_2 + \cdots + t_n = \sum_{i=1}^{n} t_i.$$

例 3 计算下列排列的逆序数.

(1) 21534; (2) $n(n-1)\cdots 21$.

解 (1) 在排列 21534 中, 2 排在首位, 逆序数为 0; 1 前面有 1 个比 1 大的数 2, 故其逆序数为 1; 5 前面没有比 5 大的数, 故其逆序数为 0; 3 前面有 1 个比 3 大的数 5, 故其逆序数为 1; 4 前面有 1 个比 4 大的数 5, 故其逆序数为 1.

因此, 排列 21534 的逆序数为 $\tau(21534) = 0 + 1 + 0 + 1 + 1 = 3$.

(2) 同理可得

$$\tau[n(n-1)\cdots 21] = 0 + 1 + 2 + \cdots + (n-2) + (n-1) = \frac{n(n-1)}{2}.$$

定义 2 逆序数为奇数的排列称为**奇排列**, 逆序数为偶数的排列称为**偶排列**.

在标准排列中没有逆序, 其逆序数为 0, 因此标准排列为偶排列.

1.2.2 对换

定义 3 在一个排列中, 将某两个元素的位置互换, 而其余元素不动, 这种作出新排列的过程称为**对换**. 将相邻两个元素对换, 称为**相邻对换**.

例如, 偶排列 42135 的逆序数 $\tau(42135) = 4$, 对换 (1,5), 得到一个新的排列 42531, 计算可得其逆序数为 7. 所以偶排列 42135 经过一次对换后变成奇排列 42531.

一般地, 有以下结论.

定理 1 对换改变排列的奇偶性.

证明 先证明相邻对换的情形. 设排列为

$$a_1\cdots a_l a b b_1\cdots b_m,$$

对换 a 与 b, 变为新排列

$$a_1 \cdots a_l bab_1 \cdots b_m.$$

显然, 排列中元素 $a_1, \cdots, a_l, b_1, \cdots, b_m$ 的逆序数经过对换后没有改变, 而元素 a, b 的逆序数改变为:

当 $a < b$ 时, 经过对换后, a 的逆序数增加 1, 而 b 的逆序数不变;

当 $a > b$ 时, 经过对换后, a 的逆序数不变, 而 b 的逆序数减少 1. 所以, 排列 $a_1 \cdots a_l abb_1 \cdots b_m$ 与排列 $a_1 \cdots a_l bab_1 \cdots b_m$ 的奇偶性改变.

再证明一般对换的情形. 设排列为

$$a_1 \cdots a_l ab_1 \cdots b_m bc_1 \cdots c_n,$$

元素 a 与 b 之间相隔 m 个元素, 要实现 a 与 b 的对换, 可先将 b 与 b_m 作相邻对换, 再将 b 与 b_{m-1} 作相邻对换, 依次继续下去, 经过 m 次相邻对换, 排列变成

$$a_1 \cdots a_l abb_1 \cdots b_m c_1 \cdots c_n,$$

然后, 再将 a 依次与 $b, b_1, \cdots, b_m$ 作 $m+1$ 次相邻对换, 变成排列

$$a_1 \cdots a_l bb_1 \cdots b_m ac_1 \cdots c_n,$$

这样, 经过 $2m+1$ 次相邻对换, 实现了 a 与 b 对换, 而每次相邻对换改变排列的奇偶性, 所以两个排列的奇偶性正好相反. □

由定理 1, 可得下列推论.

推论 1　奇排列变成标准排列的对换次数为奇数, 偶排列变成标准排列的对换次数为偶数.

证明　由定理 1, 一次对换改变排列的奇偶性, 因此, 对换的次数就是排列奇偶性变化的次数, 而标准排列是偶排列, 因此结论成立. □

推论 2　n 个数组成的排列中, 奇、偶排列各占一半.

证明　设所有排列中奇排列为 s 个, 偶排列为 t 个. 若对每个奇排列都作同一对换, 则由定理 1, s 个奇排列均变为偶排列, 故 $s \leqslant t$. 同理, 对每个偶排列都作同一对换, 则 t 个偶排列均变为奇排列, 故 $t \leqslant s$. 所以 $s = t$. 又因为 n 个数组成的排列总数为 $n!$, 从而 $s = t = \dfrac{n!}{2}$. □

1.2.3　n 阶行列式

前面定义了二、三阶行列式, 能否将其类推到更一般的 n 阶行列式呢? 为此,

先观察三阶行列式的结构

$$\begin{vmatrix} a_{11} & a_{12} & a_{13} \\ a_{21} & a_{22} & a_{23} \\ a_{31} & a_{32} & a_{33} \end{vmatrix}$$
$$=a_{11}a_{22}a_{33}+a_{12}a_{23}a_{31}+a_{13}a_{21}a_{32}-a_{13}a_{22}a_{31}-a_{12}a_{21}a_{33}-a_{11}a_{23}a_{32},$$

不难看出, 有下列特点:

(1) 上式右端的每一项均为不同行不同列的三个元素的乘积;

(2) 各项的三个元素的行标排列为标准排列, 列标恰好是 $1,2,3$ 三个数的所有排列 123, 231, 312, 321, 213, 132, 故三阶行列式共含有 $3!=6$ 项. 因此, 除正负号外, 各项均可以写成 $a_{1p_1}a_{2p_2}a_{3p_3}$, 其中列标 $p_1p_2p_3$ 是 123 这三个数的任意一个排列.

(3) 各项的正负号与列标的排列有关, 带正号的三项的列标排列是 123, 231, 312, 均为偶排列; 带负号的三项的列标排列是 321, 213, 132, 均为奇排列. 因此, 各项所带正负号可以表示为 $(-1)^{\tau(p_1p_2p_3)}$.

综上所述, 三阶行列式可以写成

$$\begin{vmatrix} a_{11} & a_{12} & a_{13} \\ a_{21} & a_{22} & a_{23} \\ a_{31} & a_{32} & a_{33} \end{vmatrix}=\sum_{p_1p_2p_3}(-1)^{\tau(p_1p_2p_3)}a_{1p_1}a_{2p_2}a_{3p_3}, \tag{1.6}$$

其中 $\sum\limits_{p_1p_2p_3}$ 表示对 1, 2, 3 三个数的所有排列 $p_1p_2p_3$ 求和.

类似地, 根据这个规律, 可以把行列式的概念推广到一般情形.

定义 4 由 n^2 个数 $a_{ij}(i,j=1,2,\cdots,n)$ 组成的 n 行 n 列的记号

$$\begin{vmatrix} a_{11} & a_{12} & \cdots & a_{1n} \\ a_{21} & a_{22} & \cdots & a_{2n} \\ \vdots & \vdots & & \vdots \\ a_{n1} & a_{n2} & \cdots & a_{nn} \end{vmatrix}, \tag{1.7}$$

表示所有取自不同行不同列的 n 个元素乘积的代数和

$$\sum_{p_1p_2\cdots p_n}(-1)^{\tau(p_1p_2\cdots p_n)}a_{1p_1}a_{2p_2}\cdots a_{np_n},$$

称为 n **阶行列式**, 记作

$$D=\begin{vmatrix} a_{11} & a_{12} & \cdots & a_{1n} \\ a_{21} & a_{22} & \cdots & a_{2n} \\ \vdots & \vdots & & \vdots \\ a_{n1} & a_{n2} & \cdots & a_{nn} \end{vmatrix}=\sum_{p_1p_2\cdots p_n}(-1)^{\tau(p_1p_2\cdots p_n)}a_{1p_1}a_{2p_2}\cdots a_{np_n}, \tag{1.8}$$

简记为 $\det(a_{ij})$ 或 $|a_{ij}|$.

注　(1) 根据此定义的二、三阶行列式, 与 1.1 节中用对角线法则定义的二、三阶行列式是一致的;

(2) 特别地, 当 $n=1$ 时, 规定一阶行列式 $|a|=a$, 注意不要与绝对值符号相混淆.

在式 (1.8) 中, 各项乘积的 n 个元素的行标均固定取标准排列. 因为数的乘法是可以交换的, 故这 n 个元素相乘的顺序是可以变化的, 所以行列式中代数项的一般形式可以表示为

$$(-1)^{\tau}a_{i_1j_1}a_{i_2j_2}\cdots a_{i_nj_n}, \tag{1.9}$$

其中 $i_1i_2\cdots i_n$ 和 $j_1j_2\cdots j_n$ 分别是行标和列标的任一排列, τ 为该项的逆序数. 下面讨论如何确定该项的逆序数 τ.

根据定理 1 的推论 1, 排列 $i_1i_2\cdots i_n$ 可以经过若干次对换变为标准排列 $12\cdots n$, 因此, 通过对换式 (1.9) 中元素的位置, 得到

$$a_{i_1j_1}a_{i_2j_2}\cdots a_{i_nj_n}=a_{1p_1}a_{2p_2}\cdots a_{np_n}.$$

因为每一次对换式 (1.9) 中的两个元素的位置, 相应的行的排列和列的排列都作了一次对换, 因此行排列和列排列的逆序数之和的奇偶性不变. 故有

$$(-1)^{\tau(i_1i_2\cdots i_n)+\tau(j_1j_2\cdots j_n)}=(-1)^{\tau(12\cdots n)+\tau(p_1p_2\cdots p_n)}=(-1)^{\tau(p_1p_2\cdots p_n)},$$

从而

$$(-1)^{\tau(p_1p_2\cdots p_n)}a_{1p_1}a_{2p_2}\cdots a_{np_n}=(-1)^{\tau(i_1i_2\cdots i_n)+\tau(j_1j_2\cdots j_n)}a_{i_1j_1}a_{i_2j_2}\cdots a_{i_nj_n}.$$

这说明行列式一般代数式 (1.9) 中项 $a_{i_1j_1}a_{i_2j_2}\cdots a_{i_nj_n}$ 的符号由

$$(-1)^{\tau(i_1i_2\cdots i_n)+\tau(j_1j_2\cdots j_n)}$$

确定.

因此, 可以给出 n 阶行列式的等价定义的一般表达形式

$$D=\sum(-1)^{\tau(i_1i_2\cdots i_n)+\tau(j_1j_2\cdots j_n)}a_{i_1j_1}a_{i_2j_2}\cdots a_{i_nj_n}, \tag{1.10}$$

其中 $i_1i_2\cdots i_n$ 和 $j_1j_2\cdots j_n$ 均为 $12\cdots n$ 的某个排列.

特别地,

(1) 若 $i_1i_2\cdots i_n$ 取标准排列, 则 n 阶行列式可定义为

$$D=\sum_{j_1j_2\cdots j_n}(-1)^{\tau(j_1j_2\cdots j_n)}a_{1j_1}a_{2j_2}\cdots a_{nj_n}, \tag{1.11}$$

即为行列式的定义式 (1.8).

(2) 若 $j_1j_2\cdots j_n$ 取标准排列, 则行列式可定义为

$$D=\sum_{i_1i_2\cdots i_n}(-1)^{\tau(i_1i_2\cdots i_n)}a_{i_11}a_{i_22}\cdots a_{i_nn}. \tag{1.12}$$

上述结论说明了, 行列式中行与列的地位是相等的. 因此, 在后面讨论行列式的性质时, 若某个结论对于行列式的行是成立的, 则该结论对于行列式的列也是成立的.

例 4 根据行列式的定义计算行列式 $D=\begin{vmatrix}3&0&0&0\\0&2&0&0\\0&0&-2&0\\0&0&0&1\end{vmatrix}$.

解 根据行列式的定义, 四阶行列式D含有乘积项$(-1)^{\tau(p_1p_2p_3p_4)}a_{1p_1}a_{2p_2}a_{3p_3}a_{4p_4}$共 $4!=24$ 项. 若 $p_1\neq 1$, 则 $a_{1p_1}=0$, 从而该项为 0, 因此 D 中不为零的项只能取 $p_1=1$, 同理可得, $p_2=2,p_3=3,p_4=4$, 所以

$$D=\begin{vmatrix}3&0&0&0\\0&2&0&0\\0&0&-2&0\\0&0&0&1\end{vmatrix}=(-1)^{\tau(1234)}a_{11}a_{22}a_{33}a_{44}=(-1)^{\tau(1234)}3\times2\times(-2)\times1=-12.$$

例 5 证明**上三角形行列式** $D=\begin{vmatrix}a_{11}&a_{12}&\cdots&a_{1n}\\0&a_{22}&\cdots&a_{2n}\\\vdots&\vdots&&\vdots\\0&0&\cdots&a_{nn}\end{vmatrix}=a_{11}a_{22}\cdots a_{nn}$.

证明 行列式 D 含有乘积项 $(-1)^{\tau(p_1p_2\cdots p_n)}a_{1p_1}a_{2p_2}\cdots a_{np_n}$ 共 $n!$ 项. 首先确定第 n 行元素 a_{np_n}, 如果取 $p_n=1,2,\cdots,n-1$, 那么 $a_{np_n}=0$, 从而该项为零, 于是取 $p_n=n$. 其次确定 $n-1$ 行元素 $a_{n-1,p_{n-1}}$, 若取 $p_{n-1}=1,2,\cdots,n-2$, 则 $a_{n-1,p_{n-1}}=0$, 该项为零, 又 $a_{n-1,n}$ 位于的第 n 列已取, 故只能取 $p_{n-1}=n-1$, 类

似可得, $p_{n-2}=n-2,\cdots,p_1=1$, 因此

$$\begin{vmatrix} a_{11} & a_{12} & \cdots & a_{1n} \\ 0 & a_{22} & \cdots & a_{2n} \\ \vdots & \vdots & & \vdots \\ 0 & 0 & \cdots & a_{nn} \end{vmatrix} = (-1)^{\tau(12\cdots n)}a_{11}a_{22}\cdots a_{nn} = a_{11}a_{22}\cdots a_{nn}.$$ □

类似地, **下三角形行列式**

$$\begin{vmatrix} a_{11} & 0 & \cdots & 0 \\ a_{21} & a_{22} & \cdots & 0 \\ \vdots & \vdots & & \vdots \\ a_{n1} & a_{n2} & \cdots & a_{nn} \end{vmatrix} = a_{11}a_{22}\cdots a_{nn}.$$

特别地, **对角形行列式**

$$\begin{vmatrix} \lambda_1 & & & \\ & \lambda_2 & & \\ & & \ddots & \\ & & & \lambda_n \end{vmatrix} = \lambda_1\lambda_2\cdots\lambda_n.$$

反对角形行列式

$$\begin{vmatrix} & & & \lambda_1 \\ & & \lambda_2 & \\ & \iddots & & \\ \lambda_n & & & \end{vmatrix} = (-1)^{\frac{n(n-1)}{2}}\lambda_1\lambda_2\cdots\lambda_n.$$

例 6 用行列式的定义计算 $D=\begin{vmatrix} 0 & 1 & 0 & \cdots & 0 \\ 0 & 0 & 2 & \cdots & 0 \\ \vdots & \vdots & \vdots & & \vdots \\ 0 & 0 & 0 & \cdots & n-1 \\ n & 0 & 0 & \cdots & 0 \end{vmatrix}$.

解 按行列式的定义, 有

$$\begin{aligned} D &= \sum_{p_1p_2\cdots p_n}(-1)^{\tau(p_1p_2\cdots p_n)}a_{1p_1}a_{2p_2}\cdots a_{np_n} \\ &= (-1)^{\tau(23\cdots n1)}a_{12}a_{23}\cdots a_{n-1,n}a_{n1} \\ &= (-1)^{\tau(23\cdots n1)}n! = (-1)^{n-1}n!. \end{aligned}$$

1.3 行列式的性质

根据行列式的定义计算 n 阶行列式, 其计算量非常大, 也特别困难. 本节介绍行列式的运算性质, 利用这些性质来简化行列式的计算, 并且这些性质在理论研究上也有着重要的应用.

定义 5 设行列式

$$D=\begin{vmatrix} a_{11} & a_{12} & \cdots & a_{1n} \\ a_{21} & a_{22} & \cdots & a_{2n} \\ \vdots & \vdots & & \vdots \\ a_{n1} & a_{n2} & \cdots & a_{nn} \end{vmatrix},$$

将 D 的各行与同序号的列互换, 所得行列式称为 D 的**转置行列式**, 记作 D^{T}, 即

$$D^{\mathrm{T}}=\begin{vmatrix} a_{11} & a_{21} & \cdots & a_{n1} \\ a_{12} & a_{22} & \cdots & a_{n2} \\ \vdots & \vdots & & \vdots \\ a_{1n} & a_{2n} & \cdots & a_{nn} \end{vmatrix}.$$

性质 1 行列式与它的转置行列式相等, 即 $D=D^{\mathrm{T}}$.

证明 记 $D=\det(a_{ij})$ 的转置行列式为 $D^{\mathrm{T}}=\det(b_{ij})$, 其中 $b_{ij}=a_{ji}(i,j=1,2,\cdots,n)$, 按行列式的定义,

$$\begin{aligned} D^{\mathrm{T}} &= \sum_{p_1p_2\cdots p_n}(-1)^{\tau(p_1p_2\cdots p_n)}b_{1p_1}b_{2p_2}\cdots b_{np_n} \\ &= \sum_{p_1p_2\cdots p_n}(-1)^{\tau(p_1p_2\cdots p_n)}a_{p_11}a_{p_22}\cdots a_{p_nn}. \end{aligned}$$

由式 (1.12), 有

$$D=\sum_{p_1p_2\cdots p_n}(-1)^{\tau(p_1p_2\cdots p_n)}a_{p_11}a_{p_22}\cdots a_{p_nn},$$

故 $D=D^{\mathrm{T}}$. □

例如, $D=\begin{vmatrix} 1 & -4 & -1 \\ -3 & 3 & 2 \\ 1 & -2 & 1 \end{vmatrix}=-16,\ D^{\mathrm{T}}=\begin{vmatrix} 1 & -3 & 1 \\ -4 & 3 & -2 \\ -1 & 2 & 1 \end{vmatrix}=-16.$

性质 1 表明在行列式中行与列有相同的地位. 凡是对行成立的性质, 对列也同样成立, 反之亦然. 因此下面所讨论的行列式的性质, 只对行的情形加以证明.

性质 2　互换行列式的两行, 行列式变号, 即

$$\begin{vmatrix} a_{11} & a_{12} & \cdots & a_{1n} \\ \vdots & \vdots & & \vdots \\ a_{i1} & a_{i2} & \cdots & a_{in} \\ \vdots & \vdots & & \vdots \\ a_{j1} & a_{j2} & \cdots & a_{jn} \\ \vdots & \vdots & & \vdots \\ a_{n1} & a_{n2} & \cdots & a_{nn} \end{vmatrix} = -\begin{vmatrix} a_{11} & a_{12} & \cdots & a_{1n} \\ \vdots & \vdots & & \vdots \\ a_{j1} & a_{j2} & \cdots & a_{jn} \\ \vdots & \vdots & & \vdots \\ a_{i1} & a_{i2} & \cdots & a_{in} \\ \vdots & \vdots & & \vdots \\ a_{n1} & a_{n2} & \cdots & a_{nn} \end{vmatrix}.$$

证明　按行列式的定义

$$\begin{aligned} \text{左边} &= \sum_{p_1\cdots p_i\cdots p_j\cdots p_n} (-1)^{\tau(p_1\cdots p_i\cdots p_j\cdots p_n)} a_{1p_1}\cdots a_{ip_i}\cdots a_{jp_j}\cdots a_{np_n} \\ &= -\sum_{p_1\cdots p_j\cdots p_i\cdots p_n} (-1)^{\tau(p_1\cdots p_j\cdots p_i\cdots p_n)} a_{1p_1}\cdots a_{jp_j}\cdots a_{ip_i}\cdots a_{np_n} = \text{右边}. \end{aligned}$$ □

通常用 r_i 表示行列式的第 i 行, 交换 i, j 行, 记作 $r_i \leftrightarrow r_j$; 用 c_j 表示第 j 列, 交换 i, j 列, 记作 $c_i \leftrightarrow c_j$.

推论　若行列式中有两行的对应元素相同, 则该行列式等于零.

证明　设行列式 D 的第 i 行与第 j 行 $(i \neq j)$ 对应元素相同, 由性质 2, 交换行列式 D 的第 i 行和第 j 行后, 新行列式符号改变, 所以新行列式等于 $-D$. 另一方面, 交换行列式 D 相同的两行, 行列式没有改变. 因此可得 $D=-D$, 即 $2D=0$, 所以 $D=0$. □

性质 3　行列式中某一行的所有元素都乘以同一数 k, 等于用数 k 乘此行列式, 即

$$\begin{vmatrix} a_{11} & a_{12} & \cdots & a_{1n} \\ \vdots & \vdots & & \vdots \\ ka_{i1} & ka_{i2} & \cdots & ka_{in} \\ \vdots & \vdots & & \vdots \\ a_{n1} & a_{n2} & \cdots & a_{nn} \end{vmatrix} = k\begin{vmatrix} a_{11} & a_{12} & \cdots & a_{1n} \\ \vdots & \vdots & & \vdots \\ a_{i1} & a_{i2} & \cdots & a_{in} \\ \vdots & \vdots & & \vdots \\ a_{n1} & a_{n2} & \cdots & a_{nn} \end{vmatrix}.$$

证明　按行列式的定义

$$\begin{aligned} \text{左边} &= \sum_{j_1\cdots j_i\cdots j_n} (-1)^{\tau(j_1\cdots j_i\cdots j_n)} a_{1j_1}\cdots (ka_{ij_i})\cdots a_{nj_n} \\ &= k\sum_{j_1\cdots j_i\cdots j_n} (-1)^{\tau(j_1\cdots j_i\cdots j_n)} a_{1j_1}\cdots a_{ij_i}\cdots a_{nj_n} = \text{右边}. \end{aligned}$$ □

性质 3 表明, 行列式中某一行所有元素的公因子可以提到行列式的记号外面来.

推论 若行列式的某两行的对应元素成比例, 则行列式等于零.

证明 利用性质 3 与性质 2 的推论即可证得. □

性质 4 行列式某一行的元素都是两数之和, 则该行列式等于两个行列式之和, 即

$$\begin{vmatrix} a_{11} & a_{12} & \cdots & a_{1n} \\ \vdots & \vdots & & \vdots \\ a_{i1}+b_{i1} & a_{i2}+b_{i2} & \cdots & a_{in}+b_{in} \\ \vdots & \vdots & & \vdots \\ a_{n1} & a_{n2} & \cdots & a_{nn} \end{vmatrix}$$

$$= \begin{vmatrix} a_{11} & a_{12} & \cdots & a_{1n} \\ \vdots & \vdots & & \vdots \\ a_{i1} & a_{i2} & \cdots & a_{in} \\ \vdots & \vdots & & \vdots \\ a_{n1} & a_{n2} & \cdots & a_{nn} \end{vmatrix} + \begin{vmatrix} a_{11} & a_{12} & \cdots & a_{1n} \\ \vdots & \vdots & & \vdots \\ b_{i1} & b_{i2} & \cdots & b_{in} \\ \vdots & \vdots & & \vdots \\ a_{n1} & a_{n2} & \cdots & a_{nn} \end{vmatrix}.$$

性质 5 行列式的某一行元素对应地加上另一行元素的 k 倍, 所得行列式的值不变, 即

$$\begin{vmatrix} a_{11} & a_{12} & \cdots & a_{1n} \\ \vdots & \vdots & & \vdots \\ a_{i1}+ka_{j1} & a_{i2}+ka_{j2} & \cdots & a_{in}+ka_{jn} \\ \vdots & \vdots & & \vdots \\ a_{j1} & a_{j2} & \cdots & a_{jn} \\ \vdots & \vdots & & \vdots \\ a_{n1} & a_{n2} & \cdots & a_{nn} \end{vmatrix} = \begin{vmatrix} a_{11} & a_{12} & \cdots & a_{1n} \\ \vdots & \vdots & & \vdots \\ a_{i1} & a_{i2} & \cdots & a_{in} \\ \vdots & \vdots & & \vdots \\ a_{j1} & a_{j2} & \cdots & a_{jn} \\ \vdots & \vdots & & \vdots \\ a_{n1} & a_{n2} & \cdots & a_{nn} \end{vmatrix}.$$

行列式的第 i 行元素加上第 j 行元素的 k 倍, 记作 $r_i + kr_j$; 行列式的第 i 列元素加上第 j 列元素的 k 倍, 记作 $c_i + kc_j$.

性质 4 和性质 5 请读者自行证明.

利用行列式的性质可以简化行列式的计算, 将复杂的行列式化简为容易计算的行列式. 这是计算行列式常用的方法. 比如, 利用性质 5 可以把行列式中许多元素化为零, 这样可以将行列式化为上 (下) 三角形行列式, 得到行列式的值.

例 7　计算行列式

$$D=\begin{vmatrix} -5 & 1 & -3 & -3 \\ 1 & -5 & 3 & -4 \\ 0 & 2 & 1 & -1 \\ 1 & 3 & -1 & 2 \end{vmatrix}.$$

解　$$D\xlongequal{r_1\leftrightarrow r_4}-\begin{vmatrix} 1 & 3 & -1 & 2 \\ 1 & -5 & 3 & -4 \\ 0 & 2 & 1 & -1 \\ -5 & 1 & -3 & -3 \end{vmatrix}\xlongequal[r_4+5r_1]{r_2+(-1)r_1}-\begin{vmatrix} 1 & 3 & -1 & 2 \\ 0 & -8 & 4 & -6 \\ 0 & 2 & 1 & -1 \\ 0 & 16 & -8 & 7 \end{vmatrix}$$

$$\xlongequal{r_2\leftrightarrow r_3}\begin{vmatrix} 1 & 3 & -1 & 2 \\ 0 & 2 & 1 & -1 \\ 0 & -8 & 4 & -6 \\ 0 & 16 & -8 & 7 \end{vmatrix}\xlongequal[r_4+(-8)r_2]{r_3+4r_2}\begin{vmatrix} 1 & 3 & -1 & 2 \\ 0 & 2 & 1 & -1 \\ 0 & 0 & 8 & -10 \\ 0 & 0 & -16 & 15 \end{vmatrix}$$

$$\xlongequal{r_4+2r_3}\begin{vmatrix} 1 & 3 & -1 & 2 \\ 0 & 2 & 1 & -1 \\ 0 & 0 & 8 & -10 \\ 0 & 0 & 0 & -5 \end{vmatrix}=-80.$$

例 8　计算行列式

$$D=\begin{vmatrix} a & b & c & d \\ a & a+b & a+b+c & a+b+c+d \\ a & 2a+b & 3a+2b+c & 3a+3b+2c+d \\ a & 3a+b & 6a+3b+c & 7a+6b+3c+d \end{vmatrix}.$$

解　$$D\xlongequal[\substack{r_3-r_2\\ r_2-r_1}]{r_4-r_3}\begin{vmatrix} a & b & c & d \\ 0 & a & a+b & a+b+c \\ 0 & a & 2a+b & 2a+2b+c \\ 0 & a & 3a+b & 4a+3b+c \end{vmatrix}\xlongequal[r_3-r_2]{r_4-r_3}\begin{vmatrix} a & b & c & d \\ 0 & a & a+b & a+b+c \\ 0 & 0 & a & a+b \\ 0 & 0 & a & 2a+b \end{vmatrix}$$

$$\xlongequal{r_4-r_3}\begin{vmatrix} a & b & c & d \\ 0 & a & a+b & a+b+c \\ 0 & 0 & a & a+b \\ 0 & 0 & 0 & a \end{vmatrix}=a^4.$$

例 9 计算 n 阶行列式

$$D_n = \begin{vmatrix} a & b & b & \cdots & b \\ b & a & b & \cdots & b \\ b & b & a & \cdots & b \\ \vdots & \vdots & \vdots & & \vdots \\ b & b & b & \cdots & a \end{vmatrix}.$$

解 这个行列式的特点是各行的 n 个元素之和都是 $a+(n-1)b$, 把第 $2,3,\cdots,n$ 列同时加到第 1 列, 提出公因子, 然后各行再减去第 1 行.

$$D_n \xlongequal[(j=2,3,\cdots,n)]{c_1+c_j} \begin{vmatrix} a+(n-1)b & b & b & \cdots & b \\ a+(n-1)b & a & b & \cdots & b \\ a+(n-1)b & b & a & \cdots & b \\ \vdots & \vdots & \vdots & & \vdots \\ a+(n-1)b & b & b & \cdots & a \end{vmatrix} = [a+(n-1)b] \begin{vmatrix} 1 & b & b & \cdots & b \\ 1 & a & b & \cdots & b \\ 1 & b & a & \cdots & b \\ \vdots & \vdots & \vdots & & \vdots \\ 1 & b & b & \cdots & a \end{vmatrix}$$

$$\xlongequal[(i=2,3,\cdots,n)]{r_i-r_1} [a+(n-1)b] \begin{vmatrix} 1 & b & b & \cdots & b \\ 0 & a-b & 0 & \cdots & 0 \\ 0 & 0 & a-b & \cdots & 0 \\ \vdots & \vdots & \vdots & & \vdots \\ 0 & 0 & 0 & \cdots & a-b \end{vmatrix} = [a+(n-1)b](a-b)^{n-1}.$$

1.4 行列式按行 (列) 展开

一般来说, 低阶行列式的计算要比高阶行列式的计算简单. 因此, 自然地就提出一个想法: 用低阶行列式来表示高阶行列式. 这种想法是否可行呢? 先来分析三阶行列式和二阶行列式的关系.

由二阶和三阶行列式的定义, 可得

$$\begin{aligned} &\begin{vmatrix} a_{11} & a_{12} & a_{13} \\ a_{21} & a_{22} & a_{23} \\ a_{31} & a_{32} & a_{33} \end{vmatrix} \\ =&a_{11}a_{22}a_{33}+a_{12}a_{23}a_{31}+a_{13}a_{21}a_{32}-a_{13}a_{22}a_{31}-a_{12}a_{21}a_{33}-a_{11}a_{23}a_{32} \\ =&a_{11}(a_{22}a_{33}-a_{23}a_{32})-a_{12}(a_{21}a_{33}-a_{23}a_{31})+a_{13}(a_{21}a_{32}-a_{22}a_{31}) \end{aligned}$$

$$
= a_{11}\begin{vmatrix} a_{22} & a_{23} \\ a_{32} & a_{33} \end{vmatrix} - a_{12}\begin{vmatrix} a_{21} & a_{23} \\ a_{31} & a_{33} \end{vmatrix} + a_{13}\begin{vmatrix} a_{21} & a_{22} \\ a_{31} & a_{32} \end{vmatrix}. \tag{1.13}
$$

从上式可以看到, 三阶行列式等于它的第 1 行的每个元素分别乘一个二阶行列式的代数和, 也就是说, 三阶行列式可以按第 1 行降阶展开为二阶行列式. 类似地, 也可以按其他行或者列降阶展开为二阶行列式 (请读者自行推导), 从而将三阶行列式的计算转化为二阶行列式的计算, 使计算得到简化. 为了进一步说明这些二阶行列式与原来三阶行列式的关系, 下面引入**余子式**和**代数余子式**的概念.

定义 6　在 n 阶行列式 D 中, 把元素 a_{ij} 所在的第 i 行和第 j 列划去后, 剩下的元素按原来位置顺序组成的 $n-1$ 阶行列式称为元素 a_{ij} 的**余子式**, 记作 M_{ij}. 又称 $A_{ij}=(-1)^{i+j}M_{ij}$ 为元素 a_{ij} 的**代数余子式.**

例如, 在三阶行列式中, 元素 a_{12} 的余子式 M_{12} 是指: 划去 a_{12} 所在的第 1 行和第 2 列所有元素, 剩下的元素按它们在 D 中的原来位置顺序组成的二阶行列式

$$
\begin{vmatrix} a_{11} & a_{12} & a_{13} \\ a_{21} & a_{22} & a_{23} \\ a_{31} & a_{32} & a_{33} \end{vmatrix},
$$

即

$$
M_{12} = \begin{vmatrix} a_{21} & a_{23} \\ a_{31} & a_{33} \end{vmatrix}.
$$

而元素 a_{12} 的代数余子式为

$$
A_{12} = (-1)^{1+2}M_{12} = -\begin{vmatrix} a_{21} & a_{23} \\ a_{31} & a_{33} \end{vmatrix},
$$

元素 a_{31} 的余子式和代数余子式分别为

$$
M_{31} = \begin{vmatrix} a_{12} & a_{13} \\ a_{22} & a_{23} \end{vmatrix},
$$

$$
A_{31} = (-1)^{3+1}M_{31} = \begin{vmatrix} a_{12} & a_{13} \\ a_{22} & a_{23} \end{vmatrix}.
$$

又如, 行列式

$$
\begin{vmatrix} 2 & 3 & 0 \\ 0 & -1 & 2 \\ 1 & 0 & 4 \end{vmatrix},
$$

有

$$M_{12}=\begin{vmatrix}0&2\\1&4\end{vmatrix}=-2,\quad A_{12}=(-1)^{1+2}M_{12}=2.$$

注 行列式中每一个元素都分别对应一个余子式和代数余子式, 而且其余子式和代数余子式与该元素的值无关.

利用代数余子式的定义, 三阶行列式 (1.13) 可写成

$$D=a_{11}A_{11}+a_{12}A_{12}+a_{13}A_{13}=\sum_{k=1}^{3}a_{1k}A_{1k}.$$

上式表明, 三阶行列式等于它的第 1 行的各元素与其对应的代数余子式的乘积之和.

同三阶行列式类似, 有 n 阶行列式按行 (列) 展开定理.

定理 2 n 阶行列式等于它的任意一行 (列) 的 n 个元素与其对应的代数余子式乘积之和, 即

$$D=a_{i1}A_{i1}+a_{i2}A_{i2}+\cdots+a_{in}A_{in}=\sum_{k=1}^{n}a_{ik}A_{ik}\quad(i=1,2,\cdots,n)\tag{1.14}$$

或

$$D=a_{1j}A_{1j}+a_{2j}A_{2j}+\cdots+a_{nj}A_{nj}=\sum_{k=1}^{n}a_{kj}A_{kj}\quad(j=1,2,\cdots,n).\tag{1.15}$$

证明 下面只讨论按行展开的情形, 按列展开的情形可以类似地证明.

分三种情形进行证明:

(1) D 的第 1 行元素除 a_{11} 外, 其余元素均为 0 的情形, 即

$$D=\begin{vmatrix}a_{11}&0&\cdots&0\\a_{21}&a_{22}&\cdots&a_{2n}\\\vdots&\vdots&&\vdots\\a_{n1}&a_{n2}&\cdots&a_{nn}\end{vmatrix}.$$

根据行列式的定义, 有

$$\begin{aligned}D&=\sum_{p_1p_2\cdots p_n}(-1)^{\tau(p_1p_2\cdots p_n)}a_{1p_1}a_{2p_2}\cdots a_{np_n}\\&=\sum_{p_1=1}(-1)^{\tau(1p_2\cdots p_n)}a_{11}a_{2p_2}\cdots a_{np_n}+\sum_{p_1\neq1}(-1)^{\tau(p_1p_2\cdots p_n)}a_{1p_1}a_{2p_2}\cdots a_{np_n}.\end{aligned}$$

由于 $p_1 \neq 1$ 时, $a_{1p_1} = 0$, 因此

$$\begin{aligned} D &= \sum_{p_1=1} (-1)^{\tau(1p_2\cdots p_n)} a_{11} a_{2p_2} \cdots a_{np_n} \\ &= a_{11} \sum_{p_2\cdots p_n} (-1)^{\tau(p_2\cdots p_n)} a_{2p_2} \cdots a_{np_n} \\ &= a_{11} M_{11} = a_{11}(-1)^{1+1} M_{11} = a_{11} A_{11}. \end{aligned}$$

(2) D 中第 i 行元素除 a_{ij} 外, 其余元素均为 0 的情形, 即

$$D = \begin{vmatrix} a_{11} & \cdots & a_{1j} & \cdots & a_{1n} \\ \vdots & & \vdots & & \vdots \\ 0 & \cdots & a_{ij} & \cdots & 0 \\ \vdots & & \vdots & & \vdots \\ a_{n1} & \cdots & a_{nj} & \cdots & a_{nn} \end{vmatrix}.$$

为了利用 (1) 的结果, 将 D 中的第 i 行依次与前面的第 $i-1$ 行, 第 $i-2$ 行, $\cdots$, 第 1 行进行交换, 这样经过 $i-1$ 次交换把第 i 行移至第 1 行, D 变为 D_1, 有

$$D_1 = \begin{vmatrix} 0 & \cdots & a_{ij} & \cdots & 0 \\ a_{11} & \cdots & a_{1j} & \cdots & a_{1n} \\ \vdots & & \vdots & & \vdots \\ a_{n1} & \cdots & a_{nj} & \cdots & a_{nn} \end{vmatrix},$$

再把 j 列依次与前面的第 $j-1$ 列, 第 $j-2$ 列, $\cdots$, 第 1 列进行交换, 这样经过 $j-1$ 次交换把第 j 列移至第 1 列, D_1 变为 D_2, 有

$$D_2 = \begin{vmatrix} a_{ij} & \cdots & 0 & \cdots & 0 \\ a_{1j} & \cdots & a_{11} & \cdots & a_{1n} \\ \vdots & & \vdots & & \vdots \\ a_{nj} & \cdots & a_{n1} & \cdots & a_{nn} \end{vmatrix},$$

经过 $i+j-2$ 次交换, D 变为 D_2, 根据行列式的性质, 有

$$D = (-1)^{i+j-2} D_2 = (-1)^{i+j} D_2.$$

利用 (1) 的结果可得

$$D = (-1)^{i+j} a_{ij} M_{ij} = a_{ij} A_{ij}.$$

(3) 一般情形, 设

$$D=\begin{vmatrix} a_{11} & a_{12} & \cdots & a_{1n} \\ \vdots & \vdots & & \vdots \\ a_{i1} & a_{i2} & \cdots & a_{in} \\ \vdots & \vdots & & \vdots \\ a_{n1} & a_{n2} & \cdots & a_{nn} \end{vmatrix}.$$

将 D 变为

$$D=\begin{vmatrix} a_{11} & a_{12} & \cdots & a_{1n} \\ \vdots & \vdots & & \vdots \\ a_{i1}+0+\cdots+0 & 0+a_{i2}+\cdots+0 & \cdots & 0+0+\cdots+a_{in} \\ \vdots & \vdots & & \vdots \\ a_{n1} & a_{n2} & \cdots & a_{nn} \end{vmatrix}$$

$$=\begin{vmatrix} a_{11} & a_{12} & \cdots & a_{1n} \\ \vdots & \vdots & & \vdots \\ a_{i1} & 0 & \cdots & 0 \\ \vdots & \vdots & & \vdots \\ a_{n1} & a_{n2} & \cdots & a_{nn} \end{vmatrix}+\begin{vmatrix} a_{11} & a_{12} & \cdots & a_{1n} \\ \vdots & \vdots & & \vdots \\ 0 & a_{i2} & \cdots & 0 \\ \vdots & \vdots & & \vdots \\ a_{n1} & a_{n2} & \cdots & a_{nn} \end{vmatrix}+\cdots+\begin{vmatrix} a_{11} & a_{12} & \cdots & a_{1n} \\ \vdots & \vdots & & \vdots \\ 0 & 0 & \cdots & a_{in} \\ \vdots & \vdots & & \vdots \\ a_{n1} & a_{n2} & \cdots & a_{nn} \end{vmatrix}$$

$$=a_{i1}A_{i1}+a_{i2}A_{i2}+\cdots+a_{in}A_{in}\quad(i=1,2,\cdots,n).$$

同理, 可得

$$D=a_{1j}A_{1j}+a_{2j}A_{2j}+\cdots+a_{nj}A_{nj}=\sum_{k=1}^{n}a_{kj}A_{kj}\quad(j=1,2,\cdots,n).$$ □

推论 行列式某一行 (列) 的元素与另一行 (列) 的对应元素的代数余子式乘积之和等于零, 即

$$D=a_{i1}A_{j1}+a_{i2}A_{j2}+\cdots+a_{in}A_{jn}=\sum_{k=1}^{n}a_{ik}A_{jk}=0\quad(i\neq j;i,j=1,2,\cdots,n)$$

或

$$D=a_{1i}A_{1j}+a_{2i}A_{2j}+\cdots+a_{ni}A_{nj}=\sum_{k=1}^{n}a_{ki}A_{kj}=0\quad(i\neq j;i,j=1,2,\cdots,n).$$

证明　把行列式 D 的第 j 行元素换成第 i 行元素, 得行列式

$$D_1 = \begin{vmatrix} a_{11} & a_{12} & \cdots & a_{1n} \\ \vdots & \vdots & & \vdots \\ a_{i1} & a_{i2} & \cdots & a_{in} \\ \vdots & \vdots & & \vdots \\ a_{i1} & a_{i2} & \cdots & a_{in} \\ \vdots & \vdots & & \vdots \\ a_{n1} & a_{n2} & \cdots & a_{nn} \end{vmatrix}, \quad \begin{matrix} \\ \\ \leftarrow \text{第 } i \text{ 行} \\ \\ \leftarrow \text{第 } j \text{ 行} \\ \\ \\ \end{matrix}$$

将行列式 D_1 按第 j 行展开, 则

$$D_1 = a_{i1}A_{j1} + a_{i2}A_{j2} + \cdots + a_{in}A_{jn},$$

因 D_1 有两行相同, 根据行列式的性质, 故 $D_1 = 0$, 从而

$$a_{i1}A_{j1} + a_{i2}A_{j2} + \cdots + a_{in}A_{jn} = 0 \quad (i \neq j),$$

同理可证

$$a_{1i}A_{1j} + a_{2i}A_{2j} + \cdots + a_{ni}A_{nj} = 0 \quad (i \neq j).$$ □

综合上述定理及其推论, 得出关于代数余子式的重要性质

$$\sum_{k=1}^{n} a_{ik}A_{jk} = \begin{cases} D, & i = j, \\ 0, & i \neq j \end{cases}$$

或

$$\sum_{k=1}^{n} a_{ki}A_{kj} = \begin{cases} D, & i = j, \\ 0, & i \neq j. \end{cases}$$

利用定理 2, 并结合行列式的性质, 可以简化行列式的计算.

例 10　计算行列式 $D = \begin{vmatrix} 4 & 1 & 3 & 0 \\ 1 & 2 & 3 & 1 \\ 1 & 0 & 2 & 2 \\ 2 & -3 & 0 & 5 \end{vmatrix}$.

解　按第 1 行展开, 则有

$$D = a_{11}A_{11} + a_{12}A_{12} + a_{13}A_{13} + a_{14}A_{14},$$

其中 $a_{11}=4, a_{12}=1, a_{13}=3, a_{14}=0$.

$$A_{11}=(-1)^{1+1}\begin{vmatrix}2&3&1\\0&2&2\\-3&0&5\end{vmatrix}=8,\quad A_{12}=(-1)^{1+2}\begin{vmatrix}1&3&1\\1&2&2\\2&0&5\end{vmatrix}=-3,$$

$$A_{13}=(-1)^{1+3}\begin{vmatrix}1&2&1\\1&0&2\\2&-3&5\end{vmatrix}=1,\quad A_{14}=(-1)^{1+4}\begin{vmatrix}1&2&3\\1&0&2\\2&-3&0\end{vmatrix}=-5.$$

所以, $D=4\times 8+1\times(-3)+3\times 1+0\times(-5)=32$.

例 11 计算四阶行列式 $D=\begin{vmatrix}2&0&-1&2\\3&0&1&3\\0&-2&3&5\\0&0&2&1\end{vmatrix}$.

解 按第 2 列展开, 则有

$$D=a_{12}A_{12}+a_{22}A_{22}+a_{32}A_{32}+a_{42}A_{42},$$

其中 $a_{12}=0, a_{22}=0, a_{32}=-2, a_{42}=0$, 因此只需要计算 A_{32}, 即

$$A_{32}=(-1)^{3+2}\begin{vmatrix}2&-1&2\\3&1&3\\0&2&1\end{vmatrix}=-5.$$

所以, $D=a_{32}A_{32}=(-2)\times(-5)=10$.

从上述例子可以看出, 在行列式的计算中, 直接利用按行 (列) 展开定理计算行列式, 运算量较大, 特别是高阶行列式. 但是当行列式中某一行 (列) 含有较多零元素时, 可使得计算大大简化. 因此, 在计算行列式时, 一般可先应用行列式的性质将行列式某一行 (列) 中的元素化为更多的零, 再利用按行 (列) 展开定理, 降为低阶行列式, 按此继续下去, 直到化为二阶或三阶行列式.

例 12 计算四阶行列式 $D=\begin{vmatrix}2&1&1&2\\3&1&-2&-3\\-5&-2&0&3\\1&0&4&1\end{vmatrix}$.

解 行列式中第 2 列已经有一个 0 元素, 因此保留 $a_{12}=1$, 利用行列式的性质, 把该列的其余元素化为 0, 然后按第 2 列展开, 再接着对得到的三阶行列式进

行类似的运算.

$$D=\begin{vmatrix}2&1&1&2\\3&1&-2&-3\\-5&-2&0&3\\1&0&4&1\end{vmatrix}\xlongequal[r_3+2r_1]{r_2-r_1}\begin{vmatrix}2&1&1&2\\1&0&-3&-5\\-1&0&2&7\\1&0&4&1\end{vmatrix}=(-1)^{1+2}\begin{vmatrix}1&-3&-5\\-1&2&7\\1&4&1\end{vmatrix}$$

$$\xlongequal[r_3-r_1]{r_2+r_1}-\begin{vmatrix}1&-3&-5\\0&-1&2\\0&7&6\end{vmatrix}=-(-1)^{1+1}\begin{vmatrix}-1&2\\7&6\end{vmatrix}=20.$$

例 13　计算四阶行列式 $D=\begin{vmatrix}a&1&0&0\\-1&b&1&0\\0&-1&c&1\\0&0&-1&d\end{vmatrix}$.

解　按第 1 行展开, 得

$$D=a(-1)^{1+1}\begin{vmatrix}b&1&0\\-1&c&1\\0&-1&d\end{vmatrix}+1\times(-1)^{1+2}\begin{vmatrix}-1&1&0\\0&c&1\\0&-1&d\end{vmatrix}$$

$$=a\left[b\times(-1)^{1+1}\begin{vmatrix}c&1\\-1&d\end{vmatrix}+1\times(-1)^{1+2}\begin{vmatrix}-1&1\\0&d\end{vmatrix}\right]-(-1)\times(-1)^{1+1}\begin{vmatrix}c&1\\-1&d\end{vmatrix}$$

$$=a\left[b(cd+1)-(-d)\right]+cd+1=abcd+ab+ad+cd+1.$$

例 14　计算 $2n$ 阶行列式

$$D_{2n}=\begin{vmatrix}a&&&&&&b\\&a&&&&b&\\&&\ddots&&⋰&&\\&&&a\ \ b&&&\\&&&c\ \ d&&&\\&&⋰&&\ddots&&\\&c&&&&d&\\c&&&&&&d\end{vmatrix}.$$

解　按第 1 行展开, 有

$$D_{2n}=a\begin{vmatrix} a & & & & & b & 0\\ & \ddots & & & \iddots & & \\ & & a & b & & & \\ & & c & d & & & \\ & \iddots & & & \ddots & & \\ c & & & & & d & 0\\ 0 & & & & & 0 & d \end{vmatrix}-b\begin{vmatrix} 0 & a & & & & & b\\ & & \ddots & & & \iddots & \\ & & & a & b & & \\ & & & c & d & & \\ & & \iddots & & & \ddots & \\ 0 & c & & & & & d\\ c & 0 & & & & & 0 \end{vmatrix},$$

再将等号右边的两个行列式分别按最后一行展开, 得

$$D_{2n}=adD_{2(n-1)}-bcD_{2(n-1)}=(ad-bc)D_{2(n-1)},$$

按此递推公式, 可得

$$\begin{aligned}D_{2n}&=(ad-bc)D_{2(n-1)}=(ad-bc)^2D_{2(n-2)}=\cdots=(ad-bc)^{n-1}D_2\\&=(ad-bc)^{n-1}\begin{vmatrix} a & b\\ c & d\end{vmatrix}=(ad-bc)^n.\end{aligned}$$

例 15 证明范德蒙德行列式

$$D_n=\begin{vmatrix} 1 & 1 & \cdots & 1\\ x_1 & x_2 & \cdots & x_n\\ x_1^2 & x_2^2 & \cdots & x_n^2\\ \vdots & \vdots & & \vdots\\ x_1^{n-1} & x_2^{n-1} & \cdots & x_n^{n-1}\end{vmatrix}=\prod_{1\leqslant j<i\leqslant n}(x_i-x_j), \tag{1.16}$$

其中记号 “$\prod$” 表示全体同类因子的乘积.

证明 用数学归纳法.

当 $n=2$ 时, 有

$$D_2=\begin{vmatrix} 1 & 1\\ x_1 & x_2\end{vmatrix}=x_2-x_1=\prod_{1\leqslant j<i\leqslant 2}(x_i-x_j),$$

所以式 (1.16) 成立.

假设式 (1.16) 对于 $n-1$ 阶范德蒙德行列式成立, 下证对 n 阶范德蒙德行列式成立.

对 n 阶范德蒙德行列式, 从第 n 行开始, 后一行加上前一行的 $-x_1$ 倍, 有

$$D_n = \begin{vmatrix} 1 & 1 & 1 & \cdots & 1 \\ 0 & x_2 - x_1 & x_3 - x_1 & \cdots & x_n - x_1 \\ 0 & x_2(x_2 - x_1) & x_3(x_3 - x_1) & \cdots & x_n(x_n - x_1) \\ \vdots & \vdots & \vdots & & \vdots \\ 0 & x_2^{n-2}(x_2 - x_1) & x_3^{n-2}(x_3 - x_1) & \cdots & x_n^{n-2}(x_n - x_1) \end{vmatrix},$$

按第 1 列展开, 并提出每列的公因子 $(x_i - x_1)(i = 2, 3, \cdots, n)$, 即有

$$D_n = (x_2 - x_1)(x_3 - x_1)\cdots(x_n - x_1)\begin{vmatrix} 1 & 1 & \cdots & 1 \\ x_2 & x_3 & \cdots & x_n \\ \vdots & \vdots & & \vdots \\ x_2^{n-2} & x_3^{n-2} & \cdots & x_n^{n-2} \end{vmatrix},$$

上式右端的行列式是 $n-1$ 阶范德蒙德行列式, 按归纳法的假设, 有

$$D_n = (x_2 - x_1)(x_3 - x_1)\cdots(x_n - x_1)\prod_{2\leqslant j<i\leqslant n}(x_i - x_j) = \prod_{1\leqslant j<i\leqslant n}(x_i - x_j).$$

故对所有 $n \geqslant 2$ 结论都成立.

例 16 设行列式

$$D = \begin{vmatrix} 3 & 5 & 0 & 1 \\ 1 & 3 & -1 & 2 \\ -2 & -3 & 4 & -3 \\ 2 & 4 & -1 & 3 \end{vmatrix}$$

中元素 a_{ij} 的余子式和代数余子式依次记为 M_{ij} 和 A_{ij}, 分别求

(1) $A_{31} + A_{32} + A_{33} + A_{34}$; (2) $M_{13} + M_{23} + M_{33} + M_{43}$.

分析 对于四阶行列式, 按第 3 行展开式亦可表示为

$$a_{31}A_{31} + a_{32}A_{32} + a_{33}A_{33} + a_{34}A_{34} = \begin{vmatrix} a_{11} & a_{12} & a_{13} & a_{14} \\ a_{21} & a_{22} & a_{23} & a_{24} \\ a_{31} & a_{32} & a_{33} & a_{34} \\ a_{41} & a_{42} & a_{43} & a_{44} \end{vmatrix}.$$

将上式等式左右两边的元素 $a_{31}, a_{32}, a_{33}, a_{34}$ 同时替换, 等式仍然成立. 因此, 利用行列式按行展开式, 可以将含有行列式某一行元素对应代数余子式的和转换为新的行列式来进行计算.

解 根据上述分析可知, $A_{31} + A_{32} + A_{33} + A_{34}$ 等于用 1, 1, 1, 1 代替 D 的第 3 行对应元素所得的行列式, 即

$$A_{31}+A_{32}+A_{33}+A_{34}=\begin{vmatrix}3&5&0&1\\1&3&-1&2\\1&1&1&1\\2&4&-1&3\end{vmatrix}\xlongequal[r_4+r_3]{r_2+r_3}\begin{vmatrix}3&5&0&1\\2&4&0&3\\1&1&1&1\\3&5&0&4\end{vmatrix}$$

$$=\begin{vmatrix}3&5&1\\2&4&3\\3&5&4\end{vmatrix}\xlongequal{r_3-r_1}\begin{vmatrix}3&5&1\\2&4&3\\0&0&3\end{vmatrix}=3\begin{vmatrix}3&5\\2&4\end{vmatrix}=6.$$

同理, 可得

$$M_{13}+M_{23}+M_{33}+M_{43}$$

$$=A_{13}-A_{23}+A_{33}-A_{43}=\begin{vmatrix}3&5&1&1\\1&3&-1&2\\-2&-3&1&-3\\2&4&-1&3\end{vmatrix}\xlongequal{r_4+r_3}\begin{vmatrix}3&5&1&1\\1&3&-1&2\\-2&-3&1&-3\\0&1&0&0\end{vmatrix}$$

$$=\begin{vmatrix}3&1&1\\1&-1&2\\-2&1&-3\end{vmatrix}\xlongequal[r_3+r_2]{r_1+r_2}\begin{vmatrix}4&0&3\\1&-1&2\\-1&0&-1\end{vmatrix}=-\begin{vmatrix}4&3\\-1&-1\end{vmatrix}=1.$$

知识拓展 • 拉普拉斯定理

人物志

范德蒙德 (A. T. Vandermonde, 1735—1796), 法国数学家, 最先在巴黎学习音乐, 后来从事数学研究, 1771 年当选为巴黎科学院院士. 他对代数学做出了重要贡献. 他不仅把行列式应用于解线性方程组, 而且还是第一个把行列式理论与线性方程组求解相分离的人, 是行列式理论的奠基者. 特别地, 他给出了用二阶子式和它的余子式来展开行列式的法则, 还提出了专门的行列式符号. 以他的姓氏命名的数学概念有范德蒙德行列式、范德蒙德矩阵等.

1.5 克拉默法则

克拉默法则是线性方程组求解中的一个重要理论, 它可以用来讨论某些线性方程组解的存在唯一性, 并给出解的计算公式.

含有 n 个方程的 n 元线性方程组

$$\begin{cases} a_{11}x_1 + a_{12}x_2 + \cdots + a_{1n}x_n = b_1, \\ a_{21}x_1 + a_{22}x_2 + \cdots + a_{2n}x_n = b_2, \\ \qquad\qquad \cdots\cdots \\ a_{n1}x_1 + a_{n2}x_2 + \cdots + a_{nn}x_n = b_n \end{cases} \tag{1.17}$$

与二元线性方程组相类似, 它的解可以用 n 阶行列式来表示, 这就是著名的**克拉默法则**.

定理 3 (克拉默法则) 若线性方程组 (1.17) 的系数行列式不等于零, 即

$$D = \begin{vmatrix} a_{11} & a_{12} & \cdots & a_{1n} \\ a_{21} & a_{22} & \cdots & a_{2n} \\ \vdots & \vdots & & \vdots \\ a_{n1} & a_{n2} & \cdots & a_{nn} \end{vmatrix} \neq 0,$$

则线性方程组 (1.17) 有唯一解

$$x_1 = \frac{D_1}{D}, \quad x_2 = \frac{D_2}{D}, \cdots, \quad x_n = \frac{D_n}{D}, \tag{1.18}$$

其中 D_j $(j = 1, 2, \cdots, n)$ 是用方程组右端的常数项替换系数行列式 D 中第 j 列的元素后得到的 n 阶行列式, 即

$$D_j = \begin{vmatrix} a_{11} & \cdots & a_{1,j-1} & b_1 & a_{1,j+1} & \cdots & a_{1n} \\ a_{21} & \cdots & a_{2,j-1} & b_2 & a_{2,j+1} & \cdots & a_{2n} \\ \vdots & & \vdots & \vdots & \vdots & & \vdots \\ a_{n1} & \cdots & a_{n,j-1} & b_n & a_{n,j+1} & \cdots & a_{nn} \end{vmatrix}.$$

例 17 解线性方程组

$$\begin{cases} 2x_1 + 3x_2 - x_3 = 2, \\ x_1 + 2x_2 = -1, \\ -x_1 + 2x_2 - 2x_3 = 3. \end{cases}$$

解 计算系数行列式

$$D=\begin{vmatrix}2&3&-1\\1&2&0\\-1&2&-2\end{vmatrix}=-6\neq 0,$$

由克拉默法则, 方程组有唯一解, 此时

$$D_1=\begin{vmatrix}2&3&-1\\-1&2&0\\3&2&-2\end{vmatrix}=-6,\quad D_2=\begin{vmatrix}2&2&-1\\1&-1&0\\-1&3&-2\end{vmatrix}=6,$$

$$D_3=\begin{vmatrix}2&3&2\\1&2&-1\\-1&2&3\end{vmatrix}=18.$$

因此, 方程组的唯一解为

$$x_1=\frac{D_1}{D}=1,\quad x_2=\frac{D_2}{D}=-1,\quad x_3=\frac{D_3}{D}=-3.$$

当线性方程组 (1.17) 的常数项 $b_1,b_2,\cdots,b_n$ 不全为零时, 线性方程组称为**非齐次线性方程组**. 当 $b_1,b_2,\cdots,b_n$ 全为零时, 线性方程组

$$\begin{cases}a_{11}x_1+a_{12}x_2+\cdots+a_{1n}x_n=0,\\a_{21}x_1+a_{22}x_2+\cdots+a_{2n}x_n=0,\\\qquad\cdots\cdots\\a_{n1}x_1+a_{n2}x_2+\cdots+a_{nn}x_n=0\end{cases}\tag{1.19}$$

称为**齐次线性方程组**. 齐次线性方程组一定有解, $x_1=x_2=\cdots=x_n=0$ 就是它的解, 这个解称为齐次线性方程组的零解. 若一组不全为零的数是方程组 (1.19) 的解, 则称为齐次线性方程组 (1.19) 的非零解.

由于齐次线性方程组 (1.19) 是线性方程组 (1.17) 的特殊情形, 所以由克拉默法则可推出如下推论.

推论 1 若齐次线性方程组 (1.19) 的系数行列式 $D\neq 0$, 则它只有零解.

推论 1 的逆否命题如下.

推论 2 若齐次线性方程组 (1.19) 有非零解, 则它的系数行列式 $D=0$.

注 克拉默法则在线性代数中有非常重要的意义, 特别是它明确揭示了线性方程组的解与系数的关系. 但在实际应用中, 它要受到许多限制: 比如线性方程组中未知量的个数与方程个数相等, 系数行列式不为 0, 同时当 n 很大时, 计算 $n+1$ 个 n 阶行列式的计算量相当大. 克拉默法则主要用于理论上讨论线性方程组解的存在唯一性问题, 而很少用该法则求解线性方程组.

例 18　问 λ 取何值时, 齐次线性方程组

$$\begin{cases} (1-\lambda)x_1 - 2x_2 + 4x_3 = 0, \\ 2x_1 + (3-\lambda)x_2 + x_3 = 0, \\ x_1 + x_2 + (1-\lambda)x_3 = 0 \end{cases}$$

有非零解?

解　计算系数行列式

$$D = \begin{vmatrix} 1-\lambda & -2 & 4 \\ 2 & 3-\lambda & 1 \\ 1 & 1 & 1-\lambda \end{vmatrix} \xlongequal{r_1+2r_3} \begin{vmatrix} 3-\lambda & 0 & 6-2\lambda \\ 2 & 3-\lambda & 1 \\ 1 & 1 & 1-\lambda \end{vmatrix}$$

$$\xlongequal{c_3-2c_1} \begin{vmatrix} 3-\lambda & 0 & 0 \\ 2 & 3-\lambda & -3 \\ 1 & 1 & -1-\lambda \end{vmatrix}$$

$$= (3-\lambda) \begin{vmatrix} 3-\lambda & -3 \\ 1 & -1-\lambda \end{vmatrix} = (3-\lambda)(\lambda^2-2\lambda) = (3-\lambda)(\lambda-2)\lambda.$$

由定理 3 的推论 2 可知, 若齐次线性方程组有非零解, 则 $D=0$, 因此得 $\lambda=0, \lambda=2$ 或 $\lambda=3$.

例 19　已知通过平面上两个不同的点可以确定一条直线, 设点 $A(x_1, y_1)$, $B(x_2, y_2)$ 是平面上两个不同的点, 证明: 通过 A, B 两点的直线方程可表示为

$$\begin{vmatrix} x & y & 1 \\ x_1 & y_1 & 1 \\ x_2 & y_2 & 1 \end{vmatrix} = 0.$$

证明　设通过 A, B 两点的直线方程为

$$a_1x + a_2y + a_3 = 0, \quad a_1, a_2, a_3\text{不全为零}.$$

由于 A, B 都在该直线上, 因此

$$\begin{cases} a_1x_1 + a_2y_1 + a_3 = 0, \\ a_1x_2 + a_2y_2 + a_3 = 0, \end{cases}$$

得线性方程组

$$\begin{cases} xa_1 + ya_2 + a_3 = 0, \\ x_1a_1 + y_1a_2 + a_3 = 0, \\ x_2a_1 + y_2a_2 + a_3 = 0. \end{cases}$$

这是一个以 a_1, a_2, a_3 为未知量的齐次线性方程组, 由于 a_1, a_2, a_3 不全为零, 即方程组有非零解, 由定理 3 的推论 2 可知, 方程组的系数行列式为 0, 即

$$\begin{vmatrix} x & y & 1 \\ x_1 & y_1 & 1 \\ x_2 & y_2 & 1 \end{vmatrix} = 0.$$

人物志

克拉默 (G. Cramer, 1704—1752), 瑞士数学家. 1750 年, 克拉默在其著作《代数曲线的分析引论》中, 首先定义了正则、非正则、超越曲线和无理曲线等概念. 为了确定经过 5 个点的一般二次曲线的系数, 应用了著名的克拉默法则, 即由线性方程组的系数确定方程组解的表达式. 该法则于 1729 年被英国数学家麦克劳林证明, 于 1748 年发表, 从而使克拉默法则的优越性广为流传.

1.6 案 例 分 析

1.6.1 “杨辉三角” 中的行列式

杨辉三角 (图 1.3), 又叫贾宪三角形, 是二项式系数在三角形中的一种几何排列. 在欧洲, 杨辉三角也叫做帕斯卡三角形. 帕斯卡是 1654 年发现这一规律的, 比杨辉要迟 393 年, 比贾宪迟 600 年. 在杨辉三角中, 数字按某一固定的规律排成的行列式, 可以发现这些行列式的值的求法有一定的规律可循, 有些行列式还可以直接给出结果.

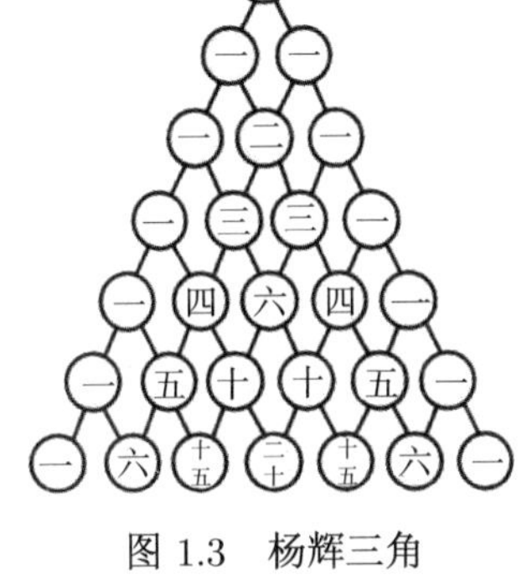

图 1.3 杨辉三角

考虑下列行列式

$$D = \begin{vmatrix} 1 & 1 & 1 & 1 \\ 1 & 2 & 3 & 4 \\ 1 & 3 & 6 & 10 \\ 1 & 4 & 10 & 20 \end{vmatrix},$$

计算可得 $D = 1$. 同时, 不难发现行列式 D 左上角一阶、二阶和三阶行列式都等于

1, 即

$$|1| = 1, \quad \begin{vmatrix} 1 & 1 \\ 1 & 2 \end{vmatrix} = 1, \quad \begin{vmatrix} 1 & 1 & 1 \\ 1 & 2 & 3 \\ 1 & 3 & 6 \end{vmatrix} = 1,$$

这一现象并非偶然.

经观察, 发现这些行列式的元素从某左上角起构成杨辉三角的一部分

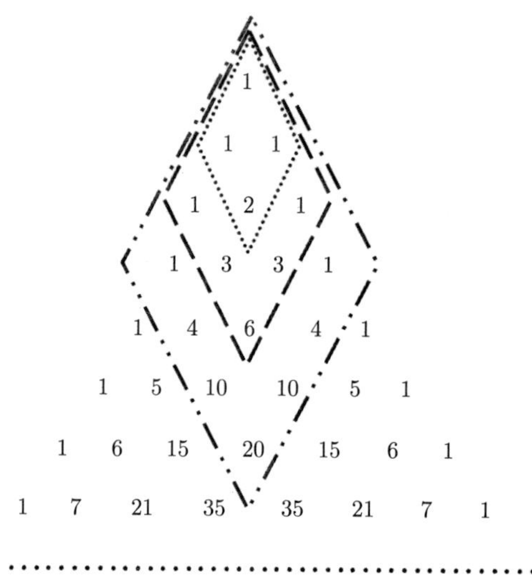

规定 $C_0^0 = 1$, 杨辉三角的每一行都是二项展开式的系数, 即

$$\begin{array}{c} C_0^0 \\ C_1^0 \quad C_1^1 \\ C_2^0 \quad C_2^1 \quad C_2^2 \\ C_3^0 \quad C_3^1 \quad C_3^2 \quad C_3^3 \\ C_4^0 \quad C_4^1 \quad C_4^2 \quad C_4^3 \quad C_4^4 \\ \cdots\cdots\cdots\cdots\cdots\cdots \\ C_{n-1}^0 \ C_{n-1}^1 \cdots C_{n-1}^{r-1} \ C_{n-1}^r \cdots C_{n-1}^{n-2} \ C_{n-1}^{n-1} \\ C_n^0 \quad C_n^1 \quad \cdots\cdots \ C_n^r \ \cdots\cdots \quad C_n^{n-1} \quad C_n^n \\ \cdots\cdots\cdots\cdots\cdots\cdots\cdots\cdots \end{array}$$

于是, 猜想有如下命题

$$D_n = \begin{vmatrix} C_0^0 & C_1^1 & C_2^2 & \cdots & C_{n-2}^{n-2} & C_{n-1}^{n-1} \\ C_1^0 & C_2^1 & C_3^2 & \cdots & C_{n-1}^{n-2} & C_n^{n-1} \\ C_2^0 & C_3^1 & C_4^2 & \cdots & C_n^{n-2} & C_{n+1}^{n-1} \\ \vdots & \vdots & \vdots & & \vdots & \vdots \\ C_{n-2}^0 & C_{n-1}^1 & C_n^2 & \cdots & C_{2n-4}^{n-2} & C_{2n-3}^{n-1} \\ C_{n-1}^0 & C_n^1 & C_{n+1}^2 & \cdots & C_{2n-3}^{n-2} & C_{2n-2}^{n-1} \end{vmatrix} = 1.$$

证明 用数学归纳法.

(1) $D_1 = \left|C_0^0\right| = 1$, 命题成立.

(2) 假设 $D_k = 1$, 即

$$D_k = \begin{vmatrix} C_0^0 & C_1^1 & C_2^2 & \cdots & C_{k-2}^{k-2} & C_{k-1}^{k-1} \\ C_1^0 & C_2^1 & C_3^2 & \cdots & C_{k-1}^{k-2} & C_k^{k-1} \\ \vdots & \vdots & \vdots & & \vdots & \vdots \\ C_{k-2}^0 & C_{k-1}^1 & C_k^2 & \cdots & C_{2k-4}^{k-2} & C_{2k-3}^{k-1} \\ C_{k-1}^0 & C_k^1 & C_{k+1}^2 & \cdots & C_{2k-3}^{k-2} & C_{2k-2}^{k-1} \end{vmatrix} = 1,$$

则

$$D_{k+1} = \begin{vmatrix} C_0^0 & C_1^1 & \cdots & C_{k-2}^{k-2} & C_{k-1}^{k-1} & C_k^k \\ C_1^0 & C_2^1 & \cdots & C_{k-1}^{k-2} & C_k^{k-1} & C_{k+1}^k \\ \vdots & \vdots & & \vdots & \vdots & \vdots \\ C_{k-2}^0 & C_{k-1}^1 & \cdots & C_{2k-4}^{k-2} & C_{2k-3}^{k-1} & C_{2k-2}^k \\ C_{k-1}^0 & C_k^1 & \cdots & C_{2k-3}^{k-2} & C_{2k-2}^{k-1} & C_{2k-1}^k \\ C_k^0 & C_{k+1}^1 & \cdots & C_{2k-2}^{k-2} & C_{2k-1}^{k-1} & C_{2k}^k \end{vmatrix}.$$

从最后一行起, 每一行减去相邻的上一行, 并根据组合数的性质 $C_{n+1}^m - C_n^m = C_n^{m-1}$, 得

$$D_{k+1} = \begin{vmatrix} 1 & C_1^1 & C_2^2 & \cdots & C_{k-1}^{k-1} & C_k^k \\ 0 & C_1^0 & C_2^1 & \cdots & C_{k-1}^{k-2} & C_k^{k-1} \\ 0 & C_2^0 & C_3^1 & \cdots & C_k^{k-2} & C_{k+1}^{k-1} \\ \vdots & \vdots & \vdots & & \vdots & \vdots \\ 0 & C_{k-1}^0 & C_k^1 & \cdots & C_{2k-3}^{k-2} & C_{2k-2}^{k-1} \\ 0 & C_k^0 & C_{k+1}^1 & \cdots & C_{2k-2}^{k-2} & C_{2k-1}^{k-1} \end{vmatrix}$$

$$= \begin{vmatrix} C_1^0 & C_2^1 & \cdots & C_{k-1}^{k-2} & C_k^{k-1} \\ C_2^0 & C_3^1 & \cdots & C_k^{k-2} & C_{k+1}^{k-1} \\ \vdots & \vdots & & \vdots & \vdots \\ C_{k-1}^0 & C_k^1 & \cdots & C_{2k-3}^{k-2} & C_{2k-2}^{k-1} \\ C_k^0 & C_{k+1}^1 & \cdots & C_{2k-2}^{k-2} & C_{2k-1}^{k-1} \end{vmatrix}.$$

从最后一列起, 每一列减去相邻的前一列, 并根据组合数的性质 $\mathrm{C}_{n+1}^m - \mathrm{C}_n^{m-1} = \mathrm{C}_n^m$, 得

$$D_{k+1} = \begin{vmatrix} \mathrm{C}_1^0 & \mathrm{C}_1^1 & \cdots & \mathrm{C}_{k-2}^{k-2} & \mathrm{C}_{k-1}^{k-1} \\ \mathrm{C}_2^0 & \mathrm{C}_2^1 & \cdots & \mathrm{C}_{k-1}^{k-2} & \mathrm{C}_k^{k-1} \\ \vdots & \vdots & & \vdots & \vdots \\ \mathrm{C}_{k-1}^0 & \mathrm{C}_{k-1}^1 & \cdots & \mathrm{C}_{2k-4}^{k-2} & \mathrm{C}_{2k-3}^{k-1} \\ \mathrm{C}_k^0 & \mathrm{C}_k^1 & \cdots & \mathrm{C}_{2k-3}^{k-2} & \mathrm{C}_{2k-2}^{k-1} \end{vmatrix} = D_k = 1.$$

因此, 由数学归纳法原理知 $D_n = 1$, 命题成立. □

除以上的结论外, 在杨辉三角中还可以发现许多类似的行列式规律, 有兴趣的读者, 不妨继续进行探索.

1.6.2 小行星轨道问题

天文学家为了确定某行星的运行轨道, 在轨道平面内建立以太阳为原点的直角坐标系, 取天文单位 au (一个天文单位为地球到太阳的平均距离, 约为 1.4960×10^{11} 米) 为坐标轴上的坐标刻度, 并在 5 个不同的时间对小行星作了 5 次观测, 测得轨道上 5 个位置在此坐标系下的坐标如表 1.1 所示.

表 1.1 小行星位置坐标 (单位: au)

坐标	位置				
	1	2	3	4	5
x_i	−7.80	−4.20	2.00	4.50	6.50
y_i	4.25	6.67	7.29	−6.35	4.86

由开普勒第一定律可知, 小行星绕太阳运行的轨道是一个椭圆, 设椭圆的一般方程为

$$a_1x^2 + 2a_2xy + a_3y^2 + 2a_4x + 2a_5y + 1 = 0.$$

为了确定方程中的 5 个待定系数 a_1, a_2, a_3, a_4, a_5, 将表 1.1 中的坐标代入方程中, 得到一个以 a_1, a_2, a_3, a_4, a_5 为未知量的线性方程组

$$\begin{cases} x_1^2 a_1 + 2x_1 y_1 a_2 + y_1^2 a_3 + 2x_1 a_4 + 2y_1 a_5 = -1, \\ x_2^2 a_1 + 2x_2 y_2 a_2 + y_2^2 a_3 + 2x_2 a_4 + 2y_2 a_5 = -1, \\ x_3^2 a_1 + 2x_3 y_3 a_2 + y_3^2 a_3 + 2x_3 a_4 + 2y_3 a_5 = -1, \\ x_4^2 a_1 + 2x_4 y_4 a_2 + y_4^2 a_3 + 2x_4 a_4 + 2y_4 a_5 = -1, \\ x_5^2 a_1 + 2x_5 y_5 a_2 + y_5^2 a_3 + 2x_5 a_4 + 2y_5 a_5 = -1. \end{cases}$$

上述线性方程组的系数行列式 (结果保留小数点后 2 位数)

$$
D = \begin{vmatrix} x_1^2 & 2x_1y_1 & y_1^2 & 2x_1 & 2y_1 \\ x_2^2 & 2x_2y_2 & y_2^2 & 2x_2 & 2y_2 \\ x_3^2 & 2x_3y_3 & y_3^2 & 2x_3 & 2y_3 \\ x_4^2 & 2x_4y_4 & y_4^2 & 2x_4 & 2y_4 \\ x_5^2 & 2x_5y_5 & y_5^2 & 2x_5 & 2y_5 \end{vmatrix} = \begin{vmatrix} 60.84 & -66.30 & 18.06 & -15.60 & 8.50 \\ 17.64 & -56.03 & 44.49 & -8.40 & 13.34 \\ 4.00 & 29.16 & 53.14 & 4.00 & 14.58 \\ 20.25 & -57.15 & 40.32 & 9.00 & -12.70 \\ 42.25 & 63.18 & 23.62 & 13.00 & 9.72 \end{vmatrix},
$$

该五阶系数行列式的计算比较困难, 利用数学软件 MATLAB 中求行列式的命令 det 进行计算, 得到 $D = -54506287.44 \neq 0$. 根据克拉默法则, 该线性方程组有唯一解, 再次利用 MATLAB 命令计算其余行列式, 进而得到线性方程组的解为

$$
a_1 = -0.0120, \quad a_2 = 0.0013, \quad a_3 = -0.0163, \quad a_4 = -0.0104, \quad a_5 = -0.0056.
$$

代入椭圆方程中, 可得行星运动轨迹方程为

$$
-0.0120x^2 + 0.0026xy - 0.0163y^2 - 0.0208x - 0.0112y + 1 = 0.
$$

行星的轨迹曲线如图 1.4 所示.

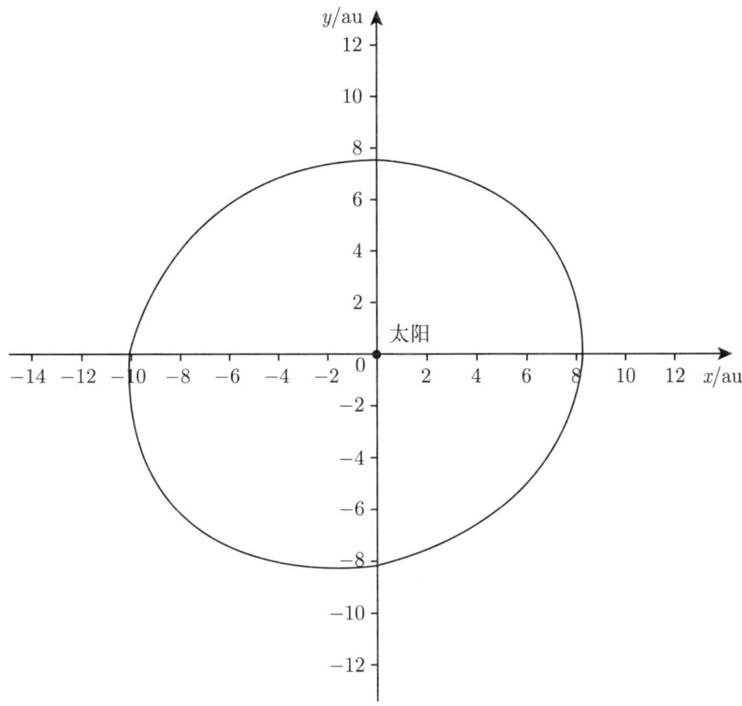

图 1.4 行星运动轨迹

1.6.3 行列式在数据插值中的应用

在科学研究与工程技术中, 因素间内在规律的数量关系可用函数 $y = f(x)$ 来描述, 但是这些关系因表示式不清楚或过于复杂而难于计算, 通常只能通过实验或观测等方法得到其在区间 $[a, b]$ 上的有限个不同点 x_i 处的函数值 $y_i = f(x_i)(i = 0, 1, 2, \cdots, n)$. 为了深入研究函数的性质, 人们常常用一个既能反映函数特性, 又便于计算的简单函数 $P(x)$ 近似代替 $f(x)$, 并且要求 $P(x)$ 满足条件: $P(x_i) = y_i(i = 0, 1, 2, \cdots, n)$, 则称该问题为插值问题, 称 $P(x)$ 为函数 $f(x)$ 的插值函数.

对于插值问题, 要选择什么样的插值函数呢? 人们会根据问题的需要而选择不同类型的插值函数 $P(x)$, 比如代数多项式、有理函数和三角函数等. 不同类型的插值函数, 近似的效果会不一样. 由于代数多项式是最简单又便于计算的函数, 所以经常采用多项式或者分段多项式作为插值函数, 称为代数插值. 该类插值问题的具体描述为

设函数 $y = f(x)$ 定义于区间 $[a, b]$ 上, 且已知 $n + 1$ 个互不相同点 $a \leqslant x_0 < x_1 < \cdots < x_n \leqslant b$ 上的函数值 $y_0, y_1, \cdots, y_n$, 寻找一个次数不超过 n 次的多项式

$$P_n(x) = a_0 + a_1 x + a_2 x^2 + \cdots + a_n x^n,$$

满足条件 $P_n(x_i) = y_i(i = 0, 1, 2, \cdots, n)$.

代数插值的几何意义如图 1.5 所示.

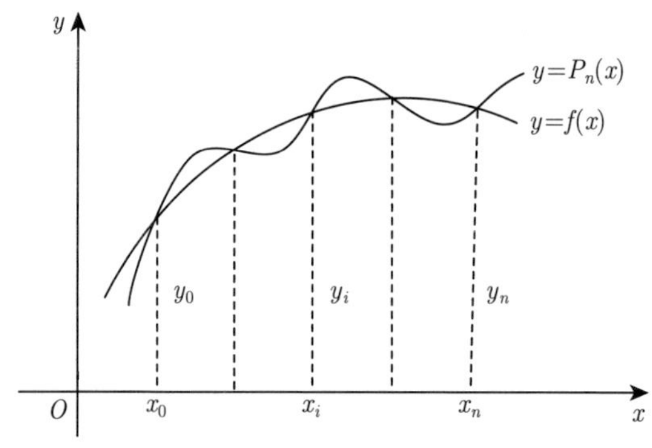

图 1.5 代数插值的几何意义

下面比较关心的问题是, 满足插值条件 $P_n(x_i) = y_i(i = 0, 1, 2, \cdots, n)$ 的插值多项式 $P_n(x)$ 是否存在? 如果存在, 是否唯一呢? 我们来讨论上述问题.

设 n 次多项式 $P_n(x) = a_0 + a_1 x + a_2 x^2 + \cdots + a_n x^n$ 是函数 $y = f(x)$ 在区间 $[a, b]$ 上 $n+1$ 个不相同点 $x_i(i = 0, 1, 2, \cdots, n)$ 处的插值多项式, 要求多项式 $P_n(x)$, 只需求出它的系数 $a_i(i = 0, 1, 2, \cdots, n)$. 根据插值条件: $P_n(x_i) = y_i(i = 0, 1, 2, \cdots, n)$, 可以得到一个以系数 $a_0, a_1, \cdots, a_n$ 为未知量的 $n + 1$ 元线性方程组

$$\begin{cases} a_0+a_1x_0+a_2x_0^2+\cdots+a_nx_0^n=y_0, \\ a_0+a_1x_1+a_2x_1^2+\cdots+a_nx_1^n=y_1, \\ \cdots\cdots \\ a_0+a_1x_n+a_2x_n^2+\cdots+a_nx_n^n=y_n. \end{cases}$$

该线性方程组的系数行列式是范德蒙德行列式

$$D_{n+1}=\begin{vmatrix} 1 & x_0 & x_0^2 & \cdots & x_0^n \\ 1 & x_1 & x_1^2 & \cdots & x_1^n \\ \vdots & \vdots & \vdots & & \vdots \\ 1 & x_n & x_n^2 & \cdots & x_n^n \end{vmatrix}=\prod_{0\leqslant j<i\leqslant n}(x_i-x_j).$$

因为 $x_i(i=0,1,2,\cdots,n)$ 互不相同, 所以系数行列式 $D_{n+1}\neq 0$. 根据克拉默法则, 线性方程组的解 $a_i(i=0,1,2,\cdots,n)$ 存在且唯一, 从而插值多项式 $P_n(x)$ 唯一存在, 这也说明了 n 次代数插值问题的解是存在且唯一的.

多项式插值问题 已知函数 $y=f(x)$ 在某些点的观测数据如表 1.2 所示.

表 1.2 函数 $y=f(x)$ 的观测数据

x	-1	0	1	2
y	-4	1	2	5

根据上述代数插值理论, 由表 1.2 中的 4 组观测数据, 可以得到一个次数不超过 3 次的插值多项式

$$P_3(x)=a_0+a_1x+a_2x^2+a_3x^3.$$

满足插值条件 $P_3(-1)=-4, P_3(0)=1, P_3(1)=2, P_3(2)=5$, 从而得到以 a_0,a_1,a_2,a_3 为未知量的四元线性方程组

$$\begin{cases} a_0-a_1+a_2-a_3=-4, \\ a_0=1, \\ a_0+a_1+a_2+a_3=2, \\ a_0+2a_1+4a_2+8a_3=5. \end{cases}$$

该线性方程组的系数行列式 $D=\begin{vmatrix} 1 & -1 & 1 & -1 \\ 1 & 0 & 0 & 0 \\ 1 & 1 & 1 & 1 \\ 1 & 2 & 4 & 8 \end{vmatrix}=12\neq 0$, 根据克拉默法则, 得到线性方程组的唯一解为 $a_0=1, a_1=2, a_2=-2, a_3=1$. 因此, $f(x)$ 的唯一插值

多项式为

$$P_3(x) = 1 + 2x - 2x^2 + x^3.$$

人物志

杨辉, 字谦光, 汉族, 钱塘 (今浙江省杭州) 人, 中国南宋 (公元 1127—1279 年) 时期杰出的数学家和数学教育家, 生平履历不详. 他曾担任过南宋地方行政官员, 为政清廉, 足迹遍及苏杭一带. 杨辉在总结前朝数学家的成果时, 又极大地创新和发展了数学技术, 推动了中国算术领域的进步. 他是世界上第一个排出丰富的纵横图和讨论其构成规律的数学家. 还曾论证过弧矢公式, 时人称为“辉术”. 与秦九韶、李冶、朱世杰并称“宋元数学四大家”. 杨辉一生留下了大量的著述, 他著名的数学书共五种二十一卷, 它们是:《详解九章算法》12 卷 (1261 年),《日用算法》2 卷 (1262 年),《乘除通变本末》3 卷 (1274 年, 第 3 卷与他人合编),《田亩比类乘除捷法》2 卷 (1275 年),《续古摘奇算法》2 卷 (1275 年, 与他人合编), 其中后三种为杨辉后期所著, 一般称之为《杨辉算法》. 杨辉不仅是一位著述甚丰的数学家, 而且还是一位杰出的教育家. 他非常重视数学教育的普及和发展, 其著述有很多是为了数学教育和普及而写. 在《算法通变本末》中, 杨辉为初学者制订的《习算纲目》是中国数学教育史上的重要文献, 集中体现了杨辉的数学教育思想和方法.

习 题 1

1. 计算下列排列的逆序数:

(1) 4123; (2) 41523; (3) $n12\cdots(n-1)$; (4) $(n-1)(n-2)\cdots 21n$;

(5) $135\cdots(2n-1)(2n)(2n-2)\cdots 42$.

2. 写出四阶行列式中分别含有 $a_{13}a_{21}$, $a_{32}a_{41}$ 的所有项.

3. 解下列方程:

(1) $\begin{vmatrix} x & 2 & 1 \\ 2 & x & 0 \\ 1 & -1 & 1 \end{vmatrix} = 0$; (2) $\begin{vmatrix} 3 & 1 & x \\ 4 & x & 0 \\ 1 & 0 & x \end{vmatrix} = 0$.

4. 证明等式 $\begin{vmatrix} x_1 & x_2 & x_3 \\ y_1 & y_2 & y_3 \\ z_1 & z_2 & z_3 \end{vmatrix} = x_1\begin{vmatrix} y_2 & y_3 \\ z_2 & z_3 \end{vmatrix} - x_2\begin{vmatrix} y_1 & y_3 \\ z_1 & z_3 \end{vmatrix} + x_3\begin{vmatrix} y_1 & y_2 \\ z_1 & z_2 \end{vmatrix}$.

5. 计算下列各行列式的值:

(1) $\begin{vmatrix} -ab & ac & ae \\ bd & -cd & de \\ bf & cf & -ef \end{vmatrix}$; (2) $\begin{vmatrix} a^2 & (a+1)^2 & (a+2)^2 \\ b^2 & (b+1)^2 & (b+2)^2 \\ c^2 & (c+1)^2 & (c+2)^2 \end{vmatrix}$; (3) $\begin{vmatrix} a & b & b & b \\ b & a & b & b \\ b & b & a & b \\ b & b & b & a \end{vmatrix}$;

(4) $\begin{vmatrix} a_1-b & a_1 & a_1 & a_1 \\ a_2 & a_2-b & a_2 & a_2 \\ a_3 & a_3 & a_3-b & a_3 \\ a_4 & a_4 & a_4 & a_4-b \end{vmatrix}$; (5) $\begin{vmatrix} 4 & 1 & 2 & 4 \\ 1 & 2 & 0 & 2 \\ 10 & 5 & 2 & 0 \\ 0 & 1 & 1 & 7 \end{vmatrix}$; (6) $\begin{vmatrix} 1 & 2 & 3 & 4 \\ 2 & 3 & 4 & 1 \\ 3 & 4 & 1 & 2 \\ 4 & 1 & 2 & 3 \end{vmatrix}$;

(7) $\begin{vmatrix} 1 & 1 & 1 & 1 \\ 1 & 2 & 3 & 4 \\ 1 & 3 & 6 & 10 \\ 1 & 4 & 10 & 20 \end{vmatrix}$; (8) $\begin{vmatrix} 3 & 1 & -1 & 2 \\ -2 & 1 & 3 & -4 \\ 2 & 0 & 1 & -1 \\ 1 & -2 & 3 & -3 \end{vmatrix}$.

6. 证明下列行列式:

(1) $\begin{vmatrix} a+1 & a+2 & a+3 \\ a+4 & a+5 & a+6 \\ a+7 & a+8 & a+9 \end{vmatrix} = 0$; (2) $\begin{vmatrix} 1 & 1 & 1 \\ a^2 & ab & b^2 \\ 2a & a+b & 2b \end{vmatrix} = (a-b)^3$;

(3) $\begin{vmatrix} a_{11} & a_{12} & 0 & 0 \\ a_{21} & a_{22} & 0 & 0 \\ a_{31} & a_{32} & a_{33} & a_{34} \\ a_{41} & a_{42} & a_{43} & a_{44} \end{vmatrix} = \begin{vmatrix} a_{11} & a_{12} \\ a_{21} & a_{22} \end{vmatrix} \begin{vmatrix} a_{33} & a_{34} \\ a_{43} & a_{44} \end{vmatrix}$;

(4) $\begin{vmatrix} a_1 & 0 & b_1 & 0 \\ 0 & c_1 & 0 & d_1 \\ b_2 & 0 & a_2 & 0 \\ 0 & d_2 & 0 & c_2 \end{vmatrix} = (a_1a_2-b_1b_2)(c_1c_2-d_1d_2)$;

(5) $\begin{vmatrix} a_1+b_1 & b_1+c_1 & c_1+a_1 \\ a_2+b_2 & b_2+c_2 & c_2+a_2 \\ a_3+b_3 & b_3+c_3 & c_3+a_3 \end{vmatrix} = 2\begin{vmatrix} a_1 & b_1 & c_1 \\ a_2 & b_2 & c_2 \\ a_3 & b_3 & c_3 \end{vmatrix}$.

7. 求下列行列式关于 x 的表达式:

(1) $D = \begin{vmatrix} 1 & 1 & 0 & 0 \\ 1 & x & x^2 & x^3 \\ -1 & 2 & 1 & 2 \\ 0 & 0 & 2 & 3 \end{vmatrix}$; (2) $D = \begin{vmatrix} 1 & 1 & 1 & 1 \\ x & 1 & -1 & -1 \\ x^2 & -1 & 1 & -1 \\ x^3 & -1 & -1 & 1 \end{vmatrix}$;

(3) $D=\begin{vmatrix} 1 & -1 & 1 & x-1 \\ 1 & -1 & x+1 & -1 \\ 1 & x-1 & 1 & -1 \\ x+1 & -1 & 1 & -1 \end{vmatrix}$.

8. 计算下列各行列式:

(1) $\begin{vmatrix} 3 & 0 & 0 & -3 \\ -4 & 1 & 0 & 2 \\ 1 & 5 & 3 & 0 \\ -3 & 1 & -2 & -1 \end{vmatrix}$; (2) $\begin{vmatrix} 1 & -1 & 0 & 1 \\ 2 & 0 & 2 & -1 \\ a & b & c & d \\ 3 & 1 & 3 & -2 \end{vmatrix}$; (3) $\begin{vmatrix} 1 & 1 & 1 & 1 \\ 1 & 2 & 3 & 4 \\ 1 & 4 & 9 & 16 \\ 1 & 8 & 27 & 64 \end{vmatrix}$;

(4) $\begin{vmatrix} x & a & b & 0 & c \\ 0 & y & 0 & 0 & d \\ 0 & c & z & 0 & f \\ y & h & k & u & l \\ 0 & 0 & 0 & 0 & v \end{vmatrix}$; (5) $\begin{vmatrix} a & b & c & d \\ a^2 & b^2 & c^2 & d^2 \\ a^3 & b^3 & c^3 & d^3 \\ a^4 & b^4 & c^4 & d^4 \end{vmatrix}$.

9. 若 n 阶行列式 $D=|a_{ij}|$ 的元素满足 $a_{ij}=-a_{ji}(i,j=1,2,\cdots,n)$, 则称 D 是**反对称行列式**, 证明: 奇数阶反对称行列式的值为零.

10. 证明: 行列式 $D=\begin{vmatrix} a & b & c \\ b & c & a \\ c & a & b \end{vmatrix}=0$ 的充分必要条件是 $a=b=c$ 或 $a+b+c=0$.

11. 计算下列行列式的值:

(1) $D_n=\begin{vmatrix} a & 0 & 0 & \cdots & 0 & 1 \\ 0 & a & 0 & \cdots & 0 & 0 \\ 0 & 0 & a & \cdots & 0 & 0 \\ \vdots & \vdots & \vdots & & \vdots & \vdots \\ 1 & 0 & 0 & \cdots & 0 & a \end{vmatrix}$; (2) $D_n=\begin{vmatrix} x & a & \cdots & a \\ a & x & \cdots & a \\ \vdots & \vdots & & \vdots \\ a & a & \cdots & x \end{vmatrix}$;

(3) $D_{n+1}=\begin{vmatrix} x_0 & 1 & 1 & \cdots & 1 \\ 1 & x_1 & 0 & \cdots & 0 \\ 1 & 0 & x_2 & \cdots & 0 \\ \vdots & \vdots & \vdots & & \vdots \\ 1 & 0 & 0 & \cdots & x_n \end{vmatrix}$, 其中 $x_i\neq 0(i=1,2,\cdots,n)$;

(4) $D_n=\begin{vmatrix} x & y & 0 & \cdots & 0 & 0 \\ 0 & x & y & \cdots & 0 & 0 \\ 0 & 0 & x & \cdots & 0 & 0 \\ \vdots & \vdots & \vdots & & \vdots & \vdots \\ 0 & 0 & 0 & \cdots & x & y \\ y & 0 & 0 & \cdots & 0 & x \end{vmatrix}$.

12. 证明下列行列式:

(1) $\begin{vmatrix} 1 & 2 & 3 & \cdots & n-1 & n \\ 1 & -1 & 0 & \cdots & 0 & 0 \\ 0 & 2 & -2 & \cdots & 0 & 0 \\ \vdots & \vdots & \vdots & & \vdots & \vdots \\ 0 & 0 & 0 & \cdots & n-1 & 1-n \end{vmatrix} = (-1)^{n-1}\frac{(n+1)!}{2}$;

(2) $\begin{vmatrix} 1 & 2 & 2 & \cdots & 2 & 2 \\ 2 & 2 & 2 & \cdots & 2 & 2 \\ 2 & 2 & 3 & \cdots & 2 & 2 \\ \vdots & \vdots & \vdots & & \vdots & \vdots \\ 2 & 2 & 2 & \cdots & 2 & n \end{vmatrix} = -2(n-2)!$;

(3) $\begin{vmatrix} x & -1 & 0 & \cdots & 0 & 0 \\ 0 & x & -1 & \cdots & 0 & 0 \\ \vdots & \vdots & \vdots & & \vdots & \vdots \\ 0 & 0 & 0 & \cdots & x & -1 \\ a_0 & a_1 & a_2 & \cdots & a_{n-1} & a_n \end{vmatrix} = a_nx^n + a_{n-1}x^{n-1} + \cdots + a_1x + a_0$;

(4) $\begin{vmatrix} 2 & 1 & 0 & \cdots & 0 & 0 \\ 1 & 2 & 1 & \cdots & 0 & 0 \\ 0 & 1 & 2 & \cdots & 0 & 0 \\ \vdots & \vdots & \vdots & & \vdots & \vdots \\ 0 & 0 & 0 & \cdots & 2 & 1 \\ 0 & 0 & 0 & \cdots & 1 & 2 \end{vmatrix} = n+1.$

13. 已知四阶行列式 D 的第 2 行元素依次为 $1, 2, -4, 3$, 它们对应的余子式分别为 $2, -5, 1, 6$, 求行列式 D 的值.

14. 设行列式

$$D = \begin{vmatrix} 3 & -5 & 2 & 1 \\ 1 & 1 & 0 & -5 \\ -1 & 3 & 1 & 3 \\ 2 & -4 & -1 & -3 \end{vmatrix},$$

其中元素 a_{ij} 的余子式和代数余子式依次记为 M_{ij} 和 A_{ij}, 求 $A_{21} + A_{22} + A_{23} + A_{24}$ 和 $M_{14} + M_{24} + M_{34} + M_{44}$ 的值.

15. 用克拉默法则解下列线性方程组:

(1) $\begin{cases} x_1 + x_2 - 2x_3 = -3, \\ 5x_1 - 2x_2 + 7x_3 = 22, \\ 2x_1 - 5x_2 + 4x_3 = 4; \end{cases}$　(2) $\begin{cases} x_1 + x_2 + x_3 = 5, \\ 2x_1 + x_2 - x_3 + x_4 = 1, \\ x_1 + 2x_2 - x_3 + x_4 = 2, \\ x_2 + 2x_3 + 3x_4 = 3. \end{cases}$

16. 问 λ 取何值时, 下列齐次线性方程组有非零解?

(1) $\begin{cases} (5-\lambda)x_1 + 2x_2 + 2x_3 = 0, \\ 2x_1 + (6-\lambda)x_2 = 0, \\ 2x_1 + (4-\lambda)x_3 = 0; \end{cases}$　(2) $\begin{cases} 3x_1 + \lambda x_2 - x_3 = 0, \\ 4x_2 + x_3 = 0, \\ \lambda x_1 - 5x_2 - x_3 = 0. \end{cases}$

17. 证明 $abc \neq 0$ 时, 方程组 $\begin{cases} bx + ay = c, \\ cx + az = b, \\ cy + bz = a \end{cases}$ 有唯一解, 并求其解.

18. 已知不在同一条直线上的三点可以确定一个平面, 设点 $A(x_1, y_1, z_1)$, $B(x_2, y_2, z_2)$, $C(x_3, y_3, z_3)$ 不在同一直线上, 证明: 通过 A, B, C 三点的平面方程可表示为

$$\begin{vmatrix} x & y & z & 1 \\ x_1 & y_1 & z_1 & 1 \\ x_2 & y_2 & z_2 & 1 \\ x_3 & y_3 & z_3 & 1 \end{vmatrix} = 0.$$

19. 已知函数 $f(x)$ 有 $f(0) = 1, f(1) = 3, f(2) = 7$, 求 $f(x)$ 的二次插值多项式 $P_2(x)$.

第1章自测题

第1章自测题答案

第1章相关考研题

第2章 矩 阵

矩阵理论是线性代数的基础理论之一, 矩阵是线性代数的主要研究对象和工具, 作为一个重要的数学工具, 矩阵在自然科学、工程技术、社会科学和经济管理等领域中发挥着广泛而重要的作用. 本章引入矩阵的概念, 讨论几类特殊的矩阵, 介绍矩阵的运算及其性质、逆矩阵的求法及其应用、分块矩阵的定义及其运算.

第2章 课程导学

第2章 知识图谱

引 言

矩阵概念产生于 19 世纪 50 年代, 是从生产和科学技术问题中抽象出来的一个数学概念, 为了求解线性方程组的需要而产生. 矩阵概念的起源历史悠久, 早在公元前 1 世纪, 我国现存最古老的数学书籍《九章算术》中就已经用到类似于矩阵的表示方法. 《九章算术》的方程章的第一个问题是: 今有上禾 (上等稻) 三秉 (捆), 中禾二秉, 下禾一秉, 实 (谷子) 三十九斗; 上禾二秉, 中禾三秉, 下禾一秉, 实三十四斗; 上禾一秉, 中禾二秉, 下禾三秉, 实二十六斗. 问上、中、下禾一秉各几何?《九章算术》中没有未知数的符号表示, 只用算筹将系数和常数项排列成一个长方阵, 方阵中各数按竖排列, 每行自上而下, 各行自右向左, 上述问题的算筹图如图 2.1 所示.

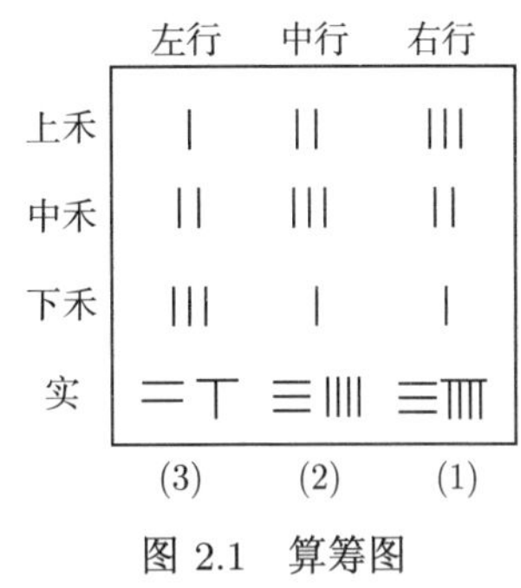

图 2.1 算筹图

图 2.1 的算筹图对应表 2.1 中的矩形数表, 此算筹图即为矩阵最早的雏形. 因此, 矩阵的萌芽最早出现于中国古代的方程组求解问题, 因为中国古代学者没有明确提出矩阵概念, 所以也没有将它作为一个独立的概念加以研究.

在逻辑上, 矩阵的概念应先于行列式的概念, 然而在历史上次序正好相反. 在西方,“矩阵” 这个词是由英国数学家西尔维斯特 (J. J. Sylvester, 1814—1897) 在 1850

年首次使用的, 他是为了将数字的矩形阵列区别于行列式而发明了这个术语. 英国数学家凯莱 (A. Cayley, 1821—1895) 被公认为是矩阵论的创立者, 从 19 世纪 50 年代起, 他和西尔维斯特一起发展了矩阵理论, 并且把矩阵作为重要的研究工具. 1858 年, 他发表了关于这一课题的第一篇论文《矩阵论的研究报告》, 系统地阐述了关于矩阵的理论.

表 2.1 对应矩形数表

	左行	中行	右行
上禾	1	2	3
中禾	2	3	2
下禾	3	1	1
实	26	34	39

2.1 矩阵的概念

2.1.1 引例

例 1 某航空公司在 A, B, C, D 四座城市之间开辟了若干航线, 航线图如图 2.2 所示, 顶点表示四座城市, 两顶点间带箭头的边表示两城市之间有航线, 箭头从始发地指向目的地. 四座城市之间的航线情况也可以用表格来表示, 见表 2.2.

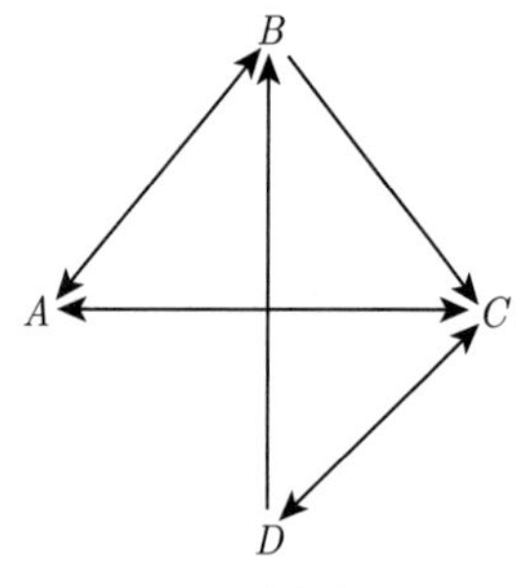

图 2.2 城市航线图

其中, 符号 "$\surd$" 表示城市之间开通了航线. 用图 2.2 和表 2.2 来描述城市之间的航线情况, 具有直观、形象的特点, 但不便于进行数学运算. 因此, 为了计算方便, 将表 2.2 中的 "$\surd$" 改为 1, 空白地方改为 0, 这样就得到一个矩形数表:

表 2.2 城市航线表

始发地	目的地			
	A	B	C	D
A		$\surd$	$\surd$	
B	$\surd$		$\surd$	
C	$\surd$			$\surd$
D		$\surd$	$\surd$	

		目的地			
		A	B	C	D
始发地	A	0	1	1	0
	B	1	0	1	0
	C	1	0	0	1
	D	0	1	1	0

该数表同样反映了四座城市之间的航线情况.

例 2 某体育用品公司生产的足球、篮球和排球分别往北京、上海、深圳和成都四座城市销售, 三种产品的调运方案如表 2.3 所示.

表 2.3 产品调运方案 (单位: 万个)

产品	销售地			
	北京	上海	深圳	成都
足球	22	20	23	16
篮球	24	21	35	26
排球	26	14	20	18

根据表 2.3 中数据排列的规律, 可以得到表示产品调运的数表:

$$\begin{matrix} 22 & 20 & 23 & 16 \\ 24 & 21 & 35 & 26 \\ 26 & 14 & 20 & 18 \end{matrix}$$

在日常生活和社会生产活动中, 经常使用各种各样的矩形数表, 如学生的成绩表、工厂的生产进度表、销售统计表、股市的证券价目表等. 这些数表可以简洁地反映实际问题中的有用信息, 与所研究的问题密切相关, 所以对实际问题的研究, 常常转化为对这些数表的处理以及某些性质的研究. 因此, 下面引入矩阵的定义.

2.1.2 矩阵的定义

定义 1 由 $m \times n$ 个数 $a_{ij}(i=1,2,\cdots,m;j=1,2,\cdots,n)$ 排成的 m 行 n 列的数表, 记作

$$\boldsymbol{A}=\begin{pmatrix} a_{11} & a_{12} & \cdots & a_{1n} \\ a_{21} & a_{22} & \cdots & a_{2n} \\ \vdots & \vdots & & \vdots \\ a_{m1} & a_{m2} & \cdots & a_{mn} \end{pmatrix}, \tag{2.1}$$

称为 m 行 n 列**矩阵**, 简称为 $m \times n$ **矩阵**. 通常, 矩阵简记为 $\boldsymbol{A}=(a_{ij})$, $\boldsymbol{A}_{m\times n}$ 或 $(a_{ij})_{m\times n}$. 这里数 a_{ij} 为矩阵 $\boldsymbol{A}$ 的第 i 行第 j 列的元素, 称为该矩阵的 (i,j) **元**, 其

中下标 i 称为**行标**, 下标 j 称为**列标**, 分别表示该元素在矩阵中所处的行号和列号.

$$\boldsymbol{A}=\begin{pmatrix} a_{11} & \cdots & a_{1j} & \cdots & a_{1n} \\ \vdots & & \vdots & & \vdots \\ a_{i1} & \cdots & a_{ij} & \cdots & a_{in} \\ \vdots & & \vdots & & \vdots \\ a_{m1} & \cdots & a_{mj} & \cdots & a_{mn} \end{pmatrix}$$

（第 j 列；第 i 行.）

例如, 矩阵

$$\boldsymbol{A}=\begin{pmatrix} 1 & 23 & 8 & 4 \\ 21 & 8 & 17 & 5 \\ 3 & 12 & 25 & 9 \end{pmatrix}$$

是一个 3×4 矩阵, 其中元素 $a_{13}=8, a_{32}=12$ 等.

注 矩阵与行列式是两个完全不同的概念. 矩阵只是一个数表, 而行列式是数表按一定运算法则所确定的数. 行列式的行数和列数必须相等, 而矩阵的行数和列数可以不等.

元素是实数的矩阵称为**实矩阵**, 元素为复数的矩阵称为**复矩阵**. 本书中的矩阵均指实矩阵.

例 3 n 个变量 $x_1, x_2, \cdots, x_n$ 与 m 个变量 $y_1, y_2, \cdots, y_m$ 之间的关系式

$$\begin{cases} y_1 = a_{11}x_1 + a_{12}x_2 + \cdots + a_{1n}x_n, \\ y_2 = a_{21}x_1 + a_{22}x_2 + \cdots + a_{2n}x_n, \\ \qquad\cdots\cdots \\ y_m = a_{m1}x_1 + a_{m2}x_2 + \cdots + a_{mn}x_n \end{cases} \tag{2.2}$$

表示一个从变量 $x_1, x_2, \cdots, x_n$ 到变量 $y_1, y_2, \cdots, y_m$ 的**线性变换**. 线性变换的系数 a_{ij} 构成矩阵 $\boldsymbol{A}=(a_{ij})_{m\times n}$.

事实上, 给定了线性变换, 它的系数所构成的矩阵 (称为**系数矩阵**) 也随之而确定了. 反之, 如果给出一个矩阵作为线性变换的系数矩阵, 那么线性变换也就确定了. 在这个意义上, 线性变换与矩阵之间存在着一一对应的关系.

例 4 有 4 支球队参加循环比赛, 各队两两交锋, 假设每场比赛只计胜负, 没有比分, 且不允许平局. 一种直观显示比赛结果的方式是图示, 该图称为**竞赛图**, 其特点为: 用图的顶点表示球队, 用连接两个顶点的、以带箭头的边表示两支球队的比赛结果,

且箭头从胜利球队指向失败球队. 4 支球队的竞赛结果如图 2.3 所示. 1 队战胜 2,3 队, 而输给了 4 队, 2 队战胜 3,4 队, 而输给了 1 队等. 试将比赛结果用矩阵表示.

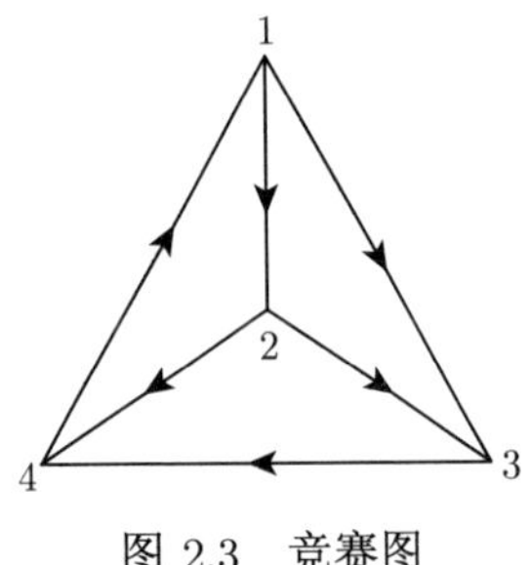

图 2.3 竞赛图

解 为了用矩阵的方法进行讨论, 定义竞赛图的**邻接矩阵** $\boldsymbol{A}=(a_{ij})_{4\times 4}$ 的元素如下:

$$a_{ij}=\begin{cases}1, & \text{第 } i \text{ 队战胜第 } j \text{ 队},\\ 0, & \text{否则}.\end{cases}$$

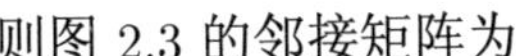
则图 2.3 的邻接矩阵为

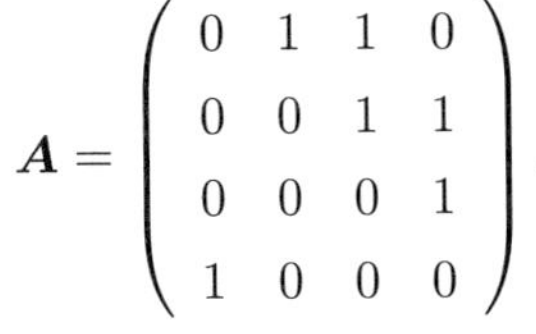

$$\boldsymbol{A}=\begin{pmatrix}0&1&1&0\\0&0&1&1\\0&0&0&1\\1&0&0&0\end{pmatrix}.$$

2.1.3 特殊矩阵

1. 行矩阵和列矩阵

若矩阵 $\boldsymbol{A}$ 只有一行, 即形如

$$\boldsymbol{A}=(a_1,a_2,\cdots,a_n),$$

则称 $\boldsymbol{A}$ 为**行矩阵**, 又称为**行向量**.

若矩阵 $\boldsymbol{A}$ 只有一列, 即形如

$$\boldsymbol{A}=\begin{pmatrix}a_1\\a_2\\\vdots\\a_n\end{pmatrix},$$

则称 $\boldsymbol{A}$ 为**列矩阵**, 又称为**列向量**.

2. n 阶方阵

若矩阵 $\boldsymbol{A}$ 的行数和列数都等于 n, 即

$$\boldsymbol{A}=\begin{pmatrix}a_{11}&a_{12}&\cdots&a_{1n}\\a_{21}&a_{22}&\cdots&a_{2n}\\\vdots&\vdots&&\vdots\\a_{n1}&a_{n2}&\cdots&a_{nn}\end{pmatrix},$$

则称 $\boldsymbol{A}$ 为 n **阶矩阵**或 n **阶方阵**, 记作 $\boldsymbol{A}$ 或 $\boldsymbol{A}_n$. n 阶方阵从左上角到右下角的对角线称为**主对角线**, 主对角线上的元素称为**主对角元**; 从右上角到左下角的对角线称为**副对角线**, 副对角线上的元素称为**副对角元**.

特别地, 一阶方阵 $\boldsymbol{A}=(a)=a$ 就是一个数.

3. 三角矩阵

若 n 阶方阵 $\boldsymbol{A}$ 中元素满足 $a_{ij}=0\ (i>j; i,j=1,2,\cdots,n)$, 即形如

$$\boldsymbol{A}=\begin{pmatrix} a_{11} & a_{12} & \cdots & a_{1n} \\ 0 & a_{22} & \cdots & a_{2n} \\ \vdots & \vdots & & \vdots \\ 0 & 0 & \cdots & a_{nn} \end{pmatrix}$$

的矩阵称为 n **阶上三角矩阵.** 其元素特点: 主对角线下方的元素全为 0.

若 n 阶方阵 $\boldsymbol{A}$ 中元素满足 $a_{ij}=0\ (i<j; i,j=1,2,\cdots,n)$, 即形如

$$\boldsymbol{A}=\begin{pmatrix} a_{11} & 0 & \cdots & 0 \\ a_{21} & a_{22} & \cdots & 0 \\ \vdots & \vdots & & \vdots \\ a_{n1} & a_{n2} & \cdots & a_{nn} \end{pmatrix}$$

的矩阵称为 n **阶下三角矩阵.** 其元素特点: 主对角线上方的元素全为 0.

4. 对角矩阵

若 n 阶方阵除主对角元以外, 其他的元素全为零, 即形如

$$\boldsymbol{\Lambda}=\begin{pmatrix} \lambda_1 & 0 & \cdots & 0 \\ 0 & \lambda_2 & \cdots & 0 \\ \vdots & \vdots & & \vdots \\ 0 & 0 & \cdots & \lambda_n \end{pmatrix}$$

的矩阵称为 n **阶对角矩阵**, 又称为 n **阶对角阵,** 常简记 $\boldsymbol{\Lambda}=\operatorname{diag}(\lambda_1,\lambda_2,\cdots,\lambda_n)$.

5. 单位矩阵

若 n 阶对角矩阵中的主对角元全为 1, 即形如

$$\boldsymbol{E}_n=\begin{pmatrix} 1 & 0 & \cdots & 0 \\ 0 & 1 & \cdots & 0 \\ \vdots & \vdots & & \vdots \\ 0 & 0 & \cdots & 1 \end{pmatrix}$$

的矩阵称为 n **阶单位矩阵**, 常记作 $\boldsymbol{E}$.

例如, 矩阵

$$\boldsymbol{E}_2=\begin{pmatrix}1&0\\0&1\end{pmatrix},\quad \boldsymbol{E}_3=\begin{pmatrix}1&0&0\\0&1&0\\0&0&1\end{pmatrix},$$

其中, $\boldsymbol{E}_2$ 是二阶单位矩阵, $\boldsymbol{E}_3$ 是三阶单位矩阵.

例 5 线性变换 $\begin{cases}y_1=\lambda_1x_1,\\y_2=\lambda_2x_2,\\\quad\cdots\cdots\\y_n=\lambda_nx_n.\end{cases}$

该线性变换对应的矩阵为 n 阶对角矩阵

$$\boldsymbol{A}=\begin{pmatrix}\lambda_1&0&\cdots&0\\0&\lambda_2&\cdots&0\\\vdots&\vdots&&\vdots\\0&0&\cdots&\lambda_n\end{pmatrix}.$$

特别地, 线性变换

$$\begin{cases}y_1=x_1,\\y_2=x_2,\\\quad\cdots\cdots\\y_n=x_n\end{cases}$$

称为**恒等变换**, 对应一个 n 阶单位矩阵

$$\boldsymbol{E}=\begin{pmatrix}1&0&\cdots&0\\0&1&\cdots&0\\\vdots&\vdots&&\vdots\\0&0&\cdots&1\end{pmatrix}.$$

6. 零矩阵

所有元素全为 0 的矩阵称为**零矩阵**, 记作 $\boldsymbol{O}$ 或 $\boldsymbol{O}_{m\times n}$.

例如, 矩阵

$$\boldsymbol{O}_{3\times2}=\begin{pmatrix}0&0\\0&0\\0&0\end{pmatrix},\quad \boldsymbol{O}_{3\times3}=\begin{pmatrix}0&0&0\\0&0&0\\0&0&0\end{pmatrix}$$

均为零矩阵.

2.1.4　矩阵的相等

定义 2　若两个矩阵行数相等, 列数也相等, 则称它们是**同型矩阵**; 若两个同型矩阵 $\boldsymbol{A}=(a_{ij})_{m\times n}$ 与 $\boldsymbol{B}=(b_{ij})_{m\times n}$ 的对应元素都相等, 即

$$a_{ij}=b_{ij}\quad(i=1,2,\cdots,m;j=1,2,\cdots,n),$$

则称矩阵 $\boldsymbol{A}$ 与 $\boldsymbol{B}$ **相等**, 记作 $\boldsymbol{A}=\boldsymbol{B}$.

例 6　已知 $\boldsymbol{A}=\begin{pmatrix}2 & 3-x\\ 4 & y\end{pmatrix}$, $\boldsymbol{B}=\begin{pmatrix}2 & 2x\\ 4 & 5\end{pmatrix}$, 如果 $\boldsymbol{A}=\boldsymbol{B}$, 求 x,y.

解　由两个矩阵相等的定义, 有

$$\begin{cases}3-x=2x,\\ y=5,\end{cases}$$

解得 $x=1,y=5$.

2.2　矩阵的运算

2.1 节介绍了用矩阵表示不同领域的问题, 比如航空公司的直飞航线, 如果进一步考虑转机, 这就需要对矩阵进行运算. 下面讨论矩阵有哪些运算, 以及这些运算满足什么规律.

2.2.1　矩阵的加法

定义 3　设矩阵 $\boldsymbol{A}=(a_{ij})_{m\times n}$, $\boldsymbol{B}=(b_{ij})_{m\times n}$, 称

$$\boldsymbol{C}=\begin{pmatrix}a_{11}+b_{11} & a_{12}+b_{12} & \cdots & a_{1n}+b_{1n}\\ a_{21}+b_{21} & a_{22}+b_{22} & \cdots & a_{2n}+b_{2n}\\ \vdots & \vdots & & \vdots\\ a_{m1}+b_{m1} & a_{m2}+b_{m2} & \cdots & a_{mn}+b_{mn}\end{pmatrix}\tag{2.3}$$

为矩阵 $\boldsymbol{A}$ 与 $\boldsymbol{B}$ 的和, 记作 $\boldsymbol{C}=\boldsymbol{A}+\boldsymbol{B}$.

例 7　设 $\boldsymbol{A}=\begin{pmatrix}2 & -3\\ 4 & 1\end{pmatrix}$, $\boldsymbol{B}=\begin{pmatrix}3 & 2\\ -4 & 5\end{pmatrix}$, 求 $\boldsymbol{A}+\boldsymbol{B}$.

解　$\boldsymbol{A}+\boldsymbol{B}=\begin{pmatrix}2 & -3\\ 4 & 1\end{pmatrix}+\begin{pmatrix}3 & 2\\ -4 & 5\end{pmatrix}=\begin{pmatrix}2+3 & -3+2\\ 4-4 & 1+5\end{pmatrix}=\begin{pmatrix}5 & -1\\ 0 & 6\end{pmatrix}$.

注　(1) 只有两个同型矩阵才可以相加;

(2) 两个矩阵相加是把它们的对应元素相加, 它们的和矩阵仍是同型矩阵.

设矩阵 $\boldsymbol{A},\boldsymbol{B},\boldsymbol{C}$ 为同型矩阵, 则矩阵的加法满足以下运算规律:

(1) **交换律** $\boldsymbol{A}+\boldsymbol{B}=\boldsymbol{B}+\boldsymbol{A}$;

(2) **结合律** $(\boldsymbol{A}+\boldsymbol{B})+\boldsymbol{C}=\boldsymbol{A}+(\boldsymbol{B}+\boldsymbol{C})$;

(3) $\boldsymbol{A}+\boldsymbol{O}=\boldsymbol{A}$.

设 $\boldsymbol{A}=(a_{ij})$, 称矩阵 $-\boldsymbol{A}=(-a_{ij})$ 为 $\boldsymbol{A}$ 的**负矩阵**, 则有

$$\boldsymbol{A}+(-\boldsymbol{A})=\boldsymbol{O}.$$

利用负矩阵概念, 定义矩阵的减法为

$$\boldsymbol{A}-\boldsymbol{B}=\boldsymbol{A}+(-\boldsymbol{B}).$$

也就是说, 两个同型矩阵相减, 即是对应元素相减.

2.2.2 数乘矩阵

定义 4 数 λ 与矩阵 $\boldsymbol{A}=(a_{ij})_{m\times n}$ 的每个元素相乘得到的矩阵称为**数 λ 与矩阵 $\boldsymbol{A}$ 的乘积**, 简称为**数乘**, 记作 $\lambda\boldsymbol{A}$, 即

$$\lambda\boldsymbol{A}=\begin{pmatrix}\lambda a_{11} & \lambda a_{12} & \cdots & \lambda a_{1n}\\ \lambda a_{21} & \lambda a_{22} & \cdots & \lambda a_{2n}\\ \vdots & \vdots & & \vdots\\ \lambda a_{m1} & \lambda a_{m2} & \cdots & \lambda a_{mn}\end{pmatrix}. \tag{2.4}$$

设同型矩阵 $\boldsymbol{A},\boldsymbol{B}$ 以及数 λ,μ, 则数乘矩阵满足以下运算规律:

(1) **结合律** $(\lambda\mu)\boldsymbol{A}=\lambda(\mu\boldsymbol{A})$;

(2) **分配律** $\lambda(\boldsymbol{A}+\boldsymbol{B})=\lambda\boldsymbol{A}+\lambda\boldsymbol{B}$, $(\lambda+\mu)\boldsymbol{A}=\lambda\boldsymbol{A}+\mu\boldsymbol{A}$.

矩阵的加法与数乘运算统称为矩阵的**线性运算**.

例 8 设 $\boldsymbol{A}=\begin{pmatrix}-4 & 3 & 2\\ -5 & 2 & 6\end{pmatrix}$, $\boldsymbol{B}=\begin{pmatrix}1 & 2 & -1\\ 3 & 0 & 2\end{pmatrix}$, 求 $\boldsymbol{A}+5\boldsymbol{B}$.

解

$$\begin{aligned}\boldsymbol{A}+5\boldsymbol{B}&=\begin{pmatrix}-4 & 3 & 2\\ -5 & 2 & 6\end{pmatrix}+5\begin{pmatrix}1 & 2 & -1\\ 3 & 0 & 2\end{pmatrix}\\ &=\begin{pmatrix}-4 & 3 & 2\\ -5 & 2 & 6\end{pmatrix}+\begin{pmatrix}5 & 10 & -5\\ 15 & 0 & 10\end{pmatrix}=\begin{pmatrix}1 & 13 & -3\\ 10 & 2 & 16\end{pmatrix}.\end{aligned}$$

例 9 设 $\boldsymbol{A}=\begin{pmatrix}3 & 1 & 1\\ -1 & 1 & 0\\ 1 & 2 & 1\end{pmatrix}$, $\boldsymbol{B}=\begin{pmatrix}3 & -1 & 5\\ 1 & 2 & -3\\ -4 & 7 & 2\end{pmatrix}$, 求矩阵 $\boldsymbol{Z}$, 使 $\boldsymbol{A}+3\boldsymbol{Z}=2\boldsymbol{B}$.

解 因为

$$3\boldsymbol{Z}=2\boldsymbol{B}-\boldsymbol{A}=2\begin{pmatrix}3&-1&5\\1&2&-3\\-4&7&2\end{pmatrix}-\begin{pmatrix}3&1&1\\-1&1&0\\1&2&1\end{pmatrix}=\begin{pmatrix}3&-3&9\\3&3&-6\\-9&12&3\end{pmatrix},$$

所以

$$\boldsymbol{Z}=\frac{1}{3}\begin{pmatrix}3&-3&9\\3&3&-6\\-9&12&3\end{pmatrix}=\begin{pmatrix}1&-1&3\\1&1&-2\\-3&4&1\end{pmatrix}.$$

2.2.3 矩阵的乘法

例 10 设某地区有甲、乙、丙三个工厂, 每个工厂都生产 I, II, III, IV 这四种产品. 每个工厂的年产量 (单位: 万个) 如表 2.4 所示, 每种产品的单价 (单位: 万元) 和单件利润 (单位: 万元) 如表 2.5 所示.

表 2.4 产品的产量表 (单位: 万个)

工厂	产品			
	I	II	III	IV
甲	2	3	1	6
乙	3	5	2	10
丙	4	3	3	5

表 2.5 产品的价格和利润表 (单位: 万元)

产品	属性	
	单位价格	单位利润
I	3	1
II	5	2
III	7	3
IV	4	2

根据表 2.4 和表 2.5 可以计算出三个工厂的总收入和总利润, 如表 2.6 所示. 表 2.4, 表 2.5 和表 2.6 的矩阵形式分别如下:
产量矩阵

$$\boldsymbol{A}=\begin{pmatrix}2&3&1&6\\3&5&2&10\\4&3&3&5\end{pmatrix};$$

表 2.6 产品的总收入和总利润表 (单位: 万元)

工厂	属性	
	总收入	总利润
甲	$2\times3+3\times5+1\times7+6\times4=52$	$2\times1+3\times2+1\times3+6\times2=23$
乙	$3\times3+5\times5+2\times7+10\times4=88$	$3\times1+5\times2+2\times3+10\times2=39$
丙	$4\times3+3\times5+3\times7+5\times4=68$	$4\times1+3\times2+3\times3+5\times2=29$

单位价格–利润矩阵

$$\boldsymbol{B}=\begin{pmatrix}3&1\\5&2\\7&3\\4&2\end{pmatrix};$$

总收入–利润矩阵

$$\begin{aligned}\boldsymbol{C}&=\begin{pmatrix}2\times3+3\times5+1\times7+6\times4&2\times1+3\times2+1\times3+6\times2\\3\times3+5\times5+2\times7+10\times4&3\times1+5\times2+2\times3+10\times2\\4\times3+3\times5+3\times7+5\times4&4\times1+3\times2+3\times3+5\times2\end{pmatrix}\\&=\begin{pmatrix}52&23\\88&39\\68&29\end{pmatrix}.\end{aligned}$$

从总收入–利润矩阵可以看出, 工厂甲的总收入为 $\boldsymbol{A}$ 的第一行 (工厂甲生产的 I—IV 四种产品量) 与 $\boldsymbol{B}$ 的第一列 (I—IV 四种产品的单位价格) 的对应元素相乘再累加, 即

$$(2,3,1,6)\begin{pmatrix}3\\5\\7\\4\end{pmatrix}=2\times3+3\times5+1\times7+6\times4=52.$$

工厂甲的总利润为 $\boldsymbol{A}$ 的第一行 (工厂甲生产的 I—IV 四种产品量) 与 $\boldsymbol{B}$ 的第二列 (I—IV 四种产品的单位利润) 的对应元素相乘再累加, 即

$$(2,3,1,6)\begin{pmatrix}1\\2\\3\\2\end{pmatrix}=2\times1+3\times2+1\times3+6\times2=23.$$

同理, 工厂乙、工厂丙的总收入和总利润可用矩阵 $\boldsymbol{A},\boldsymbol{B}$ 对应行列作类似地计算得到.

将矩阵 $\boldsymbol{A},\boldsymbol{B}$ 放在一起, 并按如上规则进行计算即可求得总收入和总利润矩阵 $\boldsymbol{C}$, 即把矩阵 $\boldsymbol{C}$ 看成是矩阵 $\boldsymbol{A}$ 与矩阵 $\boldsymbol{B}$ 的乘积, $\boldsymbol{C}$ 的第一列元素分别表示三个工厂的总收入, 第二列元素分别表示三个工厂的总利润.

$$\boldsymbol{C}=\boldsymbol{AB}=\begin{pmatrix}2&3&1&6\\3&5&2&10\\4&3&3&5\end{pmatrix}\begin{pmatrix}3&1\\5&2\\7&3\\4&2\end{pmatrix}=\begin{pmatrix}52&23\\88&39\\68&29\end{pmatrix}.$$

一般地, 对矩阵乘法作如下定义.

定义 5　设矩阵 $\boldsymbol{A}=(a_{ij})_{m\times s}$, $\boldsymbol{B}=(b_{ij})_{s\times n}$, 则由元素

$$c_{ij}=a_{i1}b_{1j}+a_{i2}b_{2j}+\cdots+a_{is}b_{sj}=\sum_{k=1}^{s}a_{ik}b_{kj}\quad(i=1,2,\cdots,m;j=1,2,\cdots,n)\tag{2.5}$$

所构成的矩阵 $\boldsymbol{C}=(c_{ij})_{m\times n}$ 称为**矩阵 $\boldsymbol{A}$ 与 $\boldsymbol{B}$ 的乘积**, 记作 $\boldsymbol{C}=\boldsymbol{AB}$.

注　(1) 矩阵 $\boldsymbol{A}$ 与 $\boldsymbol{B}$ 能相乘的条件是: 左矩阵 $\boldsymbol{A}$ 的列数等于右矩阵 $\boldsymbol{B}$ 的行数;

(2) 矩阵 $\boldsymbol{C}$ 的行数等于左矩阵 $\boldsymbol{A}$ 的行数, 列数等于右矩阵 $\boldsymbol{B}$ 的列数;

(3) c_{ij} 等于左矩阵 $\boldsymbol{A}$ 的第 i 行与右矩阵 $\boldsymbol{B}$ 的第 j 列对应元素的乘积之和.

$$\begin{pmatrix}a_{11}&\cdots&a_{1j}&\cdots&a_{1s}\\\vdots&&\vdots&&\vdots\\a_{i1}&\cdots&a_{ij}&\cdots&a_{is}\\\vdots&&\vdots&&\vdots\\a_{m1}&\cdots&a_{mj}&\cdots&a_{ms}\end{pmatrix}_{m\times s}\begin{pmatrix}b_{11}&\cdots&b_{1j}&\cdots&b_{1n}\\\vdots&&\vdots&&\vdots\\b_{i1}&\cdots&b_{ij}&\cdots&b_{in}\\\vdots&&\vdots&&\vdots\\b_{s1}&\cdots&b_{sj}&\cdots&b_{sn}\end{pmatrix}_{s\times n}$$

$$=\begin{pmatrix}c_{11}&\cdots&c_{1j}&\cdots&c_{1n}\\\vdots&&\vdots&&\vdots\\c_{i1}&\cdots&c_{ij}&\cdots&c_{in}\\\vdots&&\vdots&&\vdots\\c_{m1}&\cdots&c_{mj}&\cdots&c_{mn}\end{pmatrix}_{m\times n}.$$

例 11 设矩阵

$$A=\begin{pmatrix}1&2&3\\1&0&1\end{pmatrix},\quad B=\begin{pmatrix}1&2\\-2&1\\1&1\end{pmatrix},$$

求乘积矩阵 AB 和 BA.

解

$$AB=\begin{pmatrix}1&2&3\\1&0&1\end{pmatrix}\begin{pmatrix}1&2\\-2&1\\1&1\end{pmatrix}$$

$$=\begin{pmatrix}1\times1+2\times(-2)+3\times1&1\times2+2\times1+3\times1\\1\times1+0\times(-2)+1\times1&1\times2+0\times1+1\times1\end{pmatrix}=\begin{pmatrix}0&7\\2&3\end{pmatrix},$$

$$BA=\begin{pmatrix}1&2\\-2&1\\1&1\end{pmatrix}\begin{pmatrix}1&2&3\\1&0&1\end{pmatrix}$$

$$=\begin{pmatrix}1\times1+2\times1&1\times2+2\times0&1\times3+2\times1\\-2\times1+1\times1&-2\times2+1\times0&-2\times3+1\times1\\1\times1+1\times1&1\times2+1\times0&1\times3+1\times1\end{pmatrix}$$

$$=\begin{pmatrix}3&2&5\\-1&-4&-5\\2&2&4\end{pmatrix}.$$

例 12 设矩阵

$$A=\begin{pmatrix}1&-1\\-1&1\end{pmatrix},\quad B=\begin{pmatrix}1&1\\-1&-1\end{pmatrix},\quad C=\begin{pmatrix}2&0\\0&-2\end{pmatrix}.$$

求 AB, BA, AC.

解 $$AB=\begin{pmatrix}1&-1\\-1&1\end{pmatrix}\begin{pmatrix}1&1\\-1&-1\end{pmatrix}=\begin{pmatrix}2&2\\-2&-2\end{pmatrix},$$

$$BA=\begin{pmatrix}1&1\\-1&-1\end{pmatrix}\begin{pmatrix}1&-1\\-1&1\end{pmatrix}=\begin{pmatrix}0&0\\0&0\end{pmatrix},$$

$$AC=\begin{pmatrix}1&-1\\-1&1\end{pmatrix}\begin{pmatrix}2&0\\0&-2\end{pmatrix}=\begin{pmatrix}2&2\\-2&-2\end{pmatrix}.$$

注 由例 11 与例 12 可知, 矩阵乘法与数的乘法有许多差异.

(1) 矩阵乘法一般不满足交换律, 即 $\boldsymbol{AB} \neq \boldsymbol{BA}$. $\boldsymbol{AB}$ 有意义, $\boldsymbol{BA}$ 不一定有意义, 即使 $\boldsymbol{AB}$, $\boldsymbol{BA}$ 都有意义, 它们也不一定相等.

(2) 矩阵乘法一般不满足消去律, 即如果 $\boldsymbol{AB} = \boldsymbol{AC}$ 且 $\boldsymbol{A} \neq \boldsymbol{O}$, 不能得出 $\boldsymbol{B} = \boldsymbol{C}$.

(3) 两个非零矩阵的乘积可以是零矩阵; 反之, 若 $\boldsymbol{AB} = \boldsymbol{O}$, 则通常不能得出 $\boldsymbol{A} = \boldsymbol{O}$ 或 $\boldsymbol{B} = \boldsymbol{O}$.

设矩阵 $\boldsymbol{A}, \boldsymbol{B}, \boldsymbol{C}$ 以及数 λ, 则矩阵乘法满足以下运算规律:

(1) **结合律** $(\boldsymbol{AB})\boldsymbol{C} = \boldsymbol{A}(\boldsymbol{BC})$, $(\lambda\boldsymbol{A})\boldsymbol{B} = \boldsymbol{A}(\lambda\boldsymbol{B}) = \lambda(\boldsymbol{AB})$;

(2) **左乘分配律** $\boldsymbol{A}(\boldsymbol{B}+\boldsymbol{C}) = \boldsymbol{AB} + \boldsymbol{AC}$;

(3) **右乘分配律** $(\boldsymbol{B}+\boldsymbol{C})\boldsymbol{A} = \boldsymbol{BA} + \boldsymbol{CA}$.

对于单位矩阵 $\boldsymbol{E}$, 容易验证

$$\boldsymbol{E}_m\boldsymbol{A}_{m\times n} = \boldsymbol{A}_{m\times n}, \quad \boldsymbol{A}_{m\times n}\boldsymbol{E}_n = \boldsymbol{A}_{m\times n}$$

或简写成

$$\boldsymbol{EA} = \boldsymbol{AE} = \boldsymbol{A}.$$

2.2.4 方阵的幂

下面给出 n 阶方阵的幂的定义及运算规律.

定义 6 设 $\boldsymbol{A}$ 为 n 阶方阵, k 为正整数, k 个 $\boldsymbol{A}$ 的乘积称为 $\boldsymbol{A}$ 的 k 次幂, 记作 $\boldsymbol{A}^k$, 即

$$\boldsymbol{A}^k = \underbrace{\boldsymbol{AA}\cdots\boldsymbol{A}}_{k个}.$$

规定 $\boldsymbol{A}^0 = \boldsymbol{E}$.

设 $\boldsymbol{A}$ 为 n 阶方阵, k, l 为正整数, 则方阵的幂运算满足以下运算规律:

(1) $\boldsymbol{A}^k\boldsymbol{A}^l = \boldsymbol{A}^l\boldsymbol{A}^k = \boldsymbol{A}^{k+l}$;

(2) $(\boldsymbol{A}^k)^l = (\boldsymbol{A}^l)^k = \boldsymbol{A}^{kl}$.

注 因为矩阵乘法一般不满足交换律, 所以对于两个 n 阶方阵 $\boldsymbol{A}$, $\boldsymbol{B}$, 一般地

$$(\boldsymbol{AB})^k \neq \boldsymbol{A}^k\boldsymbol{B}^k.$$

设 $f(x) = a_mx^m + a_{m-1}x^{m-1} + \cdots + a_1x + a_0$ 是 x 的一个 m 次多项式, $\boldsymbol{A}$ 是 n 阶方阵, 由方阵的幂运算、加法和数乘运算规律, $a_m\boldsymbol{A}^m + a_{m-1}\boldsymbol{A}^{m-1} + \cdots + a_1\boldsymbol{A} + a_0\boldsymbol{E}$ 有意义, 而且仍是一个 n 阶方阵, 称其为方阵 $\boldsymbol{A}$ 的 m 次多项式, 记为

$$f(\boldsymbol{A}) = a_m\boldsymbol{A}^m + a_{m-1}\boldsymbol{A}^{m-1} + \cdots + a_1\boldsymbol{A} + a_0\boldsymbol{E}.$$

例 13 设矩阵 $\boldsymbol{A}=\begin{pmatrix}1&1\\-1&1\end{pmatrix}$ 和多项式 $f(x)=x^2+2x+1$, 求 $f(\boldsymbol{A})$.

解 $f(\boldsymbol{A})=\boldsymbol{A}^2+2\boldsymbol{A}+\boldsymbol{E}$

$$=\begin{pmatrix}1&1\\-1&1\end{pmatrix}\begin{pmatrix}1&1\\-1&1\end{pmatrix}+2\begin{pmatrix}1&1\\-1&1\end{pmatrix}+\begin{pmatrix}1&0\\0&1\end{pmatrix}=\begin{pmatrix}3&4\\-4&3\end{pmatrix}.$$

因为矩阵 $\boldsymbol{A}^k,\boldsymbol{A}^l,\boldsymbol{E}$ 都是可交换的, 因此矩阵多项式有下面的性质.

设 $f(x),g(x),h(x)$ 是 x 的多项式, $\boldsymbol{A}$ 是方阵, 则

(1) 矩阵多项式 $f(\boldsymbol{A}),g(\boldsymbol{A})$ 总是可交换的, 即 $f(\boldsymbol{A})g(\boldsymbol{A})=g(\boldsymbol{A})f(\boldsymbol{A})$;

(2) 若 $h(x)=f(x)g(x)$, 则 $h(\boldsymbol{A})=f(\boldsymbol{A})g(\boldsymbol{A})$.

根据以上性质, 矩阵多项式可以像代数多项式一样进行因式分解, 比如

$$f(\boldsymbol{A})=\boldsymbol{A}^2+\boldsymbol{A}-2\boldsymbol{E}=(\boldsymbol{A}+2\boldsymbol{E})(\boldsymbol{A}-\boldsymbol{E}).$$

从而, 每一个多项式的因式分解, 都可得到一个矩阵多项式的因式分解. 例如, 由

$$1-x^k=(1-x)(1+x+x^2+\cdots+x^{k-1})$$

可得

$$\boldsymbol{E}-\boldsymbol{A}^k=(\boldsymbol{E}-\boldsymbol{A})(\boldsymbol{E}+\boldsymbol{A}+\boldsymbol{A}^2+\cdots+\boldsymbol{A}^{k-1}).$$

例 14 在例 1 中, 令

$$a_{ij}=\begin{cases}1, & \text{从 } i \text{ 市到 } j \text{ 市有 1 条单向航线},\\ 0, & \text{从 } i \text{ 市到 } j \text{ 市没有单向航线},\end{cases}$$

则四座城市间的航线连接可用邻接矩阵表示

$$\boldsymbol{A}=(a_{ij})_{4\times4}=\begin{pmatrix}0&1&1&0\\1&0&1&0\\1&0&0&1\\0&1&1&0\end{pmatrix}.$$

从矩阵 $\boldsymbol{A}$ 可以看出任意两座城市之间的航线, 即两座城市可以直接到达的航线. 比如 $a_{12}=a_{13}=1$ 和 $a_{14}=0$, 说明从 A 城市出发的航线, 分别可以直达 B 和 C 两座城市, 而不能直达 D 城市.

若要讨论经过 2 次航班 (即 1 次中转) 能到达城市的情况, 可以再乘一个邻接矩阵 $\boldsymbol{A}$, 得到 $\boldsymbol{A}^2$ 来实现. 实际意义就是把第一次航班的目的地再作为出发地, 求

下一个航班的目的地.

$$\boldsymbol{A}^2=\begin{pmatrix}0&1&1&0\\1&0&1&0\\1&0&0&1\\0&1&1&0\end{pmatrix}\begin{pmatrix}0&1&1&0\\1&0&1&0\\1&0&0&1\\0&1&1&0\end{pmatrix}=\begin{pmatrix}2&0&1&1\\1&1&1&1\\0&2&2&0\\2&0&1&1\end{pmatrix}.$$

令 $\boldsymbol{A}^2=(b_{ij})_{4\times4}$, 其中 b_{ij} 表示从 i 市经过 2 次航班到达 j 市的航线数.

例如, 观察 $\boldsymbol{A}^2$ 的第 4 行, 可以看出: 从城市 D 出发, 连续搭乘 2 次航班, 到达城市 A 有 2 条单向航线 ($D\to B\to A, D\to C\to A$, 见图 2.2); 不能到达城市 B; 到达城市 C 均有 1 条单向航线 ($D\to B\to C$) 和到达城市 D 有 1 条双向航线 ($D\to C\to D$).

经过 2 次航班以内到达城市的邻接矩阵为

$$\boldsymbol{A}+\boldsymbol{A}^2=\begin{pmatrix}0&1&1&0\\1&0&1&0\\1&0&0&1\\0&1&1&0\end{pmatrix}+\begin{pmatrix}2&0&1&1\\1&1&1&1\\0&2&2&0\\2&0&1&1\end{pmatrix}=\begin{pmatrix}2&1&2&1\\2&1&2&1\\1&2&2&1\\2&1&2&1\end{pmatrix}.$$

依此类推, 矩阵 $\boldsymbol{A}+\boldsymbol{A}^2+\cdots+\boldsymbol{A}^k$ 表示在 k 次航班以内城市之间互相到达的情况, 其中 (i,j) 元表示在 k 次航班内从城市 i 到城市 j 的不同方式 (直达或中转).

例 15　设矩阵 $\boldsymbol{A}=\begin{pmatrix}1&1\\0&1\end{pmatrix}$, 求 $\boldsymbol{A}^n$.

分析　对于矩阵高次幂的问题, 其计算量较大, 针对不同类型的矩阵, 高次幂的计算也有规律可循. 比如, 可以先计算 $\boldsymbol{A}^2,\boldsymbol{A}^3$, 从中发现规律并归纳出 $\boldsymbol{A}^n$, 再进行证明; 对于主对角元素相同的上 (下) 三角矩阵, 将矩阵分解成特殊的矩阵, 再应用二项式展开进行计算; 更一般的方法是利用矩阵的对角化进行计算 (将在第 5 章中介绍).

解法一 (数学归纳法)

$$\boldsymbol{A}^2=\begin{pmatrix}1&1\\0&1\end{pmatrix}\begin{pmatrix}1&1\\0&1\end{pmatrix}=\begin{pmatrix}1&2\\0&1\end{pmatrix},\quad \boldsymbol{A}^3=\begin{pmatrix}1&2\\0&1\end{pmatrix}\begin{pmatrix}1&1\\0&1\end{pmatrix}=\begin{pmatrix}1&3\\0&1\end{pmatrix}.$$

根据规律猜想 $\boldsymbol{A}^n=\begin{pmatrix}1&n\\0&1\end{pmatrix}$.

用数学归纳法证明, 假设当 $n=k$ 时, 有 $\boldsymbol{A}^k=\begin{pmatrix}1&k\\0&1\end{pmatrix}$.

当 $n=k+1$ 时, $\boldsymbol{A}^{k+1}=\boldsymbol{A}^k\boldsymbol{A}=\begin{pmatrix}1 & k\\0 & 1\end{pmatrix}\begin{pmatrix}1 & 1\\0 & 1\end{pmatrix}=\begin{pmatrix}1 & k+1\\0 & 1\end{pmatrix}$, 因此对一切自然数都成立, 即 $\boldsymbol{A}^n=\begin{pmatrix}1 & n\\0 & 1\end{pmatrix}$.

解法二 (矩阵拆分法)

$$\boldsymbol{A}=\begin{pmatrix}1 & 1\\0 & 1\end{pmatrix}=\begin{pmatrix}1 & 0\\0 & 1\end{pmatrix}+\begin{pmatrix}0 & 1\\0 & 0\end{pmatrix}=\boldsymbol{E}+\boldsymbol{B},$$

利用矩阵的二项式展开定理,

$$\boldsymbol{A}^n=(\boldsymbol{E}+\boldsymbol{B})^n=\boldsymbol{E}^n+\mathrm{C}_n^1\boldsymbol{E}^{n-1}\boldsymbol{B}+\mathrm{C}_n^2\boldsymbol{E}^{n-2}\boldsymbol{B}^2+\cdots+\boldsymbol{B}^n.$$

由于 $\boldsymbol{B}^2=\begin{pmatrix}0 & 1\\0 & 0\end{pmatrix}\begin{pmatrix}0 & 1\\0 & 0\end{pmatrix}=\begin{pmatrix}0 & 0\\0 & 0\end{pmatrix}$, 则对所有 $k\geqslant 2, \boldsymbol{B}^k=\boldsymbol{O}$, 因此

$$\boldsymbol{A}^n=\boldsymbol{E}^n+\mathrm{C}_n^1\boldsymbol{E}^{n-1}\boldsymbol{B}=\boldsymbol{E}+n\boldsymbol{B}=\begin{pmatrix}1 & 0\\0 & 1\end{pmatrix}+n\begin{pmatrix}0 & 1\\0 & 0\end{pmatrix}=\begin{pmatrix}1 & n\\0 & 1\end{pmatrix}.$$

2.2.5 矩阵的转置

定义 7 把矩阵 $\boldsymbol{A}=(a_{ij})_{m\times n}$ 的行换成相应的列, 得到一个新的 $n\times m$ 矩阵, 称为**矩阵 $\boldsymbol{A}$ 的转置矩阵**, 记作 $\boldsymbol{A}^{\mathrm{T}}$. 即若

$$\boldsymbol{A}=\begin{pmatrix}a_{11} & a_{12} & \cdots & a_{1n}\\a_{21} & a_{22} & \cdots & a_{2n}\\\vdots & \vdots & & \vdots\\a_{m1} & a_{m2} & \cdots & a_{mn}\end{pmatrix},$$

则

$$\boldsymbol{A}^{\mathrm{T}}=\begin{pmatrix}a_{11} & a_{21} & \cdots & a_{m1}\\a_{12} & a_{22} & \cdots & a_{m2}\\\vdots & \vdots & & \vdots\\a_{1n} & a_{2n} & \cdots & a_{mn}\end{pmatrix}.$$

例如, 矩阵 $\boldsymbol{A}=\begin{pmatrix}1 & 2 & 0\\4 & -3 & 1\end{pmatrix}$ 的转置矩阵为 $\boldsymbol{A}^{\mathrm{T}}=\begin{pmatrix}1 & 4\\2 & -3\\0 & 1\end{pmatrix}$.

矩阵的转置满足以下运算规律:

(1) $(\boldsymbol{A}^{\mathrm{T}})^{\mathrm{T}}=\boldsymbol{A}$;

(2) $(\boldsymbol{A}+\boldsymbol{B})^{\mathrm{T}}=\boldsymbol{A}^{\mathrm{T}}+\boldsymbol{B}^{\mathrm{T}}$;

(3) $(\lambda\boldsymbol{A})^{\mathrm{T}}=\lambda\boldsymbol{A}^{\mathrm{T}}$($\lambda$ 为常数);

(4) $(\boldsymbol{A}\boldsymbol{B})^{\mathrm{T}}=\boldsymbol{B}^{\mathrm{T}}\boldsymbol{A}^{\mathrm{T}}$.

证明 其中 (1)—(3) 容易验证, 请读者自行证明. 这里仅证明运算规律 (4).

设 $\boldsymbol{A}=(a_{ij})_{m\times s}$, $\boldsymbol{B}=(b_{ij})_{s\times n}$, 则 $(\boldsymbol{A}\boldsymbol{B})^{\mathrm{T}}$ 与 $\boldsymbol{B}^{\mathrm{T}}\boldsymbol{A}^{\mathrm{T}}$ 都为 $n\times m$ 矩阵, 设 $(\boldsymbol{A}\boldsymbol{B})^{\mathrm{T}}=(c_{ij})_{n\times m}$, $\boldsymbol{B}^{\mathrm{T}}\boldsymbol{A}^{\mathrm{T}}=(d_{ij})_{n\times m}$. 由矩阵乘法及转置的定义, 有 $c_{ij}=\sum\limits_{k=1}^{s}a_{jk}b_{ki}$, 且 $d_{ij}=\sum\limits_{k=1}^{s}b_{ki}a_{jk}=\sum\limits_{k=1}^{s}a_{jk}b_{ki}$. 因此 $c_{ij}=d_{ij}(i=1,2,\cdots,n;j=1,2,\cdots,m)$, 从而 $(\boldsymbol{A}\boldsymbol{B})^{\mathrm{T}}=\boldsymbol{B}^{\mathrm{T}}\boldsymbol{A}^{\mathrm{T}}$.

例 16 已知 $\boldsymbol{A}=\begin{pmatrix}1&0&2\\-1&-3&1\end{pmatrix}$, $\boldsymbol{B}=\begin{pmatrix}2&4&-3\\1&3&2\\3&0&5\end{pmatrix}$, 求 $(\boldsymbol{A}\boldsymbol{B})^{\mathrm{T}}$.

解法一(利用定义) 因为

$$\boldsymbol{A}\boldsymbol{B}=\begin{pmatrix}1&0&2\\-1&-3&1\end{pmatrix}\begin{pmatrix}2&4&-3\\1&3&2\\3&0&5\end{pmatrix}=\begin{pmatrix}8&4&7\\-2&-13&2\end{pmatrix},$$

所以

$$(\boldsymbol{A}\boldsymbol{B})^{\mathrm{T}}=\begin{pmatrix}8&4&7\\-2&-13&2\end{pmatrix}^{\mathrm{T}}=\begin{pmatrix}8&-2\\4&-13\\7&2\end{pmatrix}.$$

解法二(利用性质)

$$(\boldsymbol{A}\boldsymbol{B})^{\mathrm{T}}=\boldsymbol{B}^{\mathrm{T}}\boldsymbol{A}^{\mathrm{T}}=\begin{pmatrix}2&1&3\\4&3&0\\-3&2&5\end{pmatrix}\begin{pmatrix}1&-1\\0&-3\\2&1\end{pmatrix}=\begin{pmatrix}8&-2\\4&-13\\7&2\end{pmatrix}.$$

运算规律 (4) 可以推广到多个矩阵的情形, 即

$$(\boldsymbol{A}_1\boldsymbol{A}_2\cdots\boldsymbol{A}_m)^{\mathrm{T}}=\boldsymbol{A}_m^{\mathrm{T}}\cdots\boldsymbol{A}_2^{\mathrm{T}}\boldsymbol{A}_1^{\mathrm{T}}.$$

根据转置矩阵的定义, 可以得到对称矩阵和反对称矩阵的概念.

定义 8 设 $\boldsymbol{A}=(a_{ij})$ 为 n 阶方阵, 若 $\boldsymbol{A}^{\mathrm{T}}=\boldsymbol{A}$, 即 $a_{ij}=a_{ji}(i,j=1,2,\cdots,n)$, 则称 $\boldsymbol{A}$ 为**对称矩阵.** 若 $\boldsymbol{A}^{\mathrm{T}}=-\boldsymbol{A}$, 即 $a_{ij}=-a_{ji}(i,j=1,2,\cdots,n)$, 则称 $\boldsymbol{A}$ 为**反对称矩阵.**

例如, 矩阵 $\boldsymbol{A}=\begin{pmatrix}3&4&3\\4&1&1\\3&1&0\end{pmatrix}$ 是对称矩阵, $\boldsymbol{B}=\begin{pmatrix}0&-4&2\\4&0&-3\\-2&3&0\end{pmatrix}$ 是反对称矩阵.

例 17 设 $\boldsymbol{A},\boldsymbol{B}$ 都是 n 阶对称矩阵, 证明 $\boldsymbol{AB}$ 是对称矩阵的充分必要条件是 $\boldsymbol{AB}=\boldsymbol{BA}$.

证明 若 $\boldsymbol{A},\boldsymbol{B}$ 都是 n 阶对称矩阵, 则

$$\boldsymbol{A}^{\mathrm{T}}=\boldsymbol{A},\quad \boldsymbol{B}^{\mathrm{T}}=\boldsymbol{B}.$$

若 $\boldsymbol{AB}=\boldsymbol{BA}$, 则有

$$(\boldsymbol{AB})^{\mathrm{T}}=\boldsymbol{B}^{\mathrm{T}}\boldsymbol{A}^{\mathrm{T}}=\boldsymbol{BA}=\boldsymbol{AB}.$$

所以 $\boldsymbol{AB}$ 是对称矩阵.

反之, 若 $\boldsymbol{AB}$ 是对称矩阵, 则有

$$\boldsymbol{AB}=(\boldsymbol{AB})^{\mathrm{T}}=\boldsymbol{B}^{\mathrm{T}}\boldsymbol{A}^{\mathrm{T}}=\boldsymbol{BA}.$$

2.2.6 方阵的行列式

定义 9 设 $\boldsymbol{A}$ 是 n 阶方阵, 由 $\boldsymbol{A}$ 的元素按原来位置构成的行列式

$$|\boldsymbol{A}|=\begin{vmatrix}a_{11}&a_{12}&\cdots&a_{1n}\\a_{21}&a_{22}&\cdots&a_{2n}\\\vdots&\vdots&&\vdots\\a_{n1}&a_{n2}&\cdots&a_{nn}\end{vmatrix},$$

称为**方阵 $\boldsymbol{A}$ 的行列式**, 记作 $|\boldsymbol{A}|$ 或 $\det\boldsymbol{A}$.

例如, 方阵 $\boldsymbol{A}=\begin{pmatrix}1&3&1\\2&5&3\\3&2&1\end{pmatrix}$ 的行列式为 $|\boldsymbol{A}|=\begin{vmatrix}1&3&1\\2&5&3\\3&2&1\end{vmatrix}=9$.

设 n 阶方阵 $\boldsymbol{A},\boldsymbol{B}$ 及数 λ, 则由行列式的性质, 有以下运算规律:

(1) $|\boldsymbol{A}^{\mathrm{T}}|=|\boldsymbol{A}|$;

(2) $|\lambda\boldsymbol{A}|=\lambda^n|\boldsymbol{A}|$;

(3) $|\boldsymbol{AB}|=|\boldsymbol{A}||\boldsymbol{B}|$, 特别地 $|\boldsymbol{A}^m|=|\boldsymbol{A}|^m$($m$ 为非负整数).

知识拓展 · 图形变换的矩阵运算

2.3 逆 矩 阵

由矩阵运算可知, 零矩阵与任一同型矩阵相加的结果是原矩阵; 单位矩阵与任一矩阵相乘 (只要乘法可行) 的结果还是原矩阵. 所以可以说零矩阵有类似于数 0 的作用, 单位矩阵有类似于数 1 的作用.

在数的运算中, 对于任意非零常数 a, 一定存在唯一的数 b, 使得

$$a \cdot b = b \cdot a = 1,$$

称 b 为 a 的倒数, 记作 $b = a^{-1}$.

在矩阵运算中, 也有类似于数的运算中倒数作用的矩阵, 即逆矩阵. 本节主要讨论下列问题: 满足什么条件的矩阵 $\boldsymbol{A}$ 有逆矩阵? 如果 $\boldsymbol{A}$ 可逆, $\boldsymbol{A}$ 的逆矩阵是否唯一? 如何求它的逆矩阵?

2.3.1 逆矩阵的定义

定义 10 设 $\boldsymbol{A}$ 是 n 阶矩阵, 如果存在 n 阶矩阵 $\boldsymbol{B}$, 使得

$$\boldsymbol{AB} = \boldsymbol{BA} = \boldsymbol{E}, \tag{2.6}$$

则称矩阵 $\boldsymbol{A}$ **是可逆矩阵**, 简称 $\boldsymbol{A}$ **可逆**; 称矩阵 $\boldsymbol{B}$ 是 $\boldsymbol{A}$ 的逆矩阵, 记作 $\boldsymbol{A}^{-1}$, 即 $\boldsymbol{A}^{-1} = \boldsymbol{B}$.

注 (1) 矩阵 $\boldsymbol{A}$ 和 $\boldsymbol{B}$ 的地位是相同的, 若 $\boldsymbol{A}$ 可逆, 且 $\boldsymbol{B}$ 是 $\boldsymbol{A}$ 的逆矩阵, 则 $\boldsymbol{B}$ 也可逆, 且 $\boldsymbol{A}$ 是 $\boldsymbol{B}$ 的逆矩阵.

例如, 矩阵

$$\boldsymbol{A} = \begin{pmatrix} 1 & 2 \\ 1 & 3 \end{pmatrix}, \quad \boldsymbol{B} = \begin{pmatrix} 3 & -2 \\ -1 & 1 \end{pmatrix},$$

因为

$$\boldsymbol{AB} = \begin{pmatrix} 1 & 2 \\ 1 & 3 \end{pmatrix}\begin{pmatrix} 3 & -2 \\ -1 & 1 \end{pmatrix} = \begin{pmatrix} 1 & 0 \\ 0 & 1 \end{pmatrix},$$

$$\boldsymbol{BA} = \begin{pmatrix} 3 & -2 \\ -1 & 1 \end{pmatrix}\begin{pmatrix} 1 & 2 \\ 1 & 3 \end{pmatrix} = \begin{pmatrix} 1 & 0 \\ 0 & 1 \end{pmatrix}.$$

所以 $\boldsymbol{A}$ 可逆, $\boldsymbol{A}^{-1} = \boldsymbol{B}$, 且 $\boldsymbol{B}$ 也可逆, $\boldsymbol{B}^{-1} = \boldsymbol{A}$.

(2) 单位矩阵 $\boldsymbol{E}$ 是可逆矩阵, 且 $\boldsymbol{E}^{-1} = \boldsymbol{E}$.

(3) $\boldsymbol{A}^{-1}$ 不能写成 $\dfrac{\boldsymbol{1}}{\boldsymbol{A}}$. 因此, $\boldsymbol{BA}^{-1}$ 及 $\boldsymbol{A}^{-1}\boldsymbol{B}$ 也不能写成 $\dfrac{\boldsymbol{B}}{\boldsymbol{A}}$.

2.3.2 矩阵可逆的充分必要条件

若矩阵 $\boldsymbol{A}$ 可逆, 由 $\boldsymbol{A}\boldsymbol{A}^{-1}=\boldsymbol{E}$, 两边取行列式可得, $|\boldsymbol{A}\boldsymbol{A}^{-1}|=|\boldsymbol{A}||\boldsymbol{A}^{-1}|=|\boldsymbol{E}|=1$, 从而有 $|\boldsymbol{A}|\neq 0$; 反之, 若 $|\boldsymbol{A}|\neq 0$, 矩阵 $\boldsymbol{A}$ 是否可逆呢? 若 $\boldsymbol{A}$ 可逆, 其逆矩阵又如何求得呢? 为了回答这些问题, 下面介绍 n 阶矩阵 $\boldsymbol{A}$ 的伴随矩阵.

定义 11 设 $\boldsymbol{A}$ 是 n 阶矩阵, A_{ij} 是行列式 $|\boldsymbol{A}|$ 中元素 a_{ij} 的代数余子式, 以 A_{ij} 为元素构成的 n 阶矩阵

$$\boldsymbol{A}^*=\begin{pmatrix} A_{11} & A_{21} & \cdots & A_{n1} \\ A_{12} & A_{22} & \cdots & A_{n2} \\ \vdots & \vdots & & \vdots \\ A_{1n} & A_{2n} & \cdots & A_{nn} \end{pmatrix}$$

称为**矩阵 $\boldsymbol{A}$ 的伴随矩阵**, 简称**伴随阵**.

注 伴随矩阵 $\boldsymbol{A}^*$ 是矩阵 $\boldsymbol{A}$ 的每个元素 a_{ij} 对应的代数余子式 A_{ij}, 按转置方式排成的矩阵.

定理 1 若 $\boldsymbol{A}$ 是 n 阶矩阵, $\boldsymbol{A}^*$ 是 $\boldsymbol{A}$ 的伴随矩阵, 则有

$$\boldsymbol{A}\boldsymbol{A}^*=\boldsymbol{A}^*\boldsymbol{A}=|\boldsymbol{A}|\boldsymbol{E}. \tag{2.7}$$

证明 设

$$\boldsymbol{A}=\begin{pmatrix} a_{11} & a_{12} & \cdots & a_{1n} \\ a_{21} & a_{22} & \cdots & a_{2n} \\ \vdots & \vdots & & \vdots \\ a_{n1} & a_{n2} & \cdots & a_{nn} \end{pmatrix}, \quad \boldsymbol{A}^*=\begin{pmatrix} A_{11} & A_{21} & \cdots & A_{n1} \\ A_{12} & A_{22} & \cdots & A_{n2} \\ \vdots & \vdots & & \vdots \\ A_{1n} & A_{2n} & \cdots & A_{nn} \end{pmatrix},$$

根据行列式按行展开法则

$$\sum_{k=1}^{n} a_{ik}A_{jk}=\begin{cases} |\boldsymbol{A}|, & i=j, \\ 0, & i\neq j, \end{cases}$$

有

$$\boldsymbol{A}\boldsymbol{A}^*=\begin{pmatrix} a_{11} & a_{12} & \cdots & a_{1n} \\ a_{21} & a_{22} & \cdots & a_{2n} \\ \vdots & \vdots & & \vdots \\ a_{n1} & a_{n2} & \cdots & a_{nn} \end{pmatrix}\begin{pmatrix} A_{11} & A_{21} & \cdots & A_{n1} \\ A_{12} & A_{22} & \cdots & A_{n2} \\ \vdots & \vdots & & \vdots \\ A_{1n} & A_{2n} & \cdots & A_{nn} \end{pmatrix}$$

$$= \begin{pmatrix} |\boldsymbol{A}| & 0 & \cdots & 0 \\ 0 & |\boldsymbol{A}| & \cdots & 0 \\ \vdots & \vdots & & \vdots \\ 0 & 0 & \cdots & |\boldsymbol{A}| \end{pmatrix} = |\boldsymbol{A}|\boldsymbol{E}.$$

同理, 可得

$$\boldsymbol{A}^*\boldsymbol{A} = |\boldsymbol{A}|\boldsymbol{E}.$$ □

定理 2　n 阶矩阵 $\boldsymbol{A}$ 可逆的充分必要条件是 $|\boldsymbol{A}| \neq 0$, 且 $\boldsymbol{A}^{-1} = \dfrac{1}{|\boldsymbol{A}|}\boldsymbol{A}^*$.

证明　必要性　若矩阵 $\boldsymbol{A}$ 可逆, 则存在 $\boldsymbol{A}^{-1}$, 使 $\boldsymbol{A}\boldsymbol{A}^{-1} = \boldsymbol{E}$, 两边取行列式可得, $|\boldsymbol{A}\boldsymbol{A}^{-1}| = |\boldsymbol{A}||\boldsymbol{A}^{-1}| = |\boldsymbol{E}| = 1$, 从而有 $|\boldsymbol{A}| \neq 0$.

充分性　由定理 1, 有

$$\boldsymbol{A}\boldsymbol{A}^* = \boldsymbol{A}^*\boldsymbol{A} = |\boldsymbol{A}|\boldsymbol{E},$$

若 $|\boldsymbol{A}| \neq 0$, 可得

$$\boldsymbol{A}\left(\frac{1}{|\boldsymbol{A}|}\boldsymbol{A}^*\right) = \left(\frac{1}{|\boldsymbol{A}|}\boldsymbol{A}^*\right)\boldsymbol{A} = \boldsymbol{E},$$

由可逆矩阵的定义知, $\boldsymbol{A}$ 可逆且

$$\boldsymbol{A}^{-1} = \frac{1}{|\boldsymbol{A}|}\boldsymbol{A}^*.$$ □

当 $|\boldsymbol{A}| \neq 0$ 时, $\boldsymbol{A}$ 称为**非奇异矩阵**, 或**非退化矩阵**; 当 $|\boldsymbol{A}| = 0$ 时, $\boldsymbol{A}$ 称为**奇异矩阵**, 或**退化矩阵**.

定理 2 不但给出了 $\boldsymbol{A}$ 可逆的充要条件, 而且提供了求逆矩阵 $\boldsymbol{A}^{-1}$ 的一种方法 ——**伴随矩阵法**.

例 18　设 $\boldsymbol{A} = \begin{pmatrix} a & b \\ c & d \end{pmatrix}$, 若 $ad - bc \neq 0$, 则 $\boldsymbol{A}$ 是可逆矩阵且

$$\boldsymbol{A}^{-1} = \frac{1}{ad - bc}\begin{pmatrix} d & -b \\ -c & a \end{pmatrix}. \tag{2.8}$$

若 $ad - bc = 0$, 则 $\boldsymbol{A}$ 是不可逆矩阵.

推论　设 $\boldsymbol{A}, \boldsymbol{B}$ 是 n 阶矩阵, 如果 $\boldsymbol{A}\boldsymbol{B} = \boldsymbol{E}$(或 $\boldsymbol{B}\boldsymbol{A} = \boldsymbol{E}$), 则 $\boldsymbol{A}, \boldsymbol{B}$ 均为可逆矩阵, 且 $\boldsymbol{B} = \boldsymbol{A}^{-1}$.

证明　由 $\boldsymbol{A}\boldsymbol{B} = \boldsymbol{E}$, 有

$$|\boldsymbol{A}\boldsymbol{B}| = |\boldsymbol{A}||\boldsymbol{B}| = |\boldsymbol{E}| = 1.$$

因此 $|\boldsymbol{A}| \neq 0$ 且 $|\boldsymbol{B}| \neq 0$, 由定理 2 可知, $\boldsymbol{A}$ 与 $\boldsymbol{B}$ 都是可逆矩阵.

于是

$$\boldsymbol{B} = \boldsymbol{E}\boldsymbol{B} = (\boldsymbol{A}^{-1}\boldsymbol{A})\boldsymbol{B} = \boldsymbol{A}^{-1}(\boldsymbol{A}\boldsymbol{B}) = \boldsymbol{A}^{-1}\boldsymbol{E} = \boldsymbol{A}^{-1}. \qquad \square$$

定理 2 的推论表明, 判断 $\boldsymbol{B}$ 是否是 $\boldsymbol{A}$ 的逆矩阵, 只需验证 $\boldsymbol{AB} = \boldsymbol{E}$(或 $\boldsymbol{BA} = \boldsymbol{E}$) 是否成立即可.

例 19 设 $\boldsymbol{A} = \begin{pmatrix} 1 & 2 & 0 \\ 3 & 4 & 1 \\ 2 & -1 & 3 \end{pmatrix}$, 判断 $\boldsymbol{A}$ 是否可逆, 若可逆, 求 $\boldsymbol{A}^{-1}$.

解 因为 $|\boldsymbol{A}| = -1 \neq 0$, 所以 $\boldsymbol{A}$ 是可逆矩阵, 由

$$A_{11} = (-1)^{1+1}\begin{vmatrix} 4 & 1 \\ -1 & 3 \end{vmatrix} = 13, \quad A_{12} = (-1)^{1+2}\begin{vmatrix} 3 & 1 \\ 2 & 3 \end{vmatrix} = -7,$$

$$A_{13} = (-1)^{1+3}\begin{vmatrix} 3 & 4 \\ 2 & -1 \end{vmatrix} = -11,$$

$$A_{21} = (-1)^{2+1}\begin{vmatrix} 2 & 0 \\ -1 & 3 \end{vmatrix} = -6, \quad A_{22} = (-1)^{2+2}\begin{vmatrix} 1 & 0 \\ 2 & 3 \end{vmatrix} = 3,$$

$$A_{23} = (-1)^{2+3}\begin{vmatrix} 1 & 2 \\ 2 & -1 \end{vmatrix} = 5,$$

$$A_{31} = (-1)^{3+1}\begin{vmatrix} 2 & 0 \\ 4 & 1 \end{vmatrix} = 2, \quad A_{32} = (-1)^{3+2}\begin{vmatrix} 1 & 0 \\ 3 & 1 \end{vmatrix} = -1,$$

$$A_{33} = (-1)^{3+3}\begin{vmatrix} 1 & 2 \\ 3 & 4 \end{vmatrix} = -2,$$

得

$$\boldsymbol{A}^* = \begin{pmatrix} 13 & -6 & 2 \\ -7 & 3 & -1 \\ -11 & 5 & -2 \end{pmatrix}.$$

所以

$$\boldsymbol{A}^{-1} = \frac{1}{|\boldsymbol{A}|}\boldsymbol{A}^* = \frac{1}{-1}\begin{pmatrix} 13 & -6 & 2 \\ -7 & 3 & -1 \\ -11 & 5 & -2 \end{pmatrix} = \begin{pmatrix} -13 & 6 & -2 \\ 7 & -3 & 1 \\ 11 & -5 & 2 \end{pmatrix}.$$

例 20 已知 $\boldsymbol{A}=\begin{pmatrix}2&0&0&0\\0&5&0&0\\0&0&3&0\\0&0&0&1\end{pmatrix}$, 求 $\boldsymbol{A}^{-1}$.

解 因为 $|\boldsymbol{A}|=30\neq0$, 所以 $\boldsymbol{A}^{-1}$ 存在.

由伴随矩阵法, 得

$$\boldsymbol{A}^{-1}=\frac{1}{|\boldsymbol{A}|}\boldsymbol{A}^*=\frac{1}{2\cdot5\cdot3\cdot1}\begin{pmatrix}5\cdot3\cdot1&0&0&0\\0&2\cdot3\cdot1&0&0\\0&0&2\cdot5\cdot1&0\\0&0&0&2\cdot5\cdot3\end{pmatrix}$$

$$=\begin{pmatrix}\frac{1}{2}&0&0&0\\0&\frac{1}{5}&0&0\\0&0&\frac{1}{3}&0\\0&0&0&1\end{pmatrix}.$$

一般地, 对于对角矩阵 $\boldsymbol{\Lambda}=\mathrm{diag}(\lambda_1,\lambda_2,\cdots,\lambda_n)$, 如果 $\lambda_1\lambda_2\cdots\lambda_n\neq0$, 则 $\boldsymbol{\Lambda}$ 可逆, 而且 $\boldsymbol{\Lambda}^{-1}=\mathrm{diag}(\lambda_1^{-1},\lambda_2^{-1},\cdots,\lambda_n^{-1})$.

2.3.3 可逆矩阵的性质

性质 1 若 $\boldsymbol{A}$ 可逆, 则 $\boldsymbol{A}$ 的逆矩阵是唯一的.

证明 若 $\boldsymbol{B}$ 和 $\boldsymbol{C}$ 都是 $\boldsymbol{A}$ 的逆矩阵, 则有

$$\boldsymbol{AB}=\boldsymbol{BA}=\boldsymbol{E},\quad \boldsymbol{AC}=\boldsymbol{CA}=\boldsymbol{E},$$

因此

$$\boldsymbol{B}=\boldsymbol{BE}=\boldsymbol{B}(\boldsymbol{AC})=(\boldsymbol{BA})\boldsymbol{C}=\boldsymbol{EC}=\boldsymbol{C}.$$

性质 2 若 $\boldsymbol{A}$ 可逆, 则 $\boldsymbol{A}^{-1}$ 也可逆, 且 $(\boldsymbol{A}^{-1})^{-1}=\boldsymbol{A}$.

性质 3 若 $\boldsymbol{A}$ 可逆, 数 $\lambda\neq0$, 则 $\lambda\boldsymbol{A}$ 可逆, 且 $(\lambda\boldsymbol{A})^{-1}=\dfrac{1}{\lambda}\boldsymbol{A}^{-1}$.

性质 2 和性质 3 的证明, 请读者自行完成.

性质 4 若 $\boldsymbol{A}$ 可逆, 则 $\boldsymbol{A}^{\mathrm{T}}$ 也可逆, 且 $(\boldsymbol{A}^{\mathrm{T}})^{-1}=(\boldsymbol{A}^{-1})^{\mathrm{T}}$.

证明 若矩阵 $\boldsymbol{A}$ 可逆, 则

$$\boldsymbol{AA}^{-1}=\boldsymbol{A}^{-1}\boldsymbol{A}=\boldsymbol{E},$$

于是

$$(\boldsymbol{A}\boldsymbol{A}^{-1})^{\mathrm{T}}=(\boldsymbol{A}^{-1}\boldsymbol{A})^{\mathrm{T}}=\boldsymbol{E}^{\mathrm{T}},$$

由矩阵转置的性质, 有

$$(\boldsymbol{A}^{-1})^{\mathrm{T}}\boldsymbol{A}^{\mathrm{T}}=\boldsymbol{A}^{\mathrm{T}}(\boldsymbol{A}^{-1})^{\mathrm{T}}=\boldsymbol{E},$$

所以 $\boldsymbol{A}^{\mathrm{T}}$ 可逆, 而且

$$(\boldsymbol{A}^{\mathrm{T}})^{-1}=(\boldsymbol{A}^{-1})^{\mathrm{T}}.$$

性质 5 若 $\boldsymbol{A},\boldsymbol{B}$ 是 n 阶可逆矩阵, 则 $\boldsymbol{AB}$ 也可逆, 且 $(\boldsymbol{AB})^{-1}=\boldsymbol{B}^{-1}\boldsymbol{A}^{-1}$.

证明 若 $\boldsymbol{A},\boldsymbol{B}$ 都可逆, 而且其逆矩阵分别为 $\boldsymbol{A}^{-1},\boldsymbol{B}^{-1}$, 则有

$$\boldsymbol{A}\boldsymbol{A}^{-1}=\boldsymbol{A}^{-1}\boldsymbol{A}=\boldsymbol{E},\quad \boldsymbol{B}\boldsymbol{B}^{-1}=\boldsymbol{B}^{-1}\boldsymbol{B}=\boldsymbol{E}.$$

于是

$$(\boldsymbol{AB})(\boldsymbol{B}^{-1}\boldsymbol{A}^{-1})=\boldsymbol{A}(\boldsymbol{B}\boldsymbol{B}^{-1})\boldsymbol{A}^{-1}=\boldsymbol{AE}\boldsymbol{A}^{-1}=\boldsymbol{A}\boldsymbol{A}^{-1}=\boldsymbol{E}.$$

同理,

$$(\boldsymbol{B}^{-1}\boldsymbol{A}^{-1})(\boldsymbol{AB})=\boldsymbol{B}^{-1}(\boldsymbol{A}^{-1}\boldsymbol{A})\boldsymbol{B}=\boldsymbol{B}^{-1}\boldsymbol{EB}=\boldsymbol{B}^{-1}\boldsymbol{B}=\boldsymbol{E}.$$

所以 $\boldsymbol{AB}$ 是可逆矩阵, 且

$$(\boldsymbol{AB})^{-1}=\boldsymbol{B}^{-1}\boldsymbol{A}^{-1}.\qquad\square$$

性质 5 可以推广到有限个可逆矩阵乘积的情况, 即若矩阵 $\boldsymbol{A}_1,\boldsymbol{A}_2,\cdots,\boldsymbol{A}_n$ 均为同阶可逆矩阵, 则

$$(\boldsymbol{A}_1\boldsymbol{A}_2\cdots\boldsymbol{A}_n)^{-1}=\boldsymbol{A}_n^{-1}\cdots\boldsymbol{A}_2^{-1}\boldsymbol{A}_1^{-1}.$$

例 21 设矩阵 $\boldsymbol{A}$ 满足 $\boldsymbol{A}^2+2\boldsymbol{A}-3\boldsymbol{E}=\boldsymbol{O}$, 问 $\boldsymbol{A},\boldsymbol{A}+4\boldsymbol{E}$ 是否可逆? 若可逆, 求其逆矩阵.

解 由 $\boldsymbol{A}^2+2\boldsymbol{A}-3\boldsymbol{E}=\boldsymbol{O}$ 可得

$$\boldsymbol{A}(\boldsymbol{A}+2\boldsymbol{E})=3\boldsymbol{E},$$

即 $\boldsymbol{A}\left[\dfrac{1}{3}(\boldsymbol{A}+2\boldsymbol{E})\right]=\boldsymbol{E}$, 故 $\boldsymbol{A}$ 可逆, 且

$$\boldsymbol{A}^{-1}=\frac{1}{3}(\boldsymbol{A}+2\boldsymbol{E}).$$

因为

$$\boldsymbol{A}^2+2\boldsymbol{A}-3\boldsymbol{E}=(\boldsymbol{A}+4\boldsymbol{E})(\boldsymbol{A}-2\boldsymbol{E})+8\boldsymbol{E}-3\boldsymbol{E}=(\boldsymbol{A}+4\boldsymbol{E})(\boldsymbol{A}-2\boldsymbol{E})+5\boldsymbol{E}=\boldsymbol{O},$$

即 $(\boldsymbol{A}+4\boldsymbol{E})(\boldsymbol{A}-2\boldsymbol{E})=-5\boldsymbol{E}$, 从而

$$(\boldsymbol{A}+4\boldsymbol{E})\left[-\frac{1}{5}(\boldsymbol{A}-2\boldsymbol{E})\right]=\boldsymbol{E},$$

故 $\boldsymbol{A}+4\boldsymbol{E}$ 可逆, 且

$$(\boldsymbol{A}+4\boldsymbol{E})^{-1}=-\frac{1}{5}(\boldsymbol{A}-2\boldsymbol{E}).$$

2.3.4　逆矩阵的应用

n 元线性方程组

$$\begin{cases} a_{11}x_1+a_{12}x_2+\cdots+a_{1n}x_n=b_1, \\ a_{21}x_1+a_{22}x_2+\cdots+a_{2n}x_n=b_2, \\ \qquad\cdots\cdots \\ a_{n1}x_1+a_{n2}x_2+\cdots+a_{nn}x_n=b_n. \end{cases} \tag{2.9}$$

未知量的系数组成 n 阶矩阵, 称为**系数矩阵**, 记作

$$\boldsymbol{A}=\begin{pmatrix} a_{11} & a_{12} & \cdots & a_{1n} \\ a_{21} & a_{22} & \cdots & a_{2n} \\ \vdots & \vdots & & \vdots \\ a_{n1} & a_{n2} & \cdots & a_{nn} \end{pmatrix},$$

未知量和常数项分别组成 $n\times 1$ 与 $n\times 1$ 矩阵 (列向量), 称为未知量矩阵和常数项矩阵, 记作

$$\boldsymbol{x}=\begin{pmatrix} x_1 \\ x_2 \\ \vdots \\ x_n \end{pmatrix},\quad \boldsymbol{b}=\begin{pmatrix} b_1 \\ b_2 \\ \vdots \\ b_n \end{pmatrix},$$

由矩阵乘法, 可得线性方程组 (2.9) 的矩阵形式为

$$\begin{pmatrix} a_{11} & a_{12} & \cdots & a_{1n} \\ a_{21} & a_{22} & \cdots & a_{2n} \\ \vdots & \vdots & & \vdots \\ a_{n1} & a_{n2} & \cdots & a_{nn} \end{pmatrix}\begin{pmatrix} x_1 \\ x_2 \\ \vdots \\ x_n \end{pmatrix}=\begin{pmatrix} b_1 \\ b_2 \\ \vdots \\ b_n \end{pmatrix}, \tag{2.10}$$

即

$$\boldsymbol{A}\boldsymbol{x}=\boldsymbol{b}. \tag{2.11}$$

当系数矩阵 $\boldsymbol{A}$ 可逆时, 用 $\boldsymbol{A}^{-1}$ 左乘式 (2.11) 的两端, 得

$$\boldsymbol{A}^{-1}\boldsymbol{A}\boldsymbol{x}=\boldsymbol{A}^{-1}\boldsymbol{b},$$

即

$$\boldsymbol{x}=\boldsymbol{A}^{-1}\boldsymbol{b}.$$

这就是方程组 (2.9) 的解的列矩阵形式.

例 22 利用逆矩阵解线性方程组

$$\begin{cases} x_1+2x_2=0, \\ 3x_1+4x_2+x_3=1, \\ 2x_1-x_2+3x_3=2. \end{cases}$$

解 方程组的矩阵形式 $\boldsymbol{A}\boldsymbol{x}=\boldsymbol{b}$, 其中

$$\boldsymbol{A}=\begin{pmatrix} 1 & 2 & 0 \\ 3 & 4 & 1 \\ 2 & -1 & 3 \end{pmatrix}, \quad \boldsymbol{b}=\begin{pmatrix} 0 \\ 1 \\ 2 \end{pmatrix},$$

由例 19 知 $|\boldsymbol{A}|\neq 0$, 且 $\boldsymbol{A}^{-1}=\begin{pmatrix} -13 & 6 & -2 \\ 7 & -3 & 1 \\ 11 & -5 & 2 \end{pmatrix}$, 于是

$$\boldsymbol{x}=\boldsymbol{A}^{-1}\boldsymbol{b}=\begin{pmatrix} -13 & 6 & -2 \\ 7 & -3 & 1 \\ 11 & -5 & 2 \end{pmatrix}\begin{pmatrix} 0 \\ 1 \\ 2 \end{pmatrix}=\begin{pmatrix} 2 \\ -1 \\ -1 \end{pmatrix},$$

因此 $x_1=2,\ x_2=-1,\ x_3=-1$.

一般地, 若 $\boldsymbol{A},\boldsymbol{B},\boldsymbol{C}$ 为已知矩阵, $\boldsymbol{X}$ 为未知量矩阵, 由它们构成的方程称为**矩阵方程**. 通常矩阵方程有三种形式, 即 $\boldsymbol{A}\boldsymbol{X}=\boldsymbol{C}$, $\boldsymbol{X}\boldsymbol{B}=\boldsymbol{C}$ 和 $\boldsymbol{A}\boldsymbol{X}\boldsymbol{B}=\boldsymbol{C}$. 对于上述矩阵方程, 若矩阵 $\boldsymbol{A},\boldsymbol{B}$ 可逆, 则可利用逆矩阵求解.

例 23 设

$$\boldsymbol{A}=\begin{pmatrix} 5 & 0 & 0 \\ 0 & 2 & 0 \\ 0 & 0 & 3 \end{pmatrix}, \quad \boldsymbol{B}=\begin{pmatrix} 2 & 1 \\ 5 & 3 \end{pmatrix}, \quad \boldsymbol{C}=\begin{pmatrix} 5 & 0 \\ 2 & -4 \\ -6 & 3 \end{pmatrix},$$

求矩阵 $\boldsymbol{X}$, 使满足 $\boldsymbol{A}\boldsymbol{X}\boldsymbol{B}=\boldsymbol{C}$.

解 因为 $|\boldsymbol{A}| = 30 \neq 0$, $|\boldsymbol{B}| = 1 \neq 0$, 所以 $\boldsymbol{A}$, $\boldsymbol{B}$ 均可逆. 于是用 $\boldsymbol{A}^{-1}$, $\boldsymbol{B}^{-1}$ 分别去左乘和右乘矩阵方程两端, 即

$$\boldsymbol{A}^{-1}\boldsymbol{A}\boldsymbol{X}\boldsymbol{B}\boldsymbol{B}^{-1} = \boldsymbol{A}^{-1}\boldsymbol{C}\boldsymbol{B}^{-1},$$

得

$$\boldsymbol{X} = \boldsymbol{A}^{-1}\boldsymbol{C}\boldsymbol{B}^{-1} = \begin{pmatrix} \frac{1}{5} & & \\ & \frac{1}{2} & \\ & & \frac{1}{3} \end{pmatrix} \begin{pmatrix} 5 & 0 \\ 2 & -4 \\ -6 & 3 \end{pmatrix} \begin{pmatrix} 3 & -1 \\ -5 & 2 \end{pmatrix}$$

$$= \begin{pmatrix} 1 & 0 \\ 1 & -2 \\ -2 & 1 \end{pmatrix} \begin{pmatrix} 3 & -1 \\ -5 & 2 \end{pmatrix} = \begin{pmatrix} 3 & -1 \\ 13 & -5 \\ -11 & 4 \end{pmatrix}.$$

例 24 设矩阵 $\boldsymbol{A}$ 满足关系 $\boldsymbol{A}^{-1}\boldsymbol{X}\boldsymbol{A} = 4\boldsymbol{A} + \boldsymbol{X}\boldsymbol{A}$, 且 $\boldsymbol{A} = \begin{pmatrix} \frac{1}{2} & 0 & 0 \\ 0 & \frac{1}{3} & 0 \\ 0 & 0 & \frac{1}{5} \end{pmatrix}$, 求矩阵 $\boldsymbol{X}$.

解 由 $\boldsymbol{A}^{-1}\boldsymbol{X}\boldsymbol{A} = 4\boldsymbol{A} + \boldsymbol{X}\boldsymbol{A}$, 得 $(\boldsymbol{A}^{-1} - \boldsymbol{E})\boldsymbol{X}\boldsymbol{A} = 4\boldsymbol{A}$. 因为 $\boldsymbol{A}$ 可逆, 即有

$$(\boldsymbol{A}^{-1} - \boldsymbol{E})\boldsymbol{X} = 4\boldsymbol{E},$$

又因为

$$|\boldsymbol{A}^{-1} - \boldsymbol{E}| = \left| \begin{pmatrix} 2 & 0 & 0 \\ 0 & 3 & 0 \\ 0 & 0 & 5 \end{pmatrix} - \begin{pmatrix} 1 & 0 & 0 \\ 0 & 1 & 0 \\ 0 & 0 & 1 \end{pmatrix} \right| = \begin{vmatrix} 1 & 0 & 0 \\ 0 & 2 & 0 \\ 0 & 0 & 4 \end{vmatrix} = 8 \neq 0,$$

故 $\boldsymbol{A}^{-1} - \boldsymbol{E}$ 可逆, 从而

$$\boldsymbol{X} = 4(\boldsymbol{A}^{-1} - \boldsymbol{E})^{-1} = 4\begin{pmatrix} 1 & 0 & 0 \\ 0 & 2 & 0 \\ 0 & 0 & 4 \end{pmatrix}^{-1} = 4\begin{pmatrix} 1 & 0 & 0 \\ 0 & \frac{1}{2} & 0 \\ 0 & 0 & \frac{1}{4} \end{pmatrix} = \begin{pmatrix} 4 & 0 & 0 \\ 0 & 2 & 0 \\ 0 & 0 & 1 \end{pmatrix}.$$

2.4 分块矩阵

当矩阵的行数和列数较大时, 为了简化运算, 经常采用分块法把大矩阵的运算化成若干小矩阵的运算. 本节主要介绍矩阵的分块以及分块矩阵的运算.

2.4.1 分块矩阵的概念

设 $\boldsymbol{A}$ 是 $m \times n$ 矩阵, 用若干条横线和竖线把矩阵 $\boldsymbol{A}$ 分成若干小块 (称为**子块**), 这种以子块为元素的矩阵称为**分块矩阵**.

一个矩阵的分块方法有很多种, 下面给出常见的三种形式.

例如, 将 3×4 矩阵

$$\boldsymbol{A} = \begin{pmatrix} a_{11} & a_{12} & a_{13} & a_{14} \\ a_{21} & a_{22} & a_{23} & a_{24} \\ a_{31} & a_{32} & a_{33} & a_{34} \end{pmatrix}$$

进行下面三种形式的分块:

$$\text{(I)} \left(\begin{array}{cc:cc} a_{11} & a_{12} & a_{13} & a_{14} \\ a_{21} & a_{22} & a_{23} & a_{24} \\ \hdashline a_{31} & a_{32} & a_{33} & a_{34} \end{array}\right); \text{(II)} \left(\begin{array}{cccc} a_{11} & a_{12} & a_{13} & a_{14} \\ \hdashline a_{21} & a_{22} & a_{23} & a_{24} \\ \hdashline a_{31} & a_{32} & a_{33} & a_{34} \end{array}\right);$$

$$\text{(III)} \left(\begin{array}{c:c:c:c} a_{11} & a_{12} & a_{13} & a_{14} \\ a_{21} & a_{22} & a_{23} & a_{24} \\ a_{31} & a_{32} & a_{33} & a_{34} \end{array}\right).$$

分法 (I) 可记作

$$\boldsymbol{A} = \begin{pmatrix} \boldsymbol{A}_{11} & \boldsymbol{A}_{12} \\ \boldsymbol{A}_{21} & \boldsymbol{A}_{22} \end{pmatrix},$$

$\boldsymbol{A}$ 是一个 2×2 的分块矩阵, 其中子块

$$\boldsymbol{A}_{11} = \begin{pmatrix} a_{11} & a_{12} \\ a_{21} & a_{22} \end{pmatrix}, \quad \boldsymbol{A}_{12} = \begin{pmatrix} a_{13} & a_{14} \\ a_{23} & a_{24} \end{pmatrix},$$

$$\boldsymbol{A}_{21} = \begin{pmatrix} a_{31}, & a_{32} \end{pmatrix}, \quad \boldsymbol{A}_{22} = \begin{pmatrix} a_{33}, & a_{34} \end{pmatrix}.$$

分法 (II) 即为按行分块, 可记作

$$\boldsymbol{A} = \begin{pmatrix} \boldsymbol{\beta}_1^{\mathrm{T}} \\ \boldsymbol{\beta}_2^{\mathrm{T}} \\ \boldsymbol{\beta}_3^{\mathrm{T}} \end{pmatrix},$$

其中, $\boldsymbol{\beta}_1^{\mathrm{T}}=(a_{11},a_{12},a_{13},a_{14})$, $\boldsymbol{\beta}_2^{\mathrm{T}}=(a_{21},a_{22},a_{23},a_{24})$, $\boldsymbol{\beta}_3^{\mathrm{T}}=(a_{31},a_{32},a_{33},a_{34})$.

分法 (III) 即为按列分块, 可记作

$$\boldsymbol{A}=(\boldsymbol{\alpha}_1,\boldsymbol{\alpha}_2,\boldsymbol{\alpha}_3,\boldsymbol{\alpha}_4),$$

其中, $\boldsymbol{\alpha}_1=\begin{pmatrix}a_{11}\\a_{21}\\a_{31}\end{pmatrix}$, $\boldsymbol{\alpha}_2=\begin{pmatrix}a_{12}\\a_{22}\\a_{32}\end{pmatrix}$, $\boldsymbol{\alpha}_3=\begin{pmatrix}a_{13}\\a_{23}\\a_{33}\end{pmatrix}$, $\boldsymbol{\alpha}_4=\begin{pmatrix}a_{14}\\a_{24}\\a_{34}\end{pmatrix}$.

一般地, 设 $m\times n$ 矩阵

$$\boldsymbol{A}=\begin{pmatrix}a_{11}&a_{12}&\cdots&a_{1n}\\a_{21}&a_{22}&\cdots&a_{2n}\\\vdots&\vdots&&\vdots\\a_{m1}&a_{m2}&\cdots&a_{mn}\end{pmatrix},$$

如果按行分块, 即每一行为一个小块, 那么 $\boldsymbol{A}$ 就可以写作

$$\boldsymbol{A}=\begin{pmatrix}\boldsymbol{\beta}_1^{\mathrm{T}}\\\boldsymbol{\beta}_2^{\mathrm{T}}\\\vdots\\\boldsymbol{\beta}_m^{\mathrm{T}}\end{pmatrix},$$

称为**行分块矩阵**(或称为**行向量矩阵**), 其中

$$\boldsymbol{\beta}_i^{\mathrm{T}}=(a_{i1},a_{i2},\cdots,a_{in})\quad(i=1,2,\cdots,m).$$

如果按列分块, 即每一列为一小块, 那么 $\boldsymbol{A}$ 就可以写作

$$\boldsymbol{A}=(\boldsymbol{\alpha}_1,\boldsymbol{\alpha}_2,\cdots,\boldsymbol{\alpha}_n),$$

称为**列分块矩阵**(或称为**列向量矩阵**), 其中

$$\boldsymbol{\alpha}_j=\begin{pmatrix}a_{1j}\\a_{2j}\\\vdots\\a_{mj}\end{pmatrix}\quad(j=1,2,\cdots,n).$$

2.4.2 分块矩阵的运算

分块矩阵的运算规律与普通矩阵的运算规律类似, 讨论如下.

1. 分块矩阵的加法

设 $\boldsymbol{A}$ 与 $\boldsymbol{B}$ 都是 $m \times n$ 矩阵, 且分块方式相同, 即

$$\boldsymbol{A}=\begin{pmatrix}\boldsymbol{A}_{11} & \cdots & \boldsymbol{A}_{1s}\\ \vdots & & \vdots\\ \boldsymbol{A}_{r1} & \cdots & \boldsymbol{A}_{rs}\end{pmatrix},\quad \boldsymbol{B}=\begin{pmatrix}\boldsymbol{B}_{11} & \cdots & \boldsymbol{B}_{1s}\\ \vdots & & \vdots\\ \boldsymbol{B}_{r1} & \cdots & \boldsymbol{B}_{rs}\end{pmatrix},$$

其中, $\boldsymbol{A}_{ij}$ 与 $\boldsymbol{B}_{ij}(i=1,2,\cdots,r;j=1,2,\cdots,s)$ 都是同型矩阵, 则

$$\boldsymbol{A}+\boldsymbol{B}=\begin{pmatrix}\boldsymbol{A}_{11}+\boldsymbol{B}_{11} & \cdots & \boldsymbol{A}_{1s}+\boldsymbol{B}_{1s}\\ \vdots & & \vdots\\ \boldsymbol{A}_{r1}+\boldsymbol{B}_{r1} & \cdots & \boldsymbol{A}_{rs}+\boldsymbol{B}_{rs}\end{pmatrix}.$$

2. 分块矩阵的数乘

设

$$\boldsymbol{A}=\begin{pmatrix}\boldsymbol{A}_{11} & \cdots & \boldsymbol{A}_{1s}\\ \vdots & & \vdots\\ \boldsymbol{A}_{r1} & \cdots & \boldsymbol{A}_{rs}\end{pmatrix},$$

λ 是数, 则

$$\lambda\boldsymbol{A}=\begin{pmatrix}\lambda\boldsymbol{A}_{11} & \cdots & \lambda\boldsymbol{A}_{1s}\\ \vdots & & \vdots\\ \lambda\boldsymbol{A}_{r1} & \cdots & \lambda\boldsymbol{A}_{rs}\end{pmatrix}.$$

3. 分块矩阵的乘法

设 $\boldsymbol{A}=(a_{ij})_{m\times l}$, $\boldsymbol{B}=(b_{ij})_{l\times n}$, 若 $\boldsymbol{A}$ 的列的分法与 $\boldsymbol{B}$ 的行的分法相同, 即

$$\boldsymbol{A}=\begin{matrix}\begin{pmatrix}\boldsymbol{A}_{11} & \cdots & \boldsymbol{A}_{1s}\\ \vdots & & \vdots\\ \boldsymbol{A}_{r1} & \cdots & \boldsymbol{A}_{rs}\end{pmatrix}\begin{matrix}m_1\\ \vdots\\ m_r\end{matrix}\\ \begin{matrix}l_1 & \cdots & l_s\end{matrix}\end{matrix},\quad \boldsymbol{B}=\begin{matrix}\begin{pmatrix}\boldsymbol{B}_{11} & \cdots & \boldsymbol{B}_{1t}\\ \vdots & & \vdots\\ \boldsymbol{B}_{s1} & \cdots & \boldsymbol{B}_{st}\end{pmatrix}\begin{matrix}l_1\\ \vdots\\ l_s\end{matrix}\\ \begin{matrix}n_1 & \cdots & n_t\end{matrix}\end{matrix}.$$

子块 $\boldsymbol{A}_{i1},\boldsymbol{A}_{i2},\cdots,\boldsymbol{A}_{is}(i=1,2,\cdots,r)$ 的列数分别等于子块 $\boldsymbol{B}_{1j},\boldsymbol{B}_{2j},\cdots,\boldsymbol{B}_{sj}(j=1,2,\cdots,t)$ 的行数, 则

$$\boldsymbol{AB}=\begin{matrix}\begin{pmatrix}\boldsymbol{C}_{11} & \cdots & \boldsymbol{C}_{1t}\\ \vdots & & \vdots\\ \boldsymbol{C}_{r1} & \cdots & \boldsymbol{C}_{rt}\end{pmatrix}\begin{matrix}m_1\\ \vdots\\ m_r\end{matrix}\\ \begin{matrix}n_1 & \cdots & n_t\end{matrix}\end{matrix},$$

其中

$$C_{ij}=A_{i1}B_{1j}+\cdots+A_{is}B_{sj}=\sum_{k=1}^{s}A_{ik}B_{kj}\quad(i=1,2,\cdots,r;j=1,2,\cdots,t).$$

注 分块矩阵的乘法满足: (1) 左矩阵的列组数等于右矩阵的行组数; (2) 左矩阵每个列组的列数等于右矩阵相应行组的行数.

例 25 设矩阵

$$A=\begin{pmatrix}1&0&0&0\\0&1&0&0\\-1&2&1&0\\1&1&0&1\end{pmatrix},\quad B=\begin{pmatrix}1&0&1&0\\-1&2&0&1\\1&0&4&1\\-1&-1&2&0\end{pmatrix},$$

利用分块矩阵计算 $A+B$ 和 AB.

解 把矩阵 A,B 分块成

$$A=\left(\begin{array}{cc:cc}1&0&0&0\\0&1&0&0\\\hdashline -1&2&1&0\\1&1&0&1\end{array}\right)=\begin{pmatrix}E&O\\A_{21}&E\end{pmatrix},$$

$$B=\left(\begin{array}{cc:cc}1&0&1&0\\-1&2&0&1\\\hdashline 1&0&4&1\\-1&-1&2&0\end{array}\right)=\begin{pmatrix}B_{11}&E\\B_{21}&B_{22}\end{pmatrix},$$

则

$$\begin{aligned}A+B&=\begin{pmatrix}E&O\\A_{21}&E\end{pmatrix}+\begin{pmatrix}B_{11}&E\\B_{21}&B_{22}\end{pmatrix}\\&=\begin{pmatrix}E+B_{11}&E\\A_{21}+B_{21}&E+B_{22}\end{pmatrix}=\left(\begin{array}{cc:cc}2&0&1&0\\-1&3&0&1\\\hdashline 0&2&5&1\\0&0&2&1\end{array}\right),\end{aligned}$$

$$AB=\begin{pmatrix}E&O\\A_{21}&E\end{pmatrix}\begin{pmatrix}B_{11}&E\\B_{21}&B_{22}\end{pmatrix}=\begin{pmatrix}B_{11}&E\\A_{21}B_{11}+B_{21}&A_{21}+B_{22}\end{pmatrix}.$$

又

$$A_{21}B_{11}+B_{21}=\begin{pmatrix}-1&2\\1&1\end{pmatrix}\begin{pmatrix}1&0\\-1&2\end{pmatrix}+\begin{pmatrix}1&0\\-1&-1\end{pmatrix}=\begin{pmatrix}-2&4\\-1&1\end{pmatrix},$$

$$A_{21}+B_{22}=\begin{pmatrix}-1&2\\1&1\end{pmatrix}+\begin{pmatrix}4&1\\2&0\end{pmatrix}=\begin{pmatrix}3&3\\3&1\end{pmatrix},$$

于是

$$AB=\left(\begin{array}{cc:cc}1&0&1&0\\-1&2&0&1\\\hdashline -2&4&3&3\\-1&1&3&1\end{array}\right).$$

4. **分块矩阵的转置**

设分块矩阵

$$A=\begin{pmatrix}A_{11}&\cdots&A_{1s}\\\vdots&&\vdots\\A_{r1}&\cdots&A_{rs}\end{pmatrix},$$

则它的转置矩阵

$$A^{\mathrm{T}}=\begin{pmatrix}A_{11}^{\mathrm{T}}&\cdots&A_{r1}^{\mathrm{T}}\\\vdots&&\vdots\\A_{1s}^{\mathrm{T}}&\cdots&A_{rs}^{\mathrm{T}}\end{pmatrix}.$$

例如, 设

$$A=\left(\begin{array}{cc:cc:c}1&0&2&3&-1\\0&1&4&5&2\\\hdashline 2&1&3&2&0\end{array}\right)=\begin{pmatrix}E_2&A_{12}&A_{13}\\A_{21}&A_{22}&O\end{pmatrix},$$

则

$$A^{\mathrm{T}}=\begin{pmatrix}E_2&A_{12}&A_{13}\\A_{21}&A_{22}&O\end{pmatrix}^{\mathrm{T}}=\begin{pmatrix}E_2&A_{21}^{\mathrm{T}}\\A_{12}^{\mathrm{T}}&A_{22}^{\mathrm{T}}\\A_{13}^{\mathrm{T}}&O\end{pmatrix}=\left(\begin{array}{cc:c}1&0&2\\0&1&1\\\hdashline 2&4&3\\3&5&2\\\hdashline -1&2&0\end{array}\right).$$

5. 分块对角矩阵

设 n 阶矩阵分块为

$$\boldsymbol{A}=\begin{pmatrix}\boldsymbol{A}_1 & & & \\ & \boldsymbol{A}_2 & & \\ & & \ddots & \\ & & & \boldsymbol{A}_s\end{pmatrix},$$

其中, 主对角线上的子块 $\boldsymbol{A}_i(i=1,2,\cdots,s)$ 为 $n_i\ (n_1+n_2+\cdots+n_s=n)$ 阶方阵, 其余子块均为零矩阵, 则称 $\boldsymbol{A}$ 为**分块对角矩阵**(或**准对角矩阵**).

设 $\boldsymbol{A}=\begin{pmatrix}\boldsymbol{A}_1 & & & \\ & \boldsymbol{A}_2 & & \\ & & \ddots & \\ & & & \boldsymbol{A}_s\end{pmatrix}$, $\boldsymbol{B}=\begin{pmatrix}\boldsymbol{B}_1 & & & \\ & \boldsymbol{B}_2 & & \\ & & \ddots & \\ & & & \boldsymbol{B}_s\end{pmatrix}$ 是两个同阶的分块对角矩阵, $\boldsymbol{A}_i$ 与 $\boldsymbol{B}_i(i=1,2,\cdots,s)$ 均为同阶方阵, λ 是数, 则

(1) $\boldsymbol{A}+\boldsymbol{B}=\begin{pmatrix}\boldsymbol{A}_1+\boldsymbol{B}_1 & & & \\ & \boldsymbol{A}_2+\boldsymbol{B}_2 & & \\ & & \ddots & \\ & & & \boldsymbol{A}_s+\boldsymbol{B}_s\end{pmatrix}$;

(2) $\lambda\boldsymbol{A}=\begin{pmatrix}\lambda\boldsymbol{A}_1 & & & \\ & \lambda\boldsymbol{A}_2 & & \\ & & \ddots & \\ & & & \lambda\boldsymbol{A}_s\end{pmatrix}$;

(3) $\boldsymbol{A}\boldsymbol{B}=\begin{pmatrix}\boldsymbol{A}_1\boldsymbol{B}_1 & & & \\ & \boldsymbol{A}_2\boldsymbol{B}_2 & & \\ & & \ddots & \\ & & & \boldsymbol{A}_s\boldsymbol{B}_s\end{pmatrix}$;

(4) $\boldsymbol{A}^k=\begin{pmatrix}\boldsymbol{A}_1^k & & & \\ & \boldsymbol{A}_2^k & & \\ & & \ddots & \\ & & & \boldsymbol{A}_s^k\end{pmatrix}$, k 为正整数;

(5) $|\boldsymbol{A}|=\begin{vmatrix}\boldsymbol{A}_1 & & & \\ & \boldsymbol{A}_2 & & \\ & & \ddots & \\ & & & \boldsymbol{A}_s\end{vmatrix}=|\boldsymbol{A}_1||\boldsymbol{A}_2|\cdots|\boldsymbol{A}_s|$;

(6) 若 $|\boldsymbol{A}_i|\neq 0(i=1,2,\cdots,s)$, 则 $|\boldsymbol{A}|\neq 0$, 即矩阵 $\boldsymbol{A}$ 可逆, 且有

$$\boldsymbol{A}^{-1}=\begin{pmatrix}\boldsymbol{A}_1^{-1} & & & \\ & \boldsymbol{A}_2^{-1} & & \\ & & \ddots & \\ & & & \boldsymbol{A}_s^{-1}\end{pmatrix}.$$

例 26 设 $\boldsymbol{A}=\begin{pmatrix}3 & 0 & 0 & 0\\ 0 & 1 & 2 & 0\\ 0 & 2 & 6 & 0\\ 0 & 0 & 0 & -2\end{pmatrix}$, 证明: $\boldsymbol{A}$ 是可逆矩阵, 并求出 $\boldsymbol{A}^{-1}$.

解 将矩阵 $\boldsymbol{A}$ 进行如下分块:

$$\boldsymbol{A}=\left(\begin{array}{c:cc:c}3 & 0 & 0 & 0\\ \hdashline 0 & 1 & 2 & 0\\ 0 & 2 & 6 & 0\\ \hdashline 0 & 0 & 0 & -2\end{array}\right)=\begin{pmatrix}\boldsymbol{A}_1 & & \\ & \boldsymbol{A}_2 & \\ & & \boldsymbol{A}_3\end{pmatrix},$$

其中, $\boldsymbol{A}_1=(3),\boldsymbol{A}_2=\begin{pmatrix}1 & 2\\ 2 & 6\end{pmatrix},\boldsymbol{A}_3=(-2)$.

因为 $|\boldsymbol{A}_1|=3\neq 0,|\boldsymbol{A}_2|=2\neq 0,|\boldsymbol{A}_3|=-2\neq 0$, 所以矩阵 $\boldsymbol{A}$ 可逆, 又因为

$$\boldsymbol{A}_1^{-1}=\left(\frac{1}{3}\right),\quad \boldsymbol{A}_2^{-1}=\frac{1}{2}\begin{pmatrix}6 & -2\\ -2 & 1\end{pmatrix}=\begin{pmatrix}3 & -1\\ -1 & \dfrac{1}{2}\end{pmatrix},\quad \boldsymbol{A}_3^{-1}=\left(-\frac{1}{2}\right),$$

故

$$\boldsymbol{A}^{-1}=\begin{pmatrix}\boldsymbol{A}_1^{-1} & & \\ & \boldsymbol{A}_2^{-1} & \\ & & \boldsymbol{A}_3^{-1}\end{pmatrix}=\left(\begin{array}{c:cc:c}\dfrac{1}{3} & 0 & 0 & 0\\ \hdashline 0 & 3 & -1 & 0\\ 0 & -1 & \dfrac{1}{2} & 0\\ \hdashline 0 & 0 & 0 & -\dfrac{1}{2}\end{array}\right).$$

2.5 案例分析

2.5.1 信息编码问题

在信息传递过程中, 为保证信息安全, 常常对传递的信息采取加密措施. 密码学是研究如何隐秘地传递信息的学科, 与语言学、数学、电子学、声学、信息论、计算机科学等有着广泛而密切的联系.

在密码学中, 信息代码称为密码, 待加密的传递信息称为明文, 由密码表示的信息称为密文, 由明文变到密文的过程叫加密, 其逆过程叫解密.

1929 年, 美国数学家希尔 (L. S. Hill) 利用矩阵的线性变换对待传输信息进行加密处理, 提出了在密码史上有重要地位的希尔加密算法. 一般的加密过程可以描述如下:

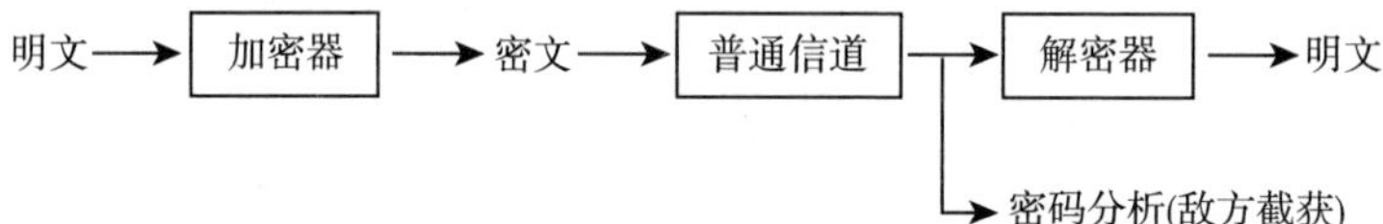

其中, “普通信道 → 解密器” 这个环节容易被敌方截获并加以分析.

根据明文信息中字母的表值, 将明文信息用数字表示, 设明文信息只需要 26 个英文字母 A—Z(也可以不止 26 个, 如还有数字、标点符号等), 通信双方给出这 26 个字母的表值, 如表 2.7 所示.

表 2.7 26 个字母的表值

A	B	C	D	E	F	G	H	I	J	K	L	M
1	2	3	4	5	6	7	8	9	10	11	12	13
N	O	P	Q	R	S	T	U	V	W	X	Y	Z
14	15	16	17	18	19	20	21	22	23	24	25	0

通用的加密方式就是将信息中的每一个字母与一个整数对应, 然后传递一串整数. 例如, 若要发送信息

$$\text{SENDMONEY}$$

先将信息中的字母编码为

$$19, 5, 14, 4, 13, 15, 14, 5, 25,$$

其中字母 S 对应数字 19, 字母 E 对应数字 5, 依次类似. 但是, 这种编码很容易被破译.

根据对各种英文文本材料的频率分析显示, 各字母出现的频率有一定的规律性, 某些字母出现的频率较高. 基姆 (H. S. Zim) 在他那部经典的密码学入门著作《密码和隐秘写作》(*Codes and Secret Writing*) 中提到: 英文的字母频率排列顺序是 ETAONRISHD LFCMUGYPWBVKJXQZ, 其中, 字母 E 出现的频率最高, 达到 12.702%. 因此, 在一段较长的信息中, 根据数字出现的频率, 可以大致估计出每一个数字所代表的字母. 例如, 数字 8 在信息的编码中出现的频率最高, 则它很可能表示字母 E.

后来人们提出了许多编码加密的方法, 一种操作简单的方法就是利用矩阵的乘法对信息进一步加密. 例如, 将明文的编码按 3 列排成矩阵

$$\boldsymbol{A}=\begin{pmatrix}19&4&14\\5&13&5\\14&15&25\end{pmatrix},$$

取加密矩阵 $\boldsymbol{P}=\begin{pmatrix}1&2&1\\2&5&3\\2&3&2\end{pmatrix}$, 用矩阵 $\boldsymbol{P}$ 左乘 $\boldsymbol{A}$, 即

$$\boldsymbol{PA}=\begin{pmatrix}1&2&1\\2&5&3\\2&3&2\end{pmatrix}\begin{pmatrix}19&4&14\\5&13&5\\14&15&25\end{pmatrix}=\begin{pmatrix}43&45&49\\105&118&128\\81&77&93\end{pmatrix}=\boldsymbol{B}.$$

发送的密文编码为

$$43,105,81,45,118,77,49,128,93.$$

此时, 在原编码中出现频率较高的数字 5 和 14, 在矩阵变换后变成不同的数字, 因此用矩阵对信息编码进行变换后, 就很难按其数字出现的频率来破译了.

在对编码加密时, 加密矩阵 $\boldsymbol{P}$ 的所有元素都取为整数, 若 $|\boldsymbol{P}|=\pm1$, 则 $\boldsymbol{P}^{-1}=\pm\boldsymbol{P}^*$, 从而 $\boldsymbol{P}^{-1}$ 的元素也都是整数. 告知接收者加密矩阵 $\boldsymbol{P}$, 则接收者可以方便地利用逆矩阵对密文进行解密. 因为逆矩阵的唯一性, 编码解密后仍为加密前的信息, 从而保证了解密后信息的完整性. 因为

$$\boldsymbol{P}^{-1}=\begin{pmatrix}1&-1&1\\2&0&-1\\-4&1&1\end{pmatrix},$$

接收者用 $\boldsymbol{P}^{-1}$ 左乘密文矩阵 $\boldsymbol{B}$ 来恢复原信息, 即

$$\boldsymbol{P}^{-1}\boldsymbol{B}=\begin{pmatrix}1&-1&1\\2&0&-1\\-4&1&1\end{pmatrix}\begin{pmatrix}43&45&49\\105&118&128\\81&77&93\end{pmatrix}=\begin{pmatrix}19&4&14\\5&13&5\\14&15&25\end{pmatrix}.$$

2.5.2　人口就业问题

某城镇有 100000 人具有法定工作年龄, 目前有 80000 人找到了工作, 其余 20000 人失业. 每年有工作的人中的 10%将失去工作, 而失业人口中的 60%将找到工作. 假定该镇的工作适龄人口在若干年内保持不变, 讨论未来第一年、第二年、第三年该镇人口的就业分布情况.

用 x_n, y_n 分别表示该镇第 n 年的就业和失业人口数, 则城镇人口的就业状态转移方程组为

$$\begin{cases} x_n = 0.9x_{n-1} + 0.6y_{n-1}, \\ y_n = 0.1x_{n-1} + 0.4y_{n-1}. \end{cases}$$

记就业状态分布为 $\boldsymbol{X}_n = \begin{pmatrix} x_n \\ y_n \end{pmatrix}$, 状态转移矩阵为 $\boldsymbol{A} = \begin{pmatrix} 0.9 & 0.6 \\ 0.1 & 0.4 \end{pmatrix}$, 则上述方程组可表示为矩阵方程

$$\boldsymbol{X}_n = \boldsymbol{A}\boldsymbol{X}_{n-1} \quad (n = 1, 2, \cdots). \tag{2.12}$$

已知当前人口就业分布为 $\boldsymbol{X}_0 = \begin{pmatrix} 80000 \\ 20000 \end{pmatrix}$, 根据式 (2.12), 可得未来第一年的就业状态分布为

$$\boldsymbol{X}_1 = \boldsymbol{A}\boldsymbol{X}_0 = \begin{pmatrix} 0.9 & 0.6 \\ 0.1 & 0.4 \end{pmatrix} \begin{pmatrix} 80000 \\ 20000 \end{pmatrix} = \begin{pmatrix} 84000 \\ 16000 \end{pmatrix}.$$

类似可得, 未来第二年的就业状态分布为

$$\boldsymbol{X}_2 = \boldsymbol{A}\boldsymbol{X}_1 = \begin{pmatrix} 0.9 & 0.6 \\ 0.1 & 0.4 \end{pmatrix} \begin{pmatrix} 84000 \\ 16000 \end{pmatrix} = \begin{pmatrix} 85200 \\ 14800 \end{pmatrix}.$$

同理, 未来第三年的就业状态分布为

$$\boldsymbol{X}_3 = \boldsymbol{A}\boldsymbol{X}_2 = \begin{pmatrix} 0.9 & 0.6 \\ 0.1 & 0.4 \end{pmatrix} \begin{pmatrix} 85200 \\ 14800 \end{pmatrix} = \begin{pmatrix} 85560 \\ 14440 \end{pmatrix}.$$

由此可见, 未来三年该镇的失业人口逐年下降, 分别较上一年下降 20%,7.5%和 2.43%.

一般地, 由式 (2.12) 可得

$$\boldsymbol{X}_n = \boldsymbol{A}\boldsymbol{X}_{n-1} = \boldsymbol{A}^2\boldsymbol{X}_{n-2} = \cdots = \boldsymbol{A}^n\boldsymbol{X}_0,$$

即

$$\boldsymbol{X}_n = \boldsymbol{A}^n\boldsymbol{X}_0. \tag{2.13}$$

根据式 (2.13) 即可预测该镇未来第 n 年的就业分布情况. 但式 (2.13) 涉及 $\boldsymbol{A}^n$, 若直接利用矩阵乘法计算, 工作量很大. 关于 $\boldsymbol{A}^n$ 的简化计算, 可以应用第 5 章中矩阵的相似对角化的理论来解决.

2.5.3 人口预测问题

将人口按相同的年限, 比如 5 年, 分成年龄组, 0—5 岁是第一组, 6—10 岁是第二组, 以此类推. 令 $x_i^{(k)}$ 表示在第 k 个周期时第 $i(i=1,2,\cdots,n)$ 个年龄组的人口. 用 1 表示最低年龄组, 用 n 表示最高年龄组, 这意味着不考虑最大年龄组人口的变化.

在一个周期内 (即 5 年), 第 i 个年龄组的成员将全部转移到第 $i+1$ 个年龄组, 但是, 实际上要考虑到死亡率, 因此这一转移过程可以表示为

$$x_{i+1}^{(k)}=b_i x_i^{(k-1)}\quad(i=1,2,\cdots,n-1), \tag{2.14}$$

其中 b_i 是第 i 个年龄组在一个周期内的存活率, 可由统计资料确定. 这样, 一个周期后 $x_2,x_3,\cdots,x_n$ 就可以确定了.

对于 $x_i^{(k)}$, 其中的成员是在上一个周期内出生的, 他们是上一个周期内的成员的后代. 因此这个年龄组的成员取决于上一个周期内各组的生育率及其人数. 于是有方程

$$x_1^{(k)}=a_1x_1^{(k-1)}+a_2x_2^{(k-1)}+\cdots+a_nx_n^{(k-1)}, \tag{2.15}$$

其中 $a_i(i=1,2,\cdots,n)$ 是第 i 个年龄组的生育率, 通常可由统计资料来确定.

式 (2.14) 和式 (2.15) 给出了分组人口模型, 可用矩阵表示为

$$\begin{pmatrix} x_1^{(k)}\\ x_2^{(k)}\\ x_3^{(k)}\\ \vdots\\ x_n^{(k)}\end{pmatrix}=\begin{pmatrix} a_1 & a_2 & a_3 & \cdots & a_{n-1} & a_n\\ b_1 & 0 & 0 & \cdots & 0 & 0\\ 0 & b_2 & 0 & \cdots & 0 & 0\\ \vdots & \vdots & \vdots & & \vdots & \vdots\\ 0 & 0 & 0 & \cdots & b_{n-1} & 0\end{pmatrix}\begin{pmatrix} x_1^{(k-1)}\\ x_2^{(k-1)}\\ \vdots\\ x_{n-1}^{(k-1)}\\ x_n^{(k-1)}\end{pmatrix},$$

简写为递推关系式

$$\boldsymbol{x}^{(k)}=\boldsymbol{L}\boldsymbol{x}^{(k-1)}\quad(k=1,2,\cdots), \tag{2.16}$$

其中

$$\boldsymbol{L}=\begin{pmatrix} a_1 & a_2 & a_3 & \cdots & a_{n-1} & a_n\\ b_1 & 0 & 0 & \cdots & 0 & 0\\ 0 & b_2 & 0 & \cdots & 0 & 0\\ \vdots & \vdots & \vdots & & \vdots & \vdots\\ 0 & 0 & 0 & \cdots & b_{n-1} & 0\end{pmatrix},$$

称为 **Leslie 矩阵**.

由递推关系式 (2.16) 可得

$$\boldsymbol{x}^{(k)} = \boldsymbol{L}\boldsymbol{x}^{(k-1)} = \cdots = \boldsymbol{L}^k \boldsymbol{x}^{(0)}.$$

Leslie 矩阵在诸如动物饲养等领域也有许多应用.

例如, 设牧场饲养的某种动物所能达到的最大年龄为 15 岁, 把动物分为三个年龄组, 已知其 Leslie 矩阵和初始年龄分布向量分别为

$$\boldsymbol{L} = \begin{pmatrix} 0 & 4 & 3 \\ \dfrac{1}{2} & 0 & 0 \\ 0 & \dfrac{1}{4} & 0 \end{pmatrix}, \quad \boldsymbol{x}^{(0)} = \begin{pmatrix} 1000 \\ 1000 \\ 1000 \end{pmatrix}.$$

则可以通过此模型来预测牧场动物的发展情况.

$$\boldsymbol{x}^{(1)} = \boldsymbol{L}\boldsymbol{x}^{(0)} = \begin{pmatrix} 0 & 4 & 3 \\ \dfrac{1}{2} & 0 & 0 \\ 0 & \dfrac{1}{4} & 0 \end{pmatrix} \begin{pmatrix} 1000 \\ 1000 \\ 1000 \end{pmatrix} = \begin{pmatrix} 7000 \\ 500 \\ 250 \end{pmatrix},$$

$$\boldsymbol{x}^{(2)} = \boldsymbol{L}\boldsymbol{x}^{(1)} = \begin{pmatrix} 0 & 4 & 3 \\ \dfrac{1}{2} & 0 & 0 \\ 0 & \dfrac{1}{4} & 0 \end{pmatrix} \begin{pmatrix} 7000 \\ 500 \\ 250 \end{pmatrix} = \begin{pmatrix} 2750 \\ 3500 \\ 125 \end{pmatrix},$$

$$\boldsymbol{x}^{(3)} = \boldsymbol{L}\boldsymbol{x}^{(2)} = \begin{pmatrix} 0 & 4 & 3 \\ \dfrac{1}{2} & 0 & 0 \\ 0 & \dfrac{1}{4} & 0 \end{pmatrix} \begin{pmatrix} 2750 \\ 3500 \\ 125 \end{pmatrix} = \begin{pmatrix} 14375 \\ 1375 \\ 875 \end{pmatrix}.$$

因此, 15 年后, 牧场饲养的动物总数达到 16625 头, 其中 0—5 岁的有 14375 头, 占 86.47%; 6—10 岁的有 1375 头, 占 8.27%; 11—15 岁的有 875 头, 占 5.26%. 15 年间, 动物总增长数为 13625 头, 总增长率为 454.17%.

进一步研究 Leslie 模型可以看到, 充分长的时间以后, 各年龄组的增长率将稳定不变, 各年龄组的动物结果将是 18:6:1, 对应的分别是第一年龄组为 72%, 第二年龄组为 24%, 第三年龄组为 4%.

习 题 2

1. 设 $\begin{pmatrix} 3a-b & 3 & 3 \\ 0 & 3 & -1 \end{pmatrix} = \begin{pmatrix} 1 & 3 & 3 \\ 0 & a+b & -1 \end{pmatrix}$, 求 a, b.

2. 设矩阵 $\boldsymbol{A} = \begin{pmatrix} 3 & 4 & 1 \\ 0 & 3 & 5 \end{pmatrix}$, $\boldsymbol{B} = \begin{pmatrix} 4 & 3 & -1 \\ 2 & -1 & 6 \end{pmatrix}$, 求 $\boldsymbol{A}+\boldsymbol{B}, 3\boldsymbol{A}-2\boldsymbol{B}$.

3. 已知两个线性变换:

$$\begin{cases} z_1 = -y_1 + y_3, \\ z_2 = -2y_1 + y_2 + 3y_3, \\ z_3 = 2y_1 - y_2; \end{cases} \qquad \begin{cases} y_1 = x_1 - 2x_2 - x_3, \\ y_2 = 2x_1 + 3x_3, \\ y_3 = 3x_1 + x_2 - 4x_3. \end{cases}$$

求变量 x_1, x_2, x_3 与变量 z_1, z_2, z_3 的线性变换.

4. 计算下列矩阵的乘积:

(1) $(1,3,-1)\begin{pmatrix} 2 \\ -1 \\ 3 \end{pmatrix}$; (2) $\begin{pmatrix} 2 \\ -1 \\ 3 \end{pmatrix}(1,3,-1)$; (3) $\begin{pmatrix} 1 & 3 & -1 \\ 4 & 1 & 0 \\ 2 & -5 & 1 \end{pmatrix}\begin{pmatrix} 1 \\ 2 \\ 3 \end{pmatrix}$;

(4) $\begin{pmatrix} 1 & 1 \\ 2 & -3 \\ 4 & 1 \end{pmatrix}\begin{pmatrix} 5 & 0 & -1 \\ 2 & -3 & 2 \end{pmatrix}$; (5) $(x_1, x_2, x_3)\begin{pmatrix} a_{11} & a_{12} & a_{13} \\ a_{12} & a_{22} & a_{23} \\ a_{13} & a_{23} & a_{33} \end{pmatrix}\begin{pmatrix} x_1 \\ x_2 \\ x_3 \end{pmatrix}$.

5. 设矩阵 $\boldsymbol{A} = \begin{pmatrix} 1 & 2 & 1 \\ 0 & 1 & 4 \\ -3 & -1 & 1 \end{pmatrix}$, $\boldsymbol{B} = \begin{pmatrix} 2 & -1 & 0 \\ -3 & 4 & -2 \\ 1 & -1 & 5 \end{pmatrix}$, 求 $\boldsymbol{AB}$, $\boldsymbol{BA}$, $\boldsymbol{A}^{\mathrm{T}}\boldsymbol{B}$.

6. 设矩阵 $\boldsymbol{A} = \begin{pmatrix} 3 & 2 \\ 2 & 1 \end{pmatrix}$, $\boldsymbol{B} = \begin{pmatrix} 1 & 2 \\ a & b \end{pmatrix}$, 问 a, b 取何值时, $\boldsymbol{AB} = \boldsymbol{BA}$.

7. 试举例说明下列命题不成立:

(1) 如果 $\boldsymbol{A}^2 = \boldsymbol{A}$, 则 $\boldsymbol{A} = \boldsymbol{E}$ 或 $\boldsymbol{A} = \boldsymbol{O}$;

(2) 如果 $\boldsymbol{A}^2 = \boldsymbol{O}$, 则 $\boldsymbol{A} = \boldsymbol{O}$;

(3) 如果 $\boldsymbol{AB} = \boldsymbol{AC}$, 且 $\boldsymbol{A} \neq \boldsymbol{O}$, 则 $\boldsymbol{B} = \boldsymbol{C}$.

8. 设矩阵 $\boldsymbol{A} = \begin{pmatrix} 1 & 0 \\ \lambda & 1 \end{pmatrix}$, 求 $\boldsymbol{A}^2, \boldsymbol{A}^3, \boldsymbol{A}^k$.

9. 设矩阵 $\boldsymbol{A} = \begin{pmatrix} 1 & 1 & 0 \\ 0 & 1 & 1 \\ 0 & 0 & 1 \end{pmatrix}$, 求 $\boldsymbol{A}^n$.

10. 设 $\boldsymbol{\alpha} = (1,2,3), \boldsymbol{\beta} = (1,-1,2)$, 且 $\boldsymbol{A} = \boldsymbol{\alpha}\boldsymbol{\beta}^{\mathrm{T}}, \boldsymbol{B} = \boldsymbol{\beta}^{\mathrm{T}}\boldsymbol{\alpha}$, 求 $\boldsymbol{A}, \boldsymbol{B}, \boldsymbol{A}^n, \boldsymbol{B}^n$, 其中 n 为正整数.

11. 设矩阵 $\boldsymbol{P}=\begin{pmatrix}1&2\\2&5\end{pmatrix}, \boldsymbol{\Lambda}=\begin{pmatrix}1&0\\0&3\end{pmatrix}, \boldsymbol{Q}=\begin{pmatrix}5&-2\\-2&1\end{pmatrix}$, 且 $\boldsymbol{A}=\boldsymbol{P\Lambda Q}$, 验证 $\boldsymbol{PQ}=\boldsymbol{QP}=\boldsymbol{E}$, 并求 $\boldsymbol{A}^n$, 其中 n 为正整数.

12. 如果 $\boldsymbol{A}=\dfrac{1}{2}(\boldsymbol{B}+\boldsymbol{E})$, 证明 $\boldsymbol{A}^2=\boldsymbol{A}$ 的充分必要条件是 $\boldsymbol{B}^2=\boldsymbol{E}$.

13. 设 $\boldsymbol{A},\boldsymbol{B}$ 是 n 阶方阵, 且 $\boldsymbol{A}$ 是对称阵, 证明 $\boldsymbol{B}^{\mathrm{T}}\boldsymbol{AB}$ 也是对称阵.

14. 设 $\boldsymbol{A}$ 是 n 阶反对称矩阵, $\boldsymbol{B}$ 是 n 阶对称矩阵, 证明 $\boldsymbol{AB}+\boldsymbol{BA}$ 是反对称矩阵.

15. 对任意一个 n 阶矩阵 $\boldsymbol{A}$, 证明

(1) 矩阵 $\boldsymbol{A}+\boldsymbol{A}^{\mathrm{T}}$ 是对称矩阵, 矩阵 $\boldsymbol{A}-\boldsymbol{A}^{\mathrm{T}}$ 是反对称矩阵;

(2) 矩阵 $\boldsymbol{A}$ 可以表示为一个对称矩阵和一个反对称矩阵之和. 试用该结论将矩阵 $\boldsymbol{A}=\begin{pmatrix}1&4&1\\2&3&-3\\3&5&0\end{pmatrix}$ 表示为一个对称矩阵和一个反对称矩阵的和.

16. 求下列矩阵的逆矩阵:

(1) $\begin{pmatrix}2&3\\4&5\end{pmatrix}$; (2) $\begin{pmatrix}\cos\theta&-\sin\theta\\\sin\theta&\cos\theta\end{pmatrix}$; (3) $\begin{pmatrix}1&0&1\\1&-1&0\\0&1&2\end{pmatrix}$; (4) $\begin{pmatrix}1&2&-1\\3&4&-2\\5&-4&1\end{pmatrix}$.

17. 利用逆矩阵解下列线性方程组:

(1) $\begin{cases}x_1-x_2-x_3=2,\\2x_1-x_2-3x_3=1,\\3x_1+2x_2-5x_3=0;\end{cases}$ (2) $\begin{cases}x_1+2x_2-x_3=1,\\x_1+x_2+2x_3=2,\\2x_1+4x_2-3x_3=3.\end{cases}$

18. 解下列矩阵方程:

(1) $\begin{pmatrix}3&2\\2&1\end{pmatrix}\boldsymbol{X}=\begin{pmatrix}1&5\\3&4\end{pmatrix}$; (2) $\boldsymbol{X}\begin{pmatrix}1&-1&1\\1&1&0\\2&1&1\end{pmatrix}=\begin{pmatrix}1&2&-3\\0&0&4\\2&-1&5\end{pmatrix}$;

(3) $\begin{pmatrix}1&1&3\\4&2&2\\3&2&3\end{pmatrix}\boldsymbol{X}=\begin{pmatrix}4&1\\1&3\\0&2\end{pmatrix}$;

(4) $\begin{pmatrix}0&1&0\\1&0&0\\0&0&1\end{pmatrix}\boldsymbol{X}\begin{pmatrix}1&0&0\\0&0&1\\0&1&0\end{pmatrix}=\begin{pmatrix}4&2&3\\0&-1&5\\2&1&1\end{pmatrix}$.

19. 设矩阵 X 满足 $\boldsymbol{AX}=\boldsymbol{B}-2\boldsymbol{X}$, 其中 $\boldsymbol{A}=\begin{pmatrix}-1&3&2\\2&3&4\\1&1&-1\end{pmatrix}, \boldsymbol{B}=\begin{pmatrix}1&-2&3\\-1&1&1\\1&0&2\end{pmatrix}$, 求 $\boldsymbol{X}$.

20. 设 n 阶矩阵 $\boldsymbol{A}$ 的伴随矩阵为 $\boldsymbol{A}^*$, 证明:

(1) 若 $\boldsymbol{A}$ 可逆, 则 $\boldsymbol{A}^*=|\boldsymbol{A}|\boldsymbol{A}^{-1}$;

(2) 若 $|\boldsymbol{A}|=0$, 则 $|\boldsymbol{A}^*|=0$;

(3) $|\boldsymbol{A}^*|=|\boldsymbol{A}|^{n-1}$.

21. 设 $\boldsymbol{A}=\begin{pmatrix}1&4&2\\0&2&-3\\0&0&1\end{pmatrix}$, 求行列式 $\left|4\boldsymbol{A}^{-1}-3\boldsymbol{A}^*\right|$.

22. 设 $\boldsymbol{A},\boldsymbol{B}$ 满足 $\boldsymbol{A}^*\boldsymbol{B}\boldsymbol{A}=2\boldsymbol{B}\boldsymbol{A}-8\boldsymbol{E}$, 其中 $\boldsymbol{A}=\begin{pmatrix}1&0&0\\0&-2&0\\0&0&1\end{pmatrix}$, 求矩阵 $\boldsymbol{B}$.

23. 设矩阵 $\boldsymbol{A}$ 满足 $\boldsymbol{A}^2-\boldsymbol{A}-2\boldsymbol{E}=\boldsymbol{O}$, 问 $\boldsymbol{A},\boldsymbol{A}-3\boldsymbol{E}$ 是否可逆? 若可逆, 求其逆矩阵.

24. 设 $\boldsymbol{A}$ 是方阵, 且满足 $\boldsymbol{A}^k=\boldsymbol{O}$($k$ 是正整数), 证明:

$$(\boldsymbol{E}-\boldsymbol{A})^{-1}=\boldsymbol{E}+\boldsymbol{A}+\boldsymbol{A}^2+\cdots+\boldsymbol{A}^{k-1}.$$

25. 设 $\boldsymbol{A}=\begin{pmatrix}1&-1&1&0\\2&3&0&1\\2&0&0&0\\0&2&0&0\end{pmatrix}$, $\boldsymbol{B}=\begin{pmatrix}4&1&0&0\\1&-2&0&0\\1&0&3&0\\0&1&0&3\end{pmatrix}$, 利用分块矩阵求: (1) $\boldsymbol{AB}$; (2) $\boldsymbol{BA}$.

26. 设 $\boldsymbol{A}=\begin{pmatrix}5&0&0&0\\0&5&0&0\\0&0&2&0\\0&0&2&2\end{pmatrix}$, 利用分块矩阵求 $\left|\boldsymbol{A}^8\right|$ 及 $\boldsymbol{A}^4$.

27. 设 $\boldsymbol{A}=\begin{pmatrix}2&0&0&0\\0&1&2&0\\0&1&3&0\\0&0&0&4\end{pmatrix}$, 利用分块矩阵求 $|\boldsymbol{A}|,\boldsymbol{A}^{-1}$.

28. 设 k 阶矩阵 $\boldsymbol{A}$ 和 l 阶矩阵 $\boldsymbol{B}$ 均可逆, 证明

(1) $\begin{pmatrix}\boldsymbol{O}&\boldsymbol{A}\\\boldsymbol{B}&\boldsymbol{O}\end{pmatrix}^{-1}=\begin{pmatrix}\boldsymbol{O}&\boldsymbol{B}^{-1}\\\boldsymbol{A}^{-1}&\boldsymbol{O}\end{pmatrix}$; (2) $\begin{pmatrix}\boldsymbol{A}&\boldsymbol{O}\\\boldsymbol{C}&\boldsymbol{B}\end{pmatrix}^{-1}=\begin{pmatrix}\boldsymbol{A}^{-1}&\boldsymbol{O}\\-\boldsymbol{B}^{-1}\boldsymbol{C}\boldsymbol{A}^{-1}&\boldsymbol{B}^{-1}\end{pmatrix}$.

29. 某公司代理销售 4 个品牌的智能手环产品 A, B, C, D, 公司 2016 年上半年的销量 (单位: 万支) 如表 2.8 所示.

表 2.8 公司 2016 年上半年的产品销量 (单位: 万支)

品牌	月份					
	1	2	3	4	5	6
A	1	1.2	1.3	1.5	1.7	2
B	1.2	1.4	1.7	1.9	2	2.1
C	0.8	1	1.1	1.3	1.4	1.5
D	1.1	1.2	1.3	1.4	1.5	1.6

(1) 用矩阵 $\boldsymbol{A}, \boldsymbol{B}$ 分别表示四种智能手环于 2016 年第一、第二季度的销量;

(2) 计算 $\boldsymbol{A}+\boldsymbol{B}, \boldsymbol{B}-\boldsymbol{A}$, 并解释其意义.

30. 某公司 2016 年销售到北京、上海、深圳三个城市的两种产品的数量、单价、重量、体积如表 2.9 和表 2.10 所示.

试用矩阵计算下列问题:

(1) 该公司销售到三个城市的产品价值、重量和体积分别是多少?

(2) 该公司销售的产品的总价值、总重量和总体积分别是多少?

表 2.9 销售货物的数量 (单位: 台)

产品	城市		
	北京	上海	深圳
A	3000	2000	800
B	2200	1500	600

表 2.10 单件货物的价格、重量及体积

产品	属性		
	单价/万元	单位重量/吨	单位体积/立方米
A	0.5	0.15	0.5
B	0.25	0.05	0.35

31. 某制笔厂四个车间都生产铅笔、圆珠笔和钢笔, 它们的单位成本 (单位: 元/支) 如表 2.11 所示.

表 2.11 产品成本表 (单位: 元/支)

车间	产品		
	铅笔	圆珠笔	钢笔
一	3	2	7
二	2	1	8
三	4	2	6
四	4	1	5

现在每个车间生产铅笔 20000 支、圆珠笔 15000 支、钢笔 6000 支, 问哪个车间的总成本最低?

32. 现有两个军团, A 军有 10000 名士兵, B 军有 5000 名士兵, 两军连续进行多次军事演习. A 军的杀伤能力是 0.1/次, B 军的杀伤能力是 0.15/次, 若军事演习直到一方人数为零时停止, 试模拟战斗过程和结果.

33. 携号转网是指一家电信运营商的用户, 无须改变手机号码就能转为另一家电信运营商的用户, 并享受其提供的各种服务. 2019 年 11 月 27 日, 工信部召开携号转网启动仪式, 携号转网正式在全国提供服务. 某地区有三家电信运营商向 30 万的手机用户提供服务, 表 2.12 给出了该地区用户在一个月中携号转网的情况.

表 2.12 携号转网的情况

	从 A	从 B	从 C
到 A	70%	15%	10%
到 B	20%	80%	30%
到 C	10%	5%	60%

在该地区携号转网政策启动前, 假设有 15 万用户选择 A 运营商, 10 万用户选择 B 运营商, 5 万用户选择 C 运营商. 设

$$\boldsymbol{P}=\begin{pmatrix}0.70 & 0.15 & 0.10\\ 0.20 & 0.80 & 0.30\\ 0.10 & 0.05 & 0.60\end{pmatrix},\quad \boldsymbol{x}_0=\begin{pmatrix}15\\ 10\\ 5\end{pmatrix}.$$

矩阵 $\boldsymbol{P}$ 称为转移矩阵, 向量 $\boldsymbol{x}_0$ 称为初始的状态向量. 计算 $\boldsymbol{P}\boldsymbol{x}_0$ 和 $\boldsymbol{P}^2\boldsymbol{x}_0$, 并解释得到的向量.

第2章自测题

第2章自测题答案

第2章相关考研题

第 3 章　矩阵的初等变换与线性方程组

线性方程组是线性代数的核心内容之一, 在现实生活和现代科学技术的许多问题研究中发挥着重要作用. 本章首先引入矩阵的初等变换这一重要的运算方法, 接着介绍利用矩阵的初等变换求逆矩阵的方法; 然后给出矩阵秩的概念, 并用矩阵的初等变换和矩阵的秩讨论线性方程组的求解.

第 3 章　课程导学

第 3 章　知识图谱

引　　言

线性方程组有着悠久的历史和丰富的内容, 不仅是线性代数的主要研究对象之一, 也是研究线性代数中其他问题的重要工具. 线性方程组作为代数学的一个分支, 广泛应用于计算机科学、物理学、工程学、统计学、社会学、经济学等学科领域.

1. 投入产出问题

20 世纪 30 年代, 俄裔美籍经济学家瓦西里 · 列昂惕夫 (W. Leontief, 1906—1999) 建立了研究国民经济的投入产出的数学模型. 他根据美国劳动统计局提供的 25 万条信息, 把美国经济分为 500 个部门, 并且用线性方程描述每个部门产出如何分配, 因而得到含 500 个未知量的 500 个线性方程组成的线性方程组. 但由于当时的计算机还不能处理这么大的线性方程组, 列昂惕夫就把问题简化为含 42 个未知量的 42 个线性方程组成的线性方程组. 最后, 由计算机验算得出了答案.

2. 飞行器外形设计

因为飞行器要在空中飞行, 所以其外形必须具有光滑流线且合乎空气动力学的要求. 随着计算机辅助几何设计的发展, 飞行器外形数字化设计也得到广泛应用. 把飞行器的外形分成若干块小的部件, 每个部件沿着其表面又用细网格划分出许多个立方体, 这些立方体包括了机身表面以及此表面内外的空气. 对每个立方体都可列出空气动力学方程, 这些方程均可简化为线性方程. 因此, 飞行器的外形设计也涉及线性方程组的求解.

3. *石油勘探*

当勘探船在寻找海底石油时, 船上的计算机每天都要计算数千个线性方程组. 方程组中的震动数据来自气枪发射所产生的水下冲击波中, 冲击波经海底岩石反射, 由连接在尾船数千米外的地震探波仪接收并测量.

另外, 电路分析、数字信息处理、计算机图像处理、人工智能和自动控制等问题都涉及线性方程组.

3.1 矩阵的初等变换

矩阵的初等变换是矩阵理论中一种十分重要的计算工具, 在第 1 章讨论行列式的计算中就曾运用行列式的性质进行过类似的变换和操作. 对矩阵施行初等变换既可以化繁为简, 又可以对矩阵进行更深入的讨论, 同时, 矩阵的初等变换在求解线性方程组、求逆矩阵、求矩阵的秩以及后续章节内容的学习中都有重要运用.

3.1.1 矩阵初等变换的概念

定义 1 下面三种变换称为矩阵的**初等行变换**(简称**行变换**)

(1) 交换两行 (交换第 i, j 行, 记作 $r_i \leftrightarrow r_j$);

(2) 以数 $k(k \neq 0)$ 乘某一行 (数 k 乘第 i 行, 记作 kr_i);

(3) 某一行元素加上另一行对应元素的 k 倍 (第 i 行加上第 j 行的 k 倍, 记作 $r_i + kr_j$).

把上述定义中的 "行" 换成 "列", 即得矩阵的**初等列变换**(简称**列变换**). 把行变换记号中的 "r" 换成 "c", 即可表示相应的三种初等列变换: $c_i \leftrightarrow c_j$, kc_i, $c_i + kc_j$.

矩阵的初等行变换和初等列变换统称为矩阵的**初等变换**.

显然, 矩阵的每一种初等变换都是可逆变换, 且其逆变换也是同一类型的初等变换. 变换 $r_i \leftrightarrow r_j(c_i \leftrightarrow c_j)$ 的逆变换就是其本身; 变换 $kr_i(kc_i)$ 的逆变换是 $\dfrac{1}{k}r_i\left(\dfrac{1}{k}c_i\right)$; 变换 $r_i + kr_j(c_i + kc_j)$ 的逆变换是 $r_i - kr_j(c_i - kc_j)$.

3.1.2 矩阵的等价

定义 2 若矩阵 $\boldsymbol{A}$ 经过有限次初等行变换化为矩阵 $\boldsymbol{B}$, 则称**矩阵$\boldsymbol{A}$与$\boldsymbol{B}$行等价**, 记作 $\boldsymbol{A}\overset{r}{\cong}\boldsymbol{B}$; 若矩阵 $\boldsymbol{A}$ 经过有限次初等列变换化为矩阵 $\boldsymbol{B}$, 则称**矩阵$\boldsymbol{A}$与$\boldsymbol{B}$列等价**, 记作 $\boldsymbol{A}\overset{c}{\cong}\boldsymbol{B}$; 若矩阵 $\boldsymbol{A}$ 经过有限次初等变换化为矩阵 $\boldsymbol{B}$, 则称**矩阵$\boldsymbol{A}$与$\boldsymbol{B}$等价**, 记作 $\boldsymbol{A}\cong\boldsymbol{B}$.

矩阵等价关系具有下列性质:

(1) **反身性** $\boldsymbol{A}\cong\boldsymbol{A}$;

(2) **对称性**　若 $\boldsymbol{A}\cong\boldsymbol{B}$, 则 $\boldsymbol{B}\cong\boldsymbol{A}$;

(3) **传递性**　若 $\boldsymbol{A}\cong\boldsymbol{B}$, $\boldsymbol{B}\cong\boldsymbol{C}$, 则 $\boldsymbol{A}\cong\boldsymbol{C}$.

对于任意一个矩阵 $\boldsymbol{A}$, 可以利用矩阵的初等变换将其化为矩阵 $\boldsymbol{B}$, 则 $\boldsymbol{A}\cong\boldsymbol{B}$. 若矩阵 $\boldsymbol{B}$ 具有如下特点:

(1) 零行在非零行的下方 (元素全为零的行称为**零行**, 否则称为**非零行**);

(2) 下一行的第一个非零元素均在上一行的第一个非零元素右侧, 则称矩阵 $\boldsymbol{B}$ 为**行阶梯形矩阵.**

注　对于行阶梯形矩阵, 可画一条阶梯线, 每个台阶只有一行, 阶梯线的下方全为零, 台阶数就是非零行的行数, 而且阶梯线的竖线右边的第一个元素为非零元素.

例如,

$$\boldsymbol{A}=\begin{pmatrix}3&4&3&5\\0&0&2&0\\0&0&0&0\end{pmatrix},\quad \boldsymbol{B}=\begin{pmatrix}4&2&8&5&4\\0&0&4&0&1\\0&0&0&0&1\end{pmatrix},$$

矩阵 $\boldsymbol{A},\boldsymbol{B}$ 都是行阶梯形矩阵.

例 1　设矩阵

$$\boldsymbol{A}=\begin{pmatrix}1&-2&-1&-2\\4&1&2&1\\2&5&4&-1\\1&1&1&1\end{pmatrix},$$

对 $\boldsymbol{A}$ 施行初等行变换, 将 $\boldsymbol{A}$ 化为行阶梯形矩阵.

解

$$\boldsymbol{A}\xrightarrow[r_4-r_1]{\substack{r_2-4r_1\\r_3-2r_1}}\begin{pmatrix}1&-2&-1&-2\\0&9&6&9\\0&9&6&3\\0&3&2&3\end{pmatrix}\xrightarrow[r_4-\frac{1}{3}r_2]{r_3-r_2}\begin{pmatrix}1&-2&-1&-2\\0&9&6&9\\0&0&0&-6\\0&0&0&0\end{pmatrix}=\boldsymbol{B}.$$

对上述行阶梯形矩阵 $\boldsymbol{B}$ 继续施行初等行变换, 将 $\boldsymbol{B}$ 化为下列形式的矩阵:

$$\boldsymbol{B}\xrightarrow[-\frac{1}{6}r_3]{\frac{1}{9}r_2}\begin{pmatrix}1&-2&-1&-2\\0&1&\dfrac{2}{3}&1\\0&0&0&1\\0&0&0&0\end{pmatrix}\xrightarrow[r_2-r_3]{r_1+2r_2}\begin{pmatrix}1&0&\dfrac{1}{3}&0\\0&1&\dfrac{2}{3}&0\\0&0&0&1\\0&0&0&0\end{pmatrix}=\boldsymbol{C}.$$

矩阵 $\boldsymbol{C}$ 是行阶梯形矩阵, 且满足:

(1) 每一个非零行的第一个非零元素全为 1;

(2) 第一个非零元素所在列的其余元素全为 0,

则称矩阵 $\boldsymbol{C}$ 为矩阵 $\boldsymbol{A}$ 的**行最简形矩阵**.

对上述所得的行最简形矩阵 $\boldsymbol{C}$, 再施行初等列变换, 则可以化简成下面的矩阵:

$$\boldsymbol{C}\xrightarrow[c_3\leftrightarrow c_4]{\substack{c_3-\frac{1}{3}c_1\\c_3-\frac{2}{3}c_2}}\left(\begin{array}{ccc:c}1&0&0&0\\0&1&0&0\\0&0&1&0\\\hdashline 0&0&0&0\end{array}\right)=\begin{pmatrix}\boldsymbol{E}_3&\boldsymbol{O}\\\boldsymbol{O}&\boldsymbol{O}\end{pmatrix}=\boldsymbol{F}.$$

矩阵 $\boldsymbol{F}$ 的左上角是一个单位矩阵, 其他元素全为零, 称矩阵 $\boldsymbol{F}$ 为矩阵 $\boldsymbol{A}$ 的**标准形矩阵**, 简称为**标准形**.

对于任意一个 $m\times n$ 矩阵 $\boldsymbol{A}$, 都可以经过有限次初等变换化为标准形, 即

$$\boldsymbol{A}_{m\times n}\xrightarrow{\text{初等变换}}\begin{pmatrix}\boldsymbol{E}_r&\boldsymbol{O}\\\boldsymbol{O}&\boldsymbol{O}\end{pmatrix}_{m\times n}=\boldsymbol{F},$$

其中 r 是行阶梯形矩阵中非零行的行数.

3.1.3 初等矩阵

初等变换是矩阵理论中非常重要的运算, 这种运算可以用某些矩阵的乘法运算来表示, 这些矩阵就是下面要讨论的初等矩阵.

定义 3 由单位矩阵经过一次初等变换得到的矩阵称为**初等矩阵**.

对应三种初等变换有如下三种类型的初等矩阵.

(1) 交换单位矩阵的第 i,j 行 (列), 得初等矩阵

$$\boldsymbol{E}(i,j)=\begin{pmatrix}1&&&&&&&&&\\&\ddots&&&&&&&&\\&&1&&&&&&&\\&&&0&&\cdots&&1&&\\&&&&1&&&&&\\&&&&&\ddots&&&&\\&&&&&&1&&&\\&&&1&&\cdots&&0&&\\&&&&&&&&1&\\&&&&&&&&&\ddots\\&&&&&&&&&&1\end{pmatrix}\begin{matrix}\\\\\\\leftarrow\text{第 } i \text{ 行}\\\\\\\\\leftarrow\text{第 } j \text{ 行}\\\\\\\\\end{matrix};$$

(2) 以数 $k(k\neq 0)$ 乘单位矩阵的第 i 行 (列), 得初等矩阵

$$\boldsymbol{E}(i(k))=\begin{pmatrix}1&&&&&&\\&\ddots&&&&&\\&&1&&&&\\&&&k&&&\\&&&&1&&\\&&&&&\ddots&\\&&&&&&1\end{pmatrix}\leftarrow\text{第 } i \text{ 行};$$

(3) 单位矩阵的第 i 行加上第 j 行的 k 倍 (或第 j 列加上第 i 列的 k 倍), 得初等矩阵

$$\boldsymbol{E}(i,j(k))=\begin{pmatrix}1&&&&&&\\&\ddots&&&&&\\&&1&\cdots&k&&\\&&&\ddots&\vdots&&\\&&&&1&&\\&&&&&\ddots&\\&&&&&&1\end{pmatrix}\begin{matrix}\\\\\leftarrow\text{第 } i \text{ 行}\\\\\leftarrow\text{第 } j \text{ 行}\\\\\\\end{matrix}.$$

下面以三阶初等矩阵为例, 讨论初等矩阵与初等变换的对应关系.

设 $\boldsymbol{A}$ 是 $3\times n$ 矩阵, 将 $\boldsymbol{A}$ 按行分块, 则 $\boldsymbol{A}=\begin{pmatrix}\boldsymbol{A}_1\\\boldsymbol{A}_2\\\boldsymbol{A}_3\end{pmatrix}$, 其中各子块 $\boldsymbol{A}_i(i=1,2,3)$ 均为 $1\times n$ 矩阵.

用初等矩阵 $\boldsymbol{E}(1,2)$ 左乘 $\boldsymbol{A}$, 得

$$\boldsymbol{E}(1,2)\boldsymbol{A}=\begin{pmatrix}0&1&0\\1&0&0\\0&0&1\end{pmatrix}\begin{pmatrix}\boldsymbol{A}_1\\\boldsymbol{A}_2\\\boldsymbol{A}_3\end{pmatrix}=\begin{pmatrix}\boldsymbol{A}_2\\\boldsymbol{A}_1\\\boldsymbol{A}_3\end{pmatrix},$$

运算结果相当于对 $\boldsymbol{A}$ 施行交换第 1, 2 行的初等行变换.

用初等矩阵 $\boldsymbol{E}(2(k))$ 左乘 $\boldsymbol{A}$, 得

$$\boldsymbol{E}(2(k))\boldsymbol{A}=\begin{pmatrix}1&0&0\\0&k&0\\0&0&1\end{pmatrix}\begin{pmatrix}\boldsymbol{A}_1\\\boldsymbol{A}_2\\\boldsymbol{A}_3\end{pmatrix}=\begin{pmatrix}\boldsymbol{A}_1\\k\boldsymbol{A}_2\\\boldsymbol{A}_3\end{pmatrix},$$

运算结果相当于对 $\boldsymbol{A}$ 施行第 2 行乘数 k 的初等行变换.

用初等矩阵 $\boldsymbol{E}(1,3(k))$ 左乘 $\boldsymbol{A}$, 得

$$\boldsymbol{E}(1,3(k))\boldsymbol{A}=\begin{pmatrix}1&0&k\\0&1&0\\0&0&1\end{pmatrix}\begin{pmatrix}\boldsymbol{A}_1\\\boldsymbol{A}_2\\\boldsymbol{A}_3\end{pmatrix}=\begin{pmatrix}\boldsymbol{A}_1+k\boldsymbol{A}_3\\\boldsymbol{A}_2\\\boldsymbol{A}_3\end{pmatrix},$$

运算结果相当于对 $\boldsymbol{A}$ 施行第 1 行加上第 3 行的 k 倍的初等行变换.

类似地, 用初等矩阵右乘矩阵 $\boldsymbol{A}$(需满足乘法的条件), 相当于分别对 $\boldsymbol{A}$ 施行相应的初等列变换. 请读者自行验证.

一般地, 初等矩阵与初等变换之间有如下对应关系.

定理 1 设 $\boldsymbol{A}$ 是 $m\times n$ 矩阵, 对 $\boldsymbol{A}$ 施行一次初等行变换, 相当于 $\boldsymbol{A}$ 左乘相应的 m 阶初等矩阵; 对 $\boldsymbol{A}$ 施行一次初等列变换, 相当于 $\boldsymbol{A}$ 右乘相应的 n 阶初等矩阵.

因为 $|\boldsymbol{E}(i,j)|=-1\neq 0, |\boldsymbol{E}(i(k))|=k\neq 0, |\boldsymbol{E}(i,j(k))|=1\neq 0$, 所以初等矩阵都是可逆矩阵. 容易验证, 初等矩阵的逆矩阵是同一类型的初等矩阵, 即有

$$\boldsymbol{E}^{-1}(i,j)=\boldsymbol{E}(i,j);\quad \boldsymbol{E}^{-1}(i(k))=\boldsymbol{E}\left(i\left(\frac{1}{k}\right)\right);\quad \boldsymbol{E}^{-1}(i,j(k))=\boldsymbol{E}(i,j(-k)).$$

定理 2 n 阶矩阵 $\boldsymbol{A}$ 可逆的充分必要条件是 $\boldsymbol{A}$ 可表示成有限个初等矩阵的乘积

$$\boldsymbol{A}=\boldsymbol{P}_1\boldsymbol{P}_2\cdots\boldsymbol{P}_s,$$

其中 $\boldsymbol{P}_1, \boldsymbol{P}_2, \cdots, \boldsymbol{P}_s$ 都是初等矩阵.

证明　充分性　设 $\boldsymbol{A}=\boldsymbol{P}_1\boldsymbol{P}_2\cdots\boldsymbol{P}_s$, 其中 $\boldsymbol{P}_1, \boldsymbol{P}_2, \cdots, \boldsymbol{P}_s$ 是初等矩阵. 因为初等矩阵 $\boldsymbol{P}_i(i=1,2,\cdots,s)$ 可逆, 所以它们的乘积仍然可逆, 故 $\boldsymbol{A}$ 可逆.

必要性　若 n 阶矩阵 $\boldsymbol{A}$ 可逆, 设 $\boldsymbol{A}$ 的标准形为 $\boldsymbol{F}=\begin{pmatrix}\boldsymbol{E}_r & \boldsymbol{O}\\ \boldsymbol{O} & \boldsymbol{O}\end{pmatrix}(r\leqslant n)$. 因为初等变换是可逆变换, 所以 $\boldsymbol{F}$ 也可以经过有限次初等变换变到 $\boldsymbol{A}$, 即存在有限个初等矩阵 $\boldsymbol{P}_1, \boldsymbol{P}_2, \cdots, \boldsymbol{P}_s$, 使

$$\boldsymbol{A}=\boldsymbol{P}_1\cdots\boldsymbol{P}_k\boldsymbol{F}\boldsymbol{P}_{k+1}\cdots\boldsymbol{P}_s.$$

反证法. 假设 $r<n$, 则 $|\boldsymbol{F}|=\begin{vmatrix}\boldsymbol{E}_r & \boldsymbol{O}\\ \boldsymbol{O} & \boldsymbol{O}\end{vmatrix}=0$, 从而

$$|\boldsymbol{A}|=|\boldsymbol{P}_1\cdots\boldsymbol{P}_k\boldsymbol{F}\boldsymbol{P}_{k+1}\cdots\boldsymbol{P}_s|=|\boldsymbol{P}_1|\cdots|\boldsymbol{P}_k||\boldsymbol{F}||\boldsymbol{P}_{k+1}|\cdots|\boldsymbol{P}_s|=0,$$

这与矩阵 $\boldsymbol{A}$ 可逆矛盾, 故必有 $r=n$, 即 $\boldsymbol{F}=\boldsymbol{E}_n$. 因此 $\boldsymbol{A}=\boldsymbol{P}_1\boldsymbol{P}_2\cdots\boldsymbol{P}_s$.

推论　矩阵 $\boldsymbol{A}$ 可逆的充分必要条件是 $\boldsymbol{A}\overset{r}{\cong}\boldsymbol{E}$.

定理 3　设 $\boldsymbol{A}, \boldsymbol{B}$ 都为 $m\times n$ 矩阵, 那么

(1) $\boldsymbol{A}\overset{r}{\cong}\boldsymbol{B}$ 的充分必要条件是存在 m 阶可逆矩阵 $\boldsymbol{P}$, 使 $\boldsymbol{PA}=\boldsymbol{B}$;

(2) $\boldsymbol{A}\overset{c}{\cong}\boldsymbol{B}$ 的充分必要条件是存在 n 阶可逆矩阵 $\boldsymbol{Q}$, 使 $\boldsymbol{AQ}=\boldsymbol{B}$;

(3) $\boldsymbol{A}\cong\boldsymbol{B}$ 的充分必要条件是存在 m 阶可逆矩阵 $\boldsymbol{P}$ 及 n 阶可逆矩阵 $\boldsymbol{Q}$, 使 $\boldsymbol{PAQ}=\boldsymbol{B}$.

证明　(1) 充分性　存在 m 阶可逆矩阵 $\boldsymbol{P}$, 使 $\boldsymbol{PA}=\boldsymbol{B}$, 由定理 2 知, $\boldsymbol{P}$ 可表示成有限个初等矩阵的乘积, 即存在初等矩阵 $\boldsymbol{P}_1,\boldsymbol{P}_2,\cdots,\boldsymbol{P}_s$, 使得 $\boldsymbol{P}=\boldsymbol{P}_s\cdots\boldsymbol{P}_2\boldsymbol{P}_1$. 即 $\boldsymbol{B}=\boldsymbol{P}_s\cdots\boldsymbol{P}_2\boldsymbol{P}_1\boldsymbol{A}$, 由定理 1 知, $\boldsymbol{A}\overset{r}{\cong}\boldsymbol{B}$.

必要性　若 $\boldsymbol{A}\overset{r}{\cong}\boldsymbol{B}$, 则存在有限个 m 阶初等矩阵 $\boldsymbol{P}_1, \boldsymbol{P}_2, \cdots, \boldsymbol{P}_s$, 使得

$$\boldsymbol{B}=\boldsymbol{P}_s\cdots\boldsymbol{P}_2\boldsymbol{P}_1\boldsymbol{A}.$$

记 $\boldsymbol{P}=\boldsymbol{P}_s\cdots\boldsymbol{P}_2\boldsymbol{P}_1$, 因为 $\boldsymbol{P}_1, \boldsymbol{P}_2, \cdots, \boldsymbol{P}_s$ 为可逆矩阵, 故 $\boldsymbol{P}$ 可逆, 且 $\boldsymbol{PA}=\boldsymbol{B}$.

同理可证 (2) 和 (3). □

定理 3 把矩阵的初等变换和矩阵的乘法建立了对应关系, 因此依据定理 3, 既可以利用矩阵的初等变换讨论矩阵乘法的运算规律, 又可以根据矩阵乘法的运算规律研究矩阵初等变换的运算规律.

3.1.4　用初等行变换求逆矩阵

由定理 2 的推论和定理 3 可知, 若矩阵 $\boldsymbol{A}$ 可逆, 则存在可逆矩阵 $\boldsymbol{P}$, 使

$$\boldsymbol{PA}=\boldsymbol{E}, \tag{3.1}$$

等式两端同时右乘 $\boldsymbol{A}^{-1}$, 得 $\boldsymbol{PAA}^{-1}=\boldsymbol{EA}^{-1}$, 即

$$\boldsymbol{PE}=\boldsymbol{A}^{-1}. \tag{3.2}$$

式 (3.1) 表明, 可逆矩阵 $\boldsymbol{A}$ 经过初等行变换可化为单位矩阵 $\boldsymbol{E}$; 式 (3.2) 表明, 单位矩阵 $\boldsymbol{E}$ 经过同样的初等行变换可化为 $\boldsymbol{A}^{-1}$. 也就是说, $\boldsymbol{A}$ 和 $\boldsymbol{E}$ 经过同样的初等行变换后, $\boldsymbol{A}$ 化为 $\boldsymbol{E}$, 而 $\boldsymbol{E}$ 化为 $\boldsymbol{A}^{-1}$.

综上, 并利用分块矩阵的运算, 就可以得到用初等行变换求逆矩阵的方法.

若 $\boldsymbol{A}$ 为 n 阶矩阵, 构造矩阵 $(\boldsymbol{A},\boldsymbol{E})$, 其中 $\boldsymbol{E}$ 是与 $\boldsymbol{A}$ 同阶的单位矩阵, 对矩阵 $(\boldsymbol{A},\boldsymbol{E})$ 施行初等行变换, 当矩阵 $\boldsymbol{A}$ 化为单位矩阵 $\boldsymbol{E}$ 时, 单位矩阵 $\boldsymbol{E}$ 就化为 $\boldsymbol{A}^{-1}$, 即

$$\boldsymbol{P}(\boldsymbol{A},\boldsymbol{E})=(\boldsymbol{PA},\boldsymbol{PE})=(\boldsymbol{E},\boldsymbol{A}^{-1}).$$

因此

$$(\boldsymbol{A},\boldsymbol{E})\xrightarrow{\text{初等行变换}}(\boldsymbol{E},\boldsymbol{A}^{-1}). \tag{3.3}$$

例 2 设矩阵 $\boldsymbol{A}=\begin{pmatrix}1&2&3\\2&2&1\\3&4&3\end{pmatrix}$, 求 $\boldsymbol{A}^{-1}$.

解 对分块矩阵 $(\boldsymbol{A},\boldsymbol{E})$ 施行初等行变换:

$$(\boldsymbol{A},\boldsymbol{E})=\left(\begin{array}{ccc:ccc}1&2&3&1&0&0\\2&2&1&0&1&0\\3&4&3&0&0&1\end{array}\right)\xrightarrow[r_3-3r_1]{r_2-2r_1}\left(\begin{array}{ccc:ccc}1&2&3&1&0&0\\0&-2&-5&-2&1&0\\0&-2&-6&-3&0&1\end{array}\right)$$

$$\xrightarrow[r_3-r_2]{r_1+r_2}\left(\begin{array}{ccc:ccc}1&0&-2&-1&1&0\\0&-2&-5&-2&1&0\\0&0&-1&-1&-1&1\end{array}\right)\xrightarrow[r_2-5r_3]{r_1-2r_3}\left(\begin{array}{ccc:ccc}1&0&0&1&3&-2\\0&-2&0&3&6&-5\\0&0&-1&-1&-1&1\end{array}\right)$$

$$\xrightarrow[(-1)r_3]{(-\frac{1}{2})r_2}\left(\begin{array}{ccc:ccc}1&0&0&1&3&-2\\0&1&0&-\dfrac{3}{2}&-3&\dfrac{5}{2}\\0&0&1&1&1&-1\end{array}\right).$$

因此

$$\boldsymbol{A}^{-1}=\begin{pmatrix}1&3&-2\\-\dfrac{3}{2}&-3&\dfrac{5}{2}\\1&1&-1\end{pmatrix}.$$

注　(1) 用初等行变换求逆矩阵时, 只能对矩阵 $(\boldsymbol{A},\boldsymbol{E})$ 施行初等行变换, 而不能作初等列变换.

(2) 初等行变换求逆矩阵的方法包含了判断矩阵是否可逆的过程, 若矩阵 $\boldsymbol{A}$ 通过初等行变换可化为单位矩阵, 则矩阵 $\boldsymbol{A}$ 可逆; 否则, 矩阵 $\boldsymbol{A}$ 不可逆.

同样, 也可以利用初等列变换求逆矩阵. 只需构造矩阵 $\begin{pmatrix}\boldsymbol{A}\\ \boldsymbol{E}\end{pmatrix}$, 对其施行初等列变换, 把 $\boldsymbol{A}$ 变成 $\boldsymbol{E}$ 的同时把 $\boldsymbol{E}$ 也变成了 $\boldsymbol{A}^{-1}$, 即

$$\begin{pmatrix}\boldsymbol{A}\\ \boldsymbol{E}\end{pmatrix}\xrightarrow{\text{初等列变换}}\begin{pmatrix}\boldsymbol{E}\\ \boldsymbol{A}^{-1}\end{pmatrix}.$$

当 $\boldsymbol{A}$ 可逆时, 矩阵方程 $\boldsymbol{AX}=\boldsymbol{B}$ 的解为 $\boldsymbol{X}=\boldsymbol{A}^{-1}\boldsymbol{B}$. 类似地, 可以利用初等行变换求逆矩阵的方法来求矩阵 $\boldsymbol{X}=\boldsymbol{A}^{-1}\boldsymbol{B}$.

对于式 (3.2), 等式两端同时右乘 $\boldsymbol{B}$, 得到

$$\boldsymbol{PB}=\boldsymbol{A}^{-1}\boldsymbol{B}, \tag{3.4}$$

结合式 (3.1) 和式 (3.4) 有

$$\boldsymbol{P}(\boldsymbol{A},\boldsymbol{B})=(\boldsymbol{PA},\boldsymbol{PB})=(\boldsymbol{E},\boldsymbol{A}^{-1}\boldsymbol{B}).$$

所以

$$(\boldsymbol{A},\boldsymbol{B})\xrightarrow{\text{初等行变换}}(\boldsymbol{E},\boldsymbol{A}^{-1}\boldsymbol{B}). \tag{3.5}$$

例 3　设 $\boldsymbol{A}=\begin{pmatrix}1&3&2\\2&2&-1\\-3&-4&0\end{pmatrix}$, $\boldsymbol{B}=\begin{pmatrix}0&-5\\-2&1\\3&1\end{pmatrix}$, 求 $\boldsymbol{X}$ 使 $\boldsymbol{AX}=\boldsymbol{B}$.

解　因为

$$(\boldsymbol{A},\boldsymbol{B})=\begin{pmatrix}1&3&2&0&-5\\2&2&-1&-2&1\\-3&-4&0&3&1\end{pmatrix}\xrightarrow[r_3+3r_1]{r_2-2r_1}\left(\begin{array}{ccc:cc}1&3&2&0&-5\\0&-4&-5&-2&11\\0&5&6&3&-14\end{array}\right)$$

$$\xrightarrow{r_2+r_3}\left(\begin{array}{ccc:cc}1&3&2&0&-5\\0&1&1&1&-3\\0&5&6&3&-14\end{array}\right)\xrightarrow[r_3-5r_2]{r_1-3r_2}\left(\begin{array}{ccc:cc}1&0&-1&-3&4\\0&1&1&1&-3\\0&0&1&-2&1\end{array}\right)$$

$$\xrightarrow[r_2-r_3]{r_1+r_3}\left(\begin{array}{ccc:cc}1&0&0&-5&5\\0&1&0&3&-4\\0&0&1&-2&1\end{array}\right).$$

所以

$$X = A^{-1}B = \begin{pmatrix} -5 & 5 \\ 3 & -4 \\ -2 & 1 \end{pmatrix}.$$

对于矩阵方程 $XA = B$, 若 A 可逆, 则 $X = BA^{-1}$. 构造矩阵 $\begin{pmatrix} A \\ B \end{pmatrix}$, 对其施行初等列变换, 将 A 化为 E, 那么 B 就同时化为 BA^{-1}, 即

$$\begin{pmatrix} A \\ B \end{pmatrix} \xrightarrow{\text{初等列变换}} \begin{pmatrix} E \\ BA^{-1} \end{pmatrix}.$$

3.2 矩 阵 的 秩

在 3.1 节中, 任意矩阵 A 经过有限次初等变换化为标准形 $F = \begin{pmatrix} E_r & O \\ O & O \end{pmatrix}$, 其中 r 确定 F 的具体形式, 那么 r 在矩阵 A 中蕴含什么意义呢? 下面引出矩阵秩的概念, 它对于讨论线性方程组的解起着非常重要的作用.

3.2.1 矩阵秩的定义

定义 4 在 $m \times n$ 矩阵 A 中任取 k 行 k 列 $(1 \leqslant k \leqslant \min\{m, n\})$ 位于交叉位置上的 k^2 个元素, 按原来次序组成的 k 阶行列式称为矩阵 A 的一个 k **阶子式**.

例如, 矩阵 $A = \begin{pmatrix} 1 & 1 & -1 & 4 \\ 2 & 1 & 3 & 2 \\ 0 & 1 & 0 & 1 \end{pmatrix}$, 取它的第 2 行第 3 列交叉位置上的元素, 得到它的一个一阶子式 $|3| = 3$; 取它的第 1, 2 两行, 第 3, 4 两列交叉位置上的元素, 得到一个二阶子式 $\begin{vmatrix} -1 & 4 \\ 3 & 2 \end{vmatrix} = -14$; 取它的第 1, 2, 3 三行, 第 1, 2, 3 三列交叉位置上的元素, 得到一个三阶子式 $\begin{vmatrix} 1 & 1 & -1 \\ 2 & 1 & 3 \\ 0 & 1 & 0 \end{vmatrix} = -5$.

一个 $m \times n$ 矩阵 A 的 $k(1 \leqslant k \leqslant \min\{m, n\})$ 阶子式共有 $C_m^k C_n^k$ 个. 特别地, n 阶矩阵 A 的 n 阶子式就是 A 的行列式 $|A|$.

定义 5　在 $m \times n$ 矩阵 $\boldsymbol{A}$ 中, 若存在 r 阶子式 D_r 不等于零, 而所有 $r+1$ 阶子式 (如果存在) 全等于零, 则称 D_r 为矩阵 $\boldsymbol{A}$ 的**最高阶非零子式,** 称阶数 r 为**矩阵$\boldsymbol{A}$的秩**, 记作 $R(\boldsymbol{A}) = r$.

规定　零矩阵的秩等于 0.

显然, $m \times n$ 矩阵 $\boldsymbol{A}$ 的秩满足 $0 \leqslant R(\boldsymbol{A}) \leqslant \min\{m, n\}$. 若 $R(\boldsymbol{A}) = \min\{m, n\}$, 则称矩阵 $\boldsymbol{A}$ 为**满秩矩阵**; 否则称为**降秩矩阵**.

定理 4　若 $\boldsymbol{A}$ 为 n 阶矩阵, 则 $\boldsymbol{A}$ 可逆的充分必要条件为 $R(\boldsymbol{A}) = n$.

例 4　求矩阵 $\boldsymbol{A} = \begin{pmatrix} 2 & 1 & 3 \\ 1 & 5 & 2 \\ 4 & 11 & 7 \end{pmatrix}$ 的秩.

解　$\boldsymbol{A}$ 的一个二阶子式 $\begin{vmatrix} 2 & 1 \\ 1 & 5 \end{vmatrix} = 9 \neq 0$, 又 $\boldsymbol{A}$ 的三阶子式

$$|\boldsymbol{A}| = \begin{vmatrix} 2 & 1 & 3 \\ 1 & 5 & 2 \\ 4 & 11 & 7 \end{vmatrix} \xlongequal[r_3-4r_2]{r_1-2r_2} \begin{vmatrix} 0 & -9 & -1 \\ 1 & 5 & 2 \\ 0 & -9 & -1 \end{vmatrix} = 0,$$

故 $R(\boldsymbol{A}) = 2$.

观察行阶梯形矩阵

$$\boldsymbol{B} = \begin{pmatrix} 6 & 0 & 1 & 0 & 5 \\ 0 & 1 & 4 & 2 & -1 \\ 0 & 0 & 0 & 1 & 3 \\ 0 & 0 & 0 & 0 & 0 \end{pmatrix},$$

非零行的行数为 3, $\boldsymbol{B}$ 中有一个三阶子式 (取 1, 2, 3 行, 1, 2, 4 列)

$$\begin{vmatrix} 6 & 0 & 0 \\ 0 & 1 & 2 \\ 0 & 0 & 1 \end{vmatrix} = 6 \neq 0.$$

而 $\boldsymbol{B}$ 的所有四阶子式中均含一零行, 即 $\boldsymbol{B}$ 的所有四阶子式全为零, 故 $R(\boldsymbol{B}) = 3$.

一般地, 行阶梯形矩阵的秩等于它的非零行的行数.

3.2.2　用初等变换求矩阵的秩

用定义 5 来计算矩阵的秩比较麻烦, 需计算很多行列式, 特别是当矩阵的行数与列数较多时, 计算量很大. 由 3.1 节可知, 矩阵通过初等行变换可以化为行阶梯

形矩阵. 因此, 自然会考虑对矩阵进行初等行变换后矩阵的秩是否会改变? 若秩不变, 则可以通过对矩阵施行初等行变换变成行阶梯形矩阵, 从而行阶梯形矩阵的秩即为原矩阵的秩.

定理 5 初等变换不改变矩阵的秩, 即若 $\boldsymbol{A} \cong \boldsymbol{B}$, 则 $R(\boldsymbol{A}) = R(\boldsymbol{B})$.

证明 首先证明: 对矩阵 $\boldsymbol{A}$ 施行一次初等行变换化为矩阵 $\boldsymbol{B}$, 则 $R(\boldsymbol{B}) \geqslant R(\boldsymbol{A})$.

设 $R(\boldsymbol{A}) = r$, 则 $\boldsymbol{A}$ 的某个 r 阶子式 $D_r \neq 0$.

当 $\boldsymbol{A} \xrightarrow{r_i \leftrightarrow r_j} \boldsymbol{B}$ 或 $\boldsymbol{A} \xrightarrow{kr_i} \boldsymbol{B}$ 时, 在 $\boldsymbol{B}$ 中总有与 D_r 对应的 r 阶子式 D_1, 即 $D_1 = D_r$, 或 $D_1 = -D_r$, 或 $D_1 = kD_r$, 因此 $D_1 \neq 0$, 从而 $R(\boldsymbol{B}) \geqslant r$.

当 $\boldsymbol{A} \xrightarrow{r_i + kr_j} \boldsymbol{B}$ 时, 分三种情形讨论:

(1) D_r 不含 $\boldsymbol{A}$ 的第 i 行, 则 $\boldsymbol{B}$ 中与 D_r 对应的 r 阶子式 $D_1 = D_r \neq 0$, 故 $R(\boldsymbol{B}) \geqslant r$;

(2) D_r 同时含 $\boldsymbol{A}$ 的第 i 行与第 j 行, 由第 1 章性质 5 知, $\boldsymbol{B}$ 中与 D_r 对应的 r 阶子式 $D_1 = D_r \neq 0$, 故 $R(\boldsymbol{B}) \geqslant r$;

(3) D_r 含 $\boldsymbol{A}$ 的第 i 行但不含第 j 行, $\boldsymbol{B}$ 中与 D_r 对应的 r 阶子式 $D_1 = D_r + kD_2$, 其中 D_2 与 $\boldsymbol{A}$ 中不含第 i 行的某个 r 阶子式相等或相差一个符号, 若 $D_2 \neq 0$, 由情形 (1) 知 $R(\boldsymbol{B}) \geqslant r$, 若 $D_2 = 0$, 则 $D_1 = D_r \neq 0$, 故 $R(\boldsymbol{B}) \geqslant r$.

综上所述, $\boldsymbol{A}$ 经过一次初等行变换变为 $\boldsymbol{B}$, 都有 $R(\boldsymbol{B}) \geqslant R(\boldsymbol{A})$. 由于初等变换是可逆的, 因此对 $\boldsymbol{B}$ 也可施行一次初等行变换化为 $\boldsymbol{A}$, 故也有 $R(\boldsymbol{A}) \geqslant R(\boldsymbol{B})$. 所以 $R(\boldsymbol{A}) = R(\boldsymbol{B})$.

施行一次初等行变换矩阵的秩不变, 因此可得, 施行有限次初等行变换矩阵的秩亦不变.

类似可证, 对矩阵 $\boldsymbol{A}$ 施行初等列变换化为矩阵 $\boldsymbol{B}$, 亦有 $R(\boldsymbol{A}) = R(\boldsymbol{B})$.

总之, 对矩阵 $\boldsymbol{A}$ 施行初等变换化为 $\boldsymbol{B}$, 有 $R(\boldsymbol{A}) = R(\boldsymbol{B})$.

定理 5 给出了求矩阵的秩的方法: 通过初等行变换将矩阵化为行阶梯形矩阵, 行阶梯形矩阵中非零行的行数即为矩阵的秩. 同时, 定理 5 也表明可对矩阵施行初等列变换求矩阵的秩.

例 5 设 $\boldsymbol{A} = \begin{pmatrix} 3 & 4 & -7 & 10 \\ 4 & 3 & -9 & 9 \\ 2 & 5 & -8 & 8 \\ 2 & 3 & -5 & 7 \end{pmatrix}$, 求矩阵 $\boldsymbol{A}$ 的秩.

解 对 $\boldsymbol{A}$ 施行初等行变换, 化为行阶梯形矩阵.

$$\boldsymbol{A}=\begin{pmatrix}3&4&-7&10\\4&3&-9&9\\2&5&-8&8\\2&3&-5&7\end{pmatrix}\xrightarrow[r_4-r_3]{\substack{r_1-r_3\\r_2-2r_3}}\begin{pmatrix}1&-1&1&2\\0&-7&7&-7\\2&5&-8&8\\0&-2&3&-1\end{pmatrix}\xrightarrow[r_3-2r_1]{\left(-\frac{1}{7}\right)r_2}\begin{pmatrix}1&-1&1&2\\0&1&-1&1\\0&7&-10&4\\0&-2&3&-1\end{pmatrix}$$

$$\xrightarrow[r_4+2r_2]{r_3-7r_2}\begin{pmatrix}1&-1&1&2\\0&1&-1&1\\0&0&-3&-3\\0&0&1&1\end{pmatrix}\xrightarrow{r_4+\frac{1}{3}r_3}\begin{pmatrix}1&-1&1&2\\0&1&-1&1\\0&0&-3&-3\\0&0&0&0\end{pmatrix},$$

因此, $R(\boldsymbol{A})=3$.

例 6　设矩阵 $\boldsymbol{A}=\begin{pmatrix}1&1&1&1\\0&1&-1&b\\2&3&a&4\\3&5&1&7\end{pmatrix}$, 讨论 a,b 为何值时, 可使

(1) $R(\boldsymbol{A})=2$; (2) $R(\boldsymbol{A})=3$; (3) $R(\boldsymbol{A})=4$.

解　对矩阵 $\boldsymbol{A}$ 作初等行变换, 化为行阶梯形矩阵.

$$\boldsymbol{A}=\begin{pmatrix}1&1&1&1\\0&1&-1&b\\2&3&a&4\\3&5&1&7\end{pmatrix}\xrightarrow[r_4-3r_1]{r_3-2r_1}\begin{pmatrix}1&1&1&1\\0&1&-1&b\\0&1&a-2&2\\0&2&-2&4\end{pmatrix}$$

$$\xrightarrow[r_2\leftrightarrow r_4]{\frac{1}{2}r_4}\begin{pmatrix}1&1&1&1\\0&1&-1&2\\0&1&a-2&2\\0&1&-1&b\end{pmatrix}\xrightarrow[r_4-r_2]{r_3-r_2}\begin{pmatrix}1&1&1&1\\0&1&-1&2\\0&0&a-1&0\\0&0&0&b-2\end{pmatrix}.$$

(1) 当 $a=1$ 且 $b=2$ 时, $R(\boldsymbol{A})=2$;

(2) 当 $a\neq 1, b=2$ 或 $a=1, b\neq 2$ 时, $R(\boldsymbol{A})=3$;

(3) 当 $a\neq 1$ 且 $b\neq 2$ 时, $R(\boldsymbol{A})=4$.

下面给出矩阵秩的一些常用性质, 设 $\boldsymbol{A}$ 是 $m\times n$ 矩阵, 则

(1) $R(\boldsymbol{A}^{\mathrm{T}})=R(\boldsymbol{A})$;

(2) 设 $\boldsymbol{P}$ 是 m 阶可逆阵, $\boldsymbol{Q}$ 是 n 阶可逆阵, 则 $R(\boldsymbol{A})=R(\boldsymbol{PA})=R(\boldsymbol{AQ})=R(\boldsymbol{PAQ})$;

(3) $R(\boldsymbol{A}+\boldsymbol{B})\leqslant R(\boldsymbol{A})+R(\boldsymbol{B})$;

(4) $\max\{R(\boldsymbol{A}),R(\boldsymbol{B})\}\leqslant R(\boldsymbol{A},\boldsymbol{B})\leqslant R(\boldsymbol{A})+R(\boldsymbol{B})$;

(5) $R(\boldsymbol{AB}) \leqslant \min\{R(\boldsymbol{A}), R(\boldsymbol{B})\}$.

3.3 线性方程组解的判定

第 1 章用克拉默法则解线性方程组, 要求两个条件: 一是线性方程组中方程的个数等于未知量的个数; 二是系数行列式不等于零. 然而, 很多实际问题建立的线性方程组是更一般的情形, 方程的个数不等于未知量的个数; 即便是二者相等, 系数行列式也可能等于零, 克拉默法则失效. 这一节利用矩阵秩作为工具来判定线性方程组的解.

设含有 n 个未知量 m 个方程的线性方程组为

$$\begin{cases} a_{11}x_1+ a_{12}x_2+\cdots+ a_{1n}x_n= b_1, \\ a_{21}x_1+ a_{22}x_2+\cdots+ a_{2n}x_n= b_2, \\ \cdots\cdots \\ a_{m1}x_1+a_{m2}x_2+\cdots+a_{mn}x_n=b_m. \end{cases} \tag{3.6}$$

其矩阵方程为

$$\boldsymbol{Ax} = \boldsymbol{b}, \tag{3.7}$$

称矩阵

$$\bar{\boldsymbol{A}} = (\boldsymbol{A}, \boldsymbol{b}) = \begin{pmatrix} a_{11} & a_{12} & \cdots & a_{1n} & b_1 \\ a_{21} & a_{22} & \cdots & a_{2n} & b_2 \\ \vdots & \vdots & & \vdots & \vdots \\ a_{m1} & a_{m2} & \cdots & a_{mn} & b_m \end{pmatrix}$$

为方程组 (3.6) 的**增广矩阵**.

设有两个线性方程组 $\boldsymbol{A}_1\boldsymbol{x} = \boldsymbol{b}_1$ 和 $\boldsymbol{A}_2\boldsymbol{x} = \boldsymbol{b}_2$, 若 $\boldsymbol{A}_1\boldsymbol{x} = \boldsymbol{b}_1$ 的解都是 $\boldsymbol{A}_2\boldsymbol{x} = \boldsymbol{b}_2$ 的解, 同时 $\boldsymbol{A}_2\boldsymbol{x} = \boldsymbol{b}_2$ 的解也是 $\boldsymbol{A}_1\boldsymbol{x} = \boldsymbol{b}_1$ 的解, 则称它们是**同解的线性方程组**, 或称这两个**线性方程组同解**.

3.3.1 消元法解线性方程组

消元法的基本思想是通过对方程组的消元变形, 把方程组化为容易求解的同解方程组. 下面举例说明.

例 7 用消元法解线性方程组

$$\begin{cases} x_1+2x_2+3x_3= 6, ① \\ 2x_1-2x_2+ x_3= 9, ② \\ 3x_1+ x_2+4x_3=13. ③ \end{cases} \tag{3.8}$$

解 消去方程②, ③中的未知量 x_1, 得

$$\begin{matrix} ② + (-2) \times ① \\ ③ + (-3) \times ① \end{matrix} \quad \begin{cases} x_1 + 2x_2 + 3x_3 = 6, & ① \\ \quad -6x_2 - 5x_3 = -3, & ② \\ \quad -5x_2 - 5x_3 = -5. & ③ \end{cases}$$

为了方便运算, 交换上式中的方程②,③, 得

$$② \leftrightarrow ③ \quad \begin{cases} x_1 + 2x_2 + 3x_3 = 6, & ① \\ \quad -5x_2 - 5x_3 = -5, & ② \\ \quad -6x_2 - 5x_3 = -3. & ③ \end{cases}$$

在上式中, 方程②有公因子 -5, 因此方程乘以 $-\dfrac{1}{5}$, 且在方程③中消去未知量 x_2, 得

$$\begin{matrix} \left(-\dfrac{1}{5}\right) \times ② \\ ③ + 6 \times ② \end{matrix} \quad \begin{cases} x_1 + 2x_2 + 3x_3 = 6, & ① \\ \quad x_2 + x_3 = 1, & ② \\ \quad x_3 = 3. & ③ \end{cases}$$

上面这个方程组具有如下特点: 未知量的个数自上而下依次减少, 成为阶梯形状, 同时每个方程中第一个未知量的系数为 1. 只要将上式中的 $x_3 = 3$ 代入第①, ②即可消去方程中的未知变量 x_3, 得

$$\begin{matrix} ① - 3 \times ③ \\ ② - ③ \end{matrix} \quad \begin{cases} x_1 + 2x_2 = -3, & ① \\ \quad x_2 = -2, & ② \\ \quad x_3 = 3. & ③ \end{cases}$$

同理, 将上式中的 $x_2 = -2$ 再代入方程①, 可消去方程中的未知量 x_2, 即可得到方程组的解.

$$① - 2 \times ② \quad \begin{cases} x_1 = 1, \\ x_2 = -2, \\ x_3 = 3. \end{cases}$$

由例 7 可知, 消元法求解线性方程组的基本做法是, 对方程组反复施行下列三种运算:

(1) 交换两个方程的位置;

(2) 用不等于零的数 k 乘某个方程;

(3) 一个方程加上另一个方程的 k 倍.

通过消去方程组部分未知量, 将方程组变换成另一个同解的方程组.

由例 7 的求解过程可以看出, 消元法解线性方程组, 相当于对线性方程组的增广矩阵施行相应的初等行变换. 变换过程如下:

$$\bar{\boldsymbol{A}}=(\boldsymbol{A},\boldsymbol{b})=\left(\begin{array}{ccc:c}1&2&3&6\\2&-2&1&9\\3&1&4&13\end{array}\right)\xrightarrow[r_3-3r_1]{r_2-2r_1}\left(\begin{array}{ccc:c}1&2&3&6\\0&-6&-5&-3\\0&-5&-5&-5\end{array}\right)$$

$$\xrightarrow{r_2\leftrightarrow r_3}\left(\begin{array}{ccc:c}1&2&3&6\\0&-5&-5&-5\\0&-6&-5&-3\end{array}\right)\xrightarrow[r_3+6r_2]{\left(-\frac{1}{5}\right)r_2}\left(\begin{array}{ccc:c}1&2&3&6\\0&1&1&1\\0&0&1&3\end{array}\right)=\boldsymbol{B}.$$

$\bar{\boldsymbol{A}}$ 经过一系列的初等行变换变成行阶梯形矩阵 $\boldsymbol{B}$ 的过程, 就是解线性方程组的消元过程. 再对 $\boldsymbol{B}$ 继续施行初等行变换:

$$\boldsymbol{B}\xrightarrow[r_2-r_3]{r_1-3r_3}\left(\begin{array}{ccc:c}1&2&0&-3\\0&1&0&-2\\0&0&1&3\end{array}\right)\xrightarrow{r_1-2r_2}\left(\begin{array}{ccc:c}1&0&0&1\\0&1&0&-2\\0&0&1&3\end{array}\right)=\boldsymbol{C}.$$

$\boldsymbol{B}$ 经过一系列的初等行变换变成行最简形矩阵 $\boldsymbol{C}$ 的过程, 就是解线性方程组的回代过程. 因此, 消元法解线性方程组与矩阵的初等行变换是一一对应的, 消元的过程是将方程组变换为同解的方程组. 同样, 对增广矩阵的初等行变换过程中得到的 6 个矩阵对应的线性方程组也是同解方程组, 从而由行最简形矩阵 $\boldsymbol{C}$ 可直接写出线性方程组的解:

$$\boldsymbol{x}=\begin{pmatrix}1\\-2\\3\end{pmatrix}.$$

事实上, 由初等行变换的性质容易验证: 若线性方程组 $\boldsymbol{A}_1\boldsymbol{x}=\boldsymbol{b}_1$ 的增广矩阵 $\bar{\boldsymbol{A}}_1=(\boldsymbol{A}_1,\boldsymbol{b}_1)$ 经过一系列初等行变换化为矩阵 $\bar{\boldsymbol{A}}_2=(\boldsymbol{A}_2,\boldsymbol{b}_2)$, 则以 $\bar{\boldsymbol{A}}_2$ 为增广矩阵的线性方程组 $\boldsymbol{A}_2\boldsymbol{x}=\boldsymbol{b}_2$ 与线性方程组 $\boldsymbol{A}_1\boldsymbol{x}=\boldsymbol{b}_1$ 是同解的线性方程组.

实际上, 消元法解线性方程组 $\boldsymbol{A}\boldsymbol{x}=\boldsymbol{b}$, 就是对线性方程组的增广矩阵 $\bar{\boldsymbol{A}}=(\boldsymbol{A},\boldsymbol{b})$ 施行初等行变换, 把矩阵 $\bar{\boldsymbol{A}}$ 化为行最简形矩阵, 再由行最简形矩阵对应的方程组求得原方程组的解.

注 用消元法求解线性方程组的过程是对方程组中某个方程的两端同时进行运算的过程, 但要注意, 依次对增广矩阵的初等变换只能施行初等行变换, 而不能施行初等列变换.

3.3.2 线性方程组解的判定定理

若线性方程组 (3.6) 的系数矩阵的秩 $R(\boldsymbol{A})=r$, 对增广矩阵 $\bar{\boldsymbol{A}}=(\boldsymbol{A},\boldsymbol{b})$ 施行初等行变换, 化 $\bar{\boldsymbol{A}}$ 为行阶梯形矩阵. 由定理 5 知, 初等变换不改变矩阵的秩. 不妨

设 $\boldsymbol{A}$ 的 r 阶不为零的子式在左上角, $\bar{\boldsymbol{A}}$ 所化成的行阶梯形矩阵为

$$\bar{\boldsymbol{A}} \xrightarrow{r} \begin{pmatrix} b_{11} & b_{12} & \cdots & b_{1r} & \cdots & b_{1n} & d_1 \\ 0 & b_{22} & \cdots & b_{2r} & \cdots & b_{2n} & d_2 \\ \vdots & \vdots & & \vdots & & \vdots & \vdots \\ 0 & 0 & \cdots & b_{rr} & \cdots & b_{rn} & d_r \\ 0 & 0 & \cdots & 0 & \cdots & 0 & d_{r+1} \\ 0 & 0 & \cdots & 0 & \cdots & 0 & 0 \\ \vdots & \vdots & & \vdots & & \vdots & \vdots \\ 0 & 0 & \cdots & 0 & \cdots & 0 & 0 \end{pmatrix}.$$

下面分两种情形来讨论线性方程组解的情况.

(1) 当 $d_{r+1} \neq 0$ 时, $R(\boldsymbol{A}) \neq R(\bar{\boldsymbol{A}}) = r+1$, 行阶梯形矩阵所对应的线性方程组中最后一个方程为

$$0 = d_{r+1},$$

这是一个矛盾方程, 从而线性方程组 (3.6) 无解.

也就是说, 当 $R(\boldsymbol{A}) < R(\bar{\boldsymbol{A}})$, 即线性方程组系数矩阵的秩小于增广矩阵的秩时, 方程组无解.

(2) 当 $d_{r+1} = 0$ 时, $R(\boldsymbol{A}) = R(\bar{\boldsymbol{A}}) = r$, 对 $\bar{\boldsymbol{A}}$ 继续施行初等行变换, 化为行最简形矩阵.

此时又可分为两种情况进行讨论:

(i) 当 $r = n$ 时, 即矩阵的秩等于方程组中未知量个数时,

$$\bar{\boldsymbol{A}} \xrightarrow{r} \begin{pmatrix} 1 & 0 & \cdots & 0 & d_1' \\ 0 & 1 & \cdots & 0 & d_2' \\ \vdots & \vdots & & \vdots & \vdots \\ 0 & 0 & \cdots & 1 & d_n' \end{pmatrix} = \boldsymbol{C},$$

线性方程组 (3.6) 有唯一解

$$\begin{cases} x_1 = d_1', \\ x_2 = d_2', \\ \cdots\cdots \\ x_n = d_n'. \end{cases}$$

也就是说, 当 $R(\boldsymbol{A}) = R(\bar{\boldsymbol{A}}) = n$, 即线性方程组系数矩阵的秩等于增广矩阵的秩, 且等于未知量的个数时, 方程组有唯一解.

(ii) 当 $r<n$, 即矩阵的秩小于方程组中未知量个数时,

$$\bar{\boldsymbol{A}}\xrightarrow{r}\begin{pmatrix}1&0&\cdots&0&c_{11}&\cdots&c_{1,n-r}&d_1'\\0&1&\cdots&0&c_{21}&\cdots&c_{2,n-r}&d_2'\\\vdots&\vdots&&\vdots&\vdots&&\vdots&\vdots\\0&0&\cdots&1&c_{r1}&\cdots&c_{r,n-r}&d_r'\\0&0&\cdots&0&0&\cdots&0&0\\\vdots&\vdots&&\vdots&\vdots&&\vdots&\vdots\\0&0&\cdots&0&0&\cdots&0&0\end{pmatrix}=\boldsymbol{C},$$

行最简形矩阵 $\boldsymbol{C}$ 对应的线性方程组为

$$\begin{cases}x_1 \qquad\qquad +c_{11}x_{r+1}+\cdots+c_{1,n-r}x_n=d_1',\\ \qquad x_2 \qquad +c_{21}x_{r+1}+\cdots+c_{2,n-r}x_n=d_2',\\ \qquad\qquad\cdots\cdots\\ \qquad\qquad x_r+c_{r1}x_{r+1}+\cdots+c_{r,n-r}x_n=d_r'.\end{cases}$$

方程组中包含 r 个方程, n 个未知量, 其中 $x_{r+1},x_{r+2},\cdots,x_n$ 是 $n-r$ 个自由未知量 (可任意取值), 从而线性方程组 (3.6) 有无穷多个解

$$\begin{cases}x_1=-c_{11}x_{r+1}-\cdots-c_{1,n-r}x_n+d_1',\\x_2=-c_{21}x_{r+1}-\cdots-c_{2,n-r}x_n+d_2',\\ \qquad\cdots\cdots\\x_r=-c_{r1}x_{r+1}-\cdots-c_{r,n-r}x_n+d_r'.\end{cases}$$

令自由未知量 $x_{r+1}=k_1,x_{r+2}=k_2,\cdots,x_n=k_{n-r}$, 即得方程组含 $n-r$ 个参数的解

$$\begin{cases}x_1=-c_{11}k_1-\cdots-c_{1,n-r}k_{n-r}+d_1',\\x_2=-c_{21}k_1-\cdots-c_{2,n-r}k_{n-r}+d_2',\\ \qquad\cdots\cdots\\x_r=-c_{r1}k_1-\cdots-c_{r,n-r}k_{n-r}+d_r',\\x_{r+1}=k_1,\\ \qquad\cdots\cdots\\x_n=k_{n-r},\end{cases}$$

其中 $k_1,k_2,\cdots,k_{n-r}$ 为参数, 可取任意实数, 所以方程组有无穷多解.

也就是说, 当 $R(\boldsymbol{A})=R(\bar{\boldsymbol{A}})<n$, 即线性方程组系数矩阵的秩等于增广矩阵的秩, 且小于未知量的个数时, 方程组有无穷多解.

因此, 有如下线性方程组解的判定定理.

定理 6　n 元非齐次线性方程组 $\boldsymbol{Ax}=\boldsymbol{b}$,

(1) 无解的充分必要条件是 $R(\boldsymbol{A})<R(\bar{\boldsymbol{A}})$;

(2) 有唯一解的充分必要条件是 $R(\boldsymbol{A})=R(\bar{\boldsymbol{A}})=n$;

(3) 有无穷多个解的充分必要条件是 $R(\boldsymbol{A})=R(\bar{\boldsymbol{A}})<n$.

对于齐次线性方程组 $\boldsymbol{Ax}=\boldsymbol{0}$, 其增广矩阵为 $\bar{\boldsymbol{A}}=(\boldsymbol{A},\boldsymbol{0})$, 因此 $R(\boldsymbol{A})=R(\bar{\boldsymbol{A}})$, 所以齐次线性方程组一定有解, 由定理 6 容易得出齐次线性方程组解的判定定理.

定理 7　n 元齐次线性方程组 $\boldsymbol{Ax}=\boldsymbol{0}$,

(1) 有唯一零解的充分必要条件是 $R(\boldsymbol{A})=n$;

(2) 有非零解的充分必要条件是 $R(\boldsymbol{A})<n$.

例 8　求解齐次线性方程组

$$\begin{cases} x_1+2x_2+2x_3-x_4=0, \\ 3x_1+5x_2+4x_3=0, \\ -2x_1-x_2+2x_3-7x_4=0. \end{cases}$$

解　对系数矩阵 $\boldsymbol{A}$ 施行初等行变换, 化为行最简形矩阵.

$$\boldsymbol{A}=\begin{pmatrix} 1 & 2 & 2 & -1 \\ 3 & 5 & 4 & 0 \\ -2 & -1 & 2 & -7 \end{pmatrix} \xrightarrow[r_3+2r_1]{r_2-3r_1} \begin{pmatrix} 1 & 2 & 2 & -1 \\ 0 & -1 & -2 & 3 \\ 0 & 3 & 6 & -9 \end{pmatrix}$$

$$\xrightarrow{r_3+3r_2} \begin{pmatrix} 1 & 2 & 2 & -1 \\ 0 & -1 & -2 & 3 \\ 0 & 0 & 0 & 0 \end{pmatrix} \xrightarrow[(-1)r_2]{r_1+2r_2} \begin{pmatrix} 1 & 0 & -2 & 5 \\ 0 & 1 & 2 & -3 \\ 0 & 0 & 0 & 0 \end{pmatrix},$$

可见 $R(\boldsymbol{A})=2<4$, 所以方程组有非零解, 其同解方程组为

$$\begin{cases} x_1 \quad -2x_3+5x_4=0, \\ \quad x_2+2x_3-3x_4=0, \end{cases}$$

即

$$\begin{cases} x_1=2x_3-5x_4, \\ x_2=-2x_3+3x_4 \end{cases} \quad (x_3,x_4\text{为自由未知量}).$$

令 $x_3=c_1$, $x_4=c_2$, 则方程组的解为

$$\begin{cases} x_1=2c_1-5c_2, \\ x_2=-2c_1+3c_2, \\ x_3=c_1, \\ x_4=c_2, \end{cases}$$

其中 c_1, c_2 取任意实数.

例 9 求解非齐次线性方程组

$$\begin{cases} x_1-2x_2+x_3+3x_4=5, \\ 2x_1+x_2-x_3+x_4=2, \\ 3x_1+4x_2-3x_3-x_4=-1, \\ x_1+3x_2-2x_4=-1. \end{cases}$$

解 对增广矩阵 $\bar{\boldsymbol{A}}$ 施行初等行变换, 化为行最简形矩阵.

$$\bar{\boldsymbol{A}}=\begin{pmatrix} 1 & -2 & 1 & 3 & 5 \\ 2 & 1 & -1 & 1 & 2 \\ 3 & 4 & -3 & -1 & -1 \\ 1 & 3 & 0 & -2 & -1 \end{pmatrix} \xrightarrow[r_4-r_1]{\substack{r_2-2r_1 \\ r_3-3r_1}} \begin{pmatrix} 1 & -2 & 1 & 3 & 5 \\ 0 & 5 & -3 & -5 & -8 \\ 0 & 10 & -6 & -10 & -16 \\ 0 & 5 & -1 & -5 & -6 \end{pmatrix}$$

$$\xrightarrow[r_4-r_2]{r_3-2r_2} \begin{pmatrix} 1 & -2 & 1 & 3 & 5 \\ 0 & 5 & -3 & -5 & -8 \\ 0 & 0 & 0 & 0 & 0 \\ 0 & 0 & 2 & 0 & 2 \end{pmatrix} \xrightarrow[\substack{\frac{1}{2}r_4 \\ r_3 \leftrightarrow r_4}]{\substack{r_1-\frac{1}{2}r_4 \\ r_2+\frac{3}{2}r_4}} \begin{pmatrix} 1 & -2 & 0 & 3 & 4 \\ 0 & 5 & 0 & -5 & -5 \\ 0 & 0 & 1 & 0 & 1 \\ 0 & 0 & 0 & 0 & 0 \end{pmatrix}$$

$$\xrightarrow[\frac{1}{5}r_2]{r_1+\frac{2}{5}r_2} \begin{pmatrix} 1 & 0 & 0 & 1 & 2 \\ 0 & 1 & 0 & -1 & -1 \\ 0 & 0 & 1 & 0 & 1 \\ 0 & 0 & 0 & 0 & 0 \end{pmatrix},$$

因为 $R(\boldsymbol{A})=R(\bar{\boldsymbol{A}})=3<4$, 所以方程组有无穷多个解, 其同解方程组是

$$\begin{cases} x_1=-x_4+2, \\ x_2=x_4-1, \\ x_3=1. \end{cases}$$

令 $x_4=c$, 则方程组的解为

$$\begin{cases} x_1=-c+2, \\ x_2=c-1, \\ x_3=1, \\ x_4=c, \end{cases}$$

其中 c 取任意实数.

例 10　求解非齐次线性方程组

$$\begin{cases} x_1 + 3x_3 + x_4 = 2, \\ 2x_1 + x_2 + 7x_3 + 4x_4 = 3, \\ -x_1 + 2x_2 - x_3 + 3x_4 = 0. \end{cases}$$

解　对增广矩阵 $\bar{\boldsymbol{A}}$ 施行初等行变换,

$$\bar{\boldsymbol{A}} = \begin{pmatrix} 1 & 0 & 3 & 1 & 2 \\ 2 & 1 & 7 & 4 & 3 \\ -1 & 2 & -1 & 3 & 0 \end{pmatrix}$$

$$\xrightarrow[r_3+r_1]{r_2-2r_1} \begin{pmatrix} 1 & 0 & 3 & 1 & 2 \\ 0 & 1 & 1 & 2 & -1 \\ 0 & 2 & 2 & 4 & 2 \end{pmatrix} \xrightarrow{r_3-2r_2} \begin{pmatrix} 1 & 0 & 3 & 1 & 2 \\ 0 & 1 & 1 & 2 & -1 \\ 0 & 0 & 0 & 0 & 4 \end{pmatrix},$$

由于 $R(\boldsymbol{A}) = 2$, $R(\bar{\boldsymbol{A}}) = 3$, 故方程组无解.

例 11　当 λ 为何值时, 非齐次线性方程组

$$\begin{cases} \lambda x_1 + x_2 + x_3 = \lambda^2, \\ x_1 + \lambda x_2 + x_3 = \lambda, \\ x_1 + x_2 + \lambda x_3 = 1, \end{cases}$$

(1) 有唯一解; (2) 无解; (3) 有无穷多个解?

解法一 (利用初等行变换)　对增广矩阵 $\bar{\boldsymbol{A}}$ 作初等行变换,

$$\bar{\boldsymbol{A}} = \begin{pmatrix} \lambda & 1 & 1 & \lambda^2 \\ 1 & \lambda & 1 & \lambda \\ 1 & 1 & \lambda & 1 \end{pmatrix} \xrightarrow{r_1 \leftrightarrow r_3} \begin{pmatrix} 1 & 1 & \lambda & 1 \\ 1 & \lambda & 1 & \lambda \\ \lambda & 1 & 1 & \lambda^2 \end{pmatrix}$$

$$\xrightarrow[r_3-\lambda r_1]{r_2-r_1} \begin{pmatrix} 1 & 1 & \lambda & 1 \\ 0 & \lambda-1 & 1-\lambda & \lambda-1 \\ 0 & 1-\lambda & 1-\lambda^2 & \lambda^2-\lambda \end{pmatrix}$$

$$\xrightarrow{r_3+r_2} \begin{pmatrix} 1 & 1 & \lambda & 1 \\ 0 & \lambda-1 & 1-\lambda & \lambda-1 \\ 0 & 0 & (1-\lambda)(2+\lambda) & (\lambda-1)(\lambda+1) \end{pmatrix},$$

(1) 当 $(1-\lambda)(2+\lambda) \neq 0$, 即 $\lambda \neq 1$ 且 $\lambda \neq -2$ 时, 因为 $R(\boldsymbol{A}) = R(\bar{\boldsymbol{A}}) = 3$, 所以方程组有唯一解;

(2) 当 $\lambda=-2$ 时, 因为 $R(\boldsymbol{A})=2$ 但 $R(\bar{\boldsymbol{A}})=3$, 所以方程组无解;

(3) 当 $\lambda=1$ 时, 因为 $R(\boldsymbol{A})=R(\bar{\boldsymbol{A}})=1$, 所以方程组有无穷多个解.

解法二 (利用行列式) 因为系数矩阵是方阵, 故方程组有唯一解的充分必要条件是系数行列式 $|\boldsymbol{A}|\neq 0$.

$$|\boldsymbol{A}|=\begin{vmatrix}\lambda & 1 & 1\\ 1 & \lambda & 1\\ 1 & 1 & \lambda\end{vmatrix}\xlongequal[c_1+c_3]{c_1+c_2}\begin{vmatrix}\lambda+2 & 1 & 1\\ \lambda+2 & \lambda & 1\\ \lambda+2 & 1 & \lambda\end{vmatrix}\xlongequal[r_3-r_1]{r_2-r_1}\begin{vmatrix}\lambda+2 & 1 & 1\\ 0 & \lambda-1 & 0\\ 0 & 0 & \lambda-1\end{vmatrix}$$
$$=(\lambda+2)(\lambda-1)^2.$$

(1) 当 $|\boldsymbol{A}|\neq 0$, 即 $\lambda\neq 1$ 且 $\lambda\neq -2$ 时, 方程组有唯一解;

(2) 当 $\lambda=-2$ 时, 由

$$\bar{\boldsymbol{A}}=\begin{pmatrix}-2 & 1 & 1 & 4\\ 1 & -2 & 1 & -2\\ 1 & 1 & -2 & 1\end{pmatrix}\xrightarrow{r_1\leftrightarrow r_3}\begin{pmatrix}1 & 1 & -2 & 1\\ 1 & -2 & 1 & -2\\ -2 & 1 & 1 & 4\end{pmatrix}$$
$$\xrightarrow[r_3+2r_1]{r_2-r_1}\begin{pmatrix}1 & 1 & -2 & 1\\ 0 & -3 & 3 & -3\\ 0 & 3 & -3 & 6\end{pmatrix}\xrightarrow{r_3+r_2}\begin{pmatrix}1 & 1 & -2 & 1\\ 0 & -3 & 3 & -3\\ 0 & 0 & 0 & 3\end{pmatrix},$$

可得 $R(\boldsymbol{A})<R(\bar{\boldsymbol{A}})$, 故方程组无解.

(3) 当 $\lambda=1$ 时, 由

$$\bar{\boldsymbol{A}}=\begin{pmatrix}1 & 1 & 1 & 1\\ 1 & 1 & 1 & 1\\ 1 & 1 & 1 & 1\end{pmatrix}\xrightarrow[r_3-r_1]{r_2-r_1}\begin{pmatrix}1 & 1 & 1 & 1\\ 0 & 0 & 0 & 0\\ 0 & 0 & 0 & 0\end{pmatrix},$$

得 $R(\boldsymbol{A})=R(\bar{\boldsymbol{A}})=1<3$, 从而方程组有无穷多个解.

知识拓展 • 线性方程组的几何意义

3.4 案例分析

3.4.1 电路分析问题

在电学以及以电学为基础的相关领域, 比如遥控、自动控制、无线电等领域, 都

会涉及电路设计的问题. 电路分析是电路设计的基础, 其基本内容是在给定电路模型的情况下, 通过计算电路中各部分的电流和电压, 了解电路具有的特性.

19 世纪 40 年代, 电气技术的发展使电路变得越来越复杂, 而在求解复杂电路过程中, 欧姆定律、串并联电路关系式等分析方法显得繁琐或不能解决电路问题. 1845 年, 刚从德国哥尼斯堡大学毕业, 年仅 21 岁的德国物理学家基尔霍夫 (G. R. Kirchhoff, 1824—1887) 提出了适用于复杂网格状电路的两个定律, 即基尔霍夫定律 (Kirchhoff's laws). 该定律是电路中电流和电压所遵循的基本规律, 是分析和计算较为复杂电路的基础.

基尔霍夫定律包括基尔霍夫电流定律和基尔霍夫电压定律.

基尔霍夫电流定律 (Kirchhoff's current laws, KCL)　在集总参数电路中, 任何时刻, 任一节点上, 所有流出节点的电流的代数和恒为零 (习惯上规定流出节点的电流符号为正, 流入节点的电流符号为负), 即

$$\sum_{k=1}^{N} i_k = 0, \tag{3.9}$$

其中, N 是电路中流过此节点的支路数目, i_k 是第 k 个流入或流出此节点的电流, 亦是流过与此节点相连的第 k 个支路的电流.

基尔霍夫电压定律 (Kirchhoff's voltage laws, KVL)　在集总参数电路中, 任何时刻, 沿任一回路, 所有元件上电压的代数和恒为零, 即

$$\sum_{k=1}^{N} U_k = 0, \tag{3.10}$$

其中,N 是闭合回路的元件数目,U_k 是第 k 个元件两端的电压. 需要说明的是, 在列写回路电压方程时, 需要先指定一个回路的绕行方向, 当元件电压的参考方向与回路的绕行方向一致时, 该电压符号为正, 反之, 符号为负. 回路的绕行方向可以取顺时针方向, 也可以取逆时针方向.

分支电路问题 1

电路结构如图 3.1 所示, 讨论各分支中的电流.

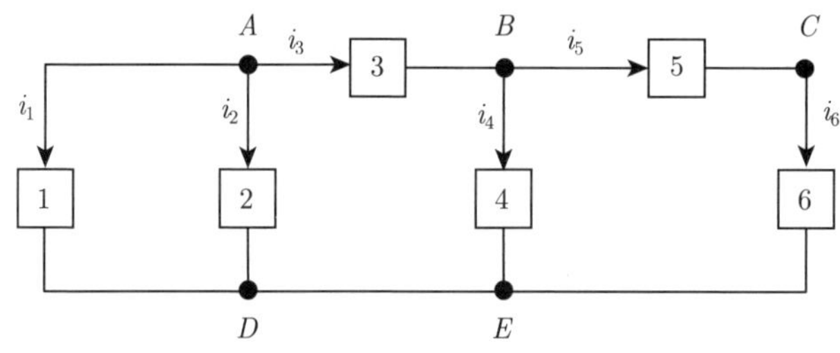

图 3.1　电路图

对于电路中的 A, B, C, D 四个节点, 流入和流出的电流量如表 3.1 所示.

表 3.1 节点流入流出电流量

节点	流入	流出
A	0	$i_1+i_2+i_3$
B	i_3	i_4+i_5
C	i_5	i_6
D	$i_1+i_2+i_4+i_6$	0

根据基尔霍夫电流定律 (KCL), 建立线性方程组, 整理后, 得到如下齐次线性方程组

$$\begin{cases} i_1+i_2+i_3 = 0, \\ -i_3+i_4+i_5 = 0, \\ -i_5+i_6 = 0, \\ -i_1-i_2-i_4-i_6 = 0. \end{cases}$$

若已知 $i_1 = 3\text{A}, i_3 = 2\text{A}$ 和 $i_5 = 6\text{A}$, 则由 KCL 可求得 $i_2 = -5\text{A}, i_4 = -4\text{A}, i_6 = 6\text{A}$.

分支电路问题 2

各分支电流以及电路回路如图 3.2 所示, 讨论各分支电流.

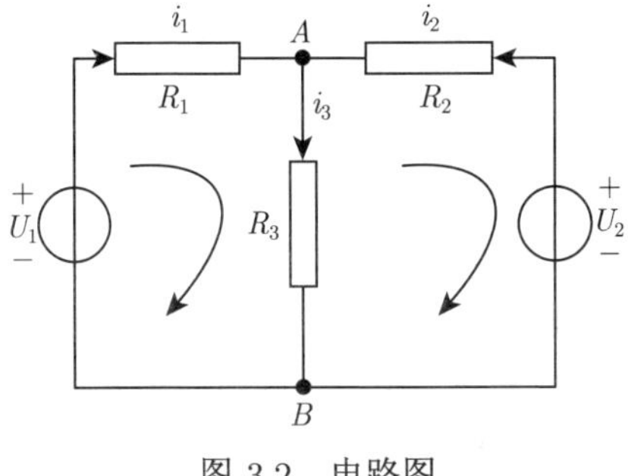

图 3.2 电路图

对于节点 A, 根据基尔霍夫电流定律 (KCL), 建立线性方程

$$-i_1-i_2+i_3=0.$$

对于左右两个回路, 取顺时针方向为回路的绕行方向, 根据基尔霍夫电压定律 (KVL), 建立两个线性方程

$$\begin{aligned} i_3R_3+i_1R_1-U_1=0, \\ -i_2R_2-i_3R_3+U_2=0. \end{aligned}$$

联立得线性方程组

$$\begin{cases} -i_1 - i_2 + i_3 = 0, \\ i_3 R_3 + i_1 R_1 - U_1 = 0, \\ -i_2 R_2 - i_3 R_3 + U_2 = 0. \end{cases}$$

如果设电压源 U_1 为 40V, U_2 为 35V, 电阻 R_1, R_2, R_3 分别为 10Ω, 5Ω, 4Ω, 则上述模型简化为

$$\begin{cases} -\ i_1 - \ i_2 + i_3 = \ \ 0, \\ 10 i_1 + 4 i_3 \qquad = \ \ 40, \\ -\ 5 i_2 - 4 i_3 \qquad = -35, \end{cases}$$

解此方程组, 得各分支电流为 $i_1 = 2\text{A}, i_2 = 3\text{A}, i_3 = 5\text{A}$. 三个电流均为正, 表明电流的方向与图 3.2 中所示的方向一致. 进而可求得电阻 R_3 所在支路的电压降 $U_3 = i_3 R_3 = 20\text{V}$.

3.4.2 投入产出模型

投入产出法, 又称为部门联系平衡法, 由美国经济学家瓦西里 · 列昂惕夫在 20 世纪 30 年代最早提出, 其理论基础和所使用的数学方法, 主要来自于昂 · 瓦尔拉斯 (L. Walras, 1834—1910) 的一般均衡模型. 在我国, 对投入产出法从经济理论上进行改造后, 通常称为投入产出原理, 它的理论基础包括劳动价值论、生产资料生产与消费资料生产等理论. 投入产出法主要通过编制投入产出表以及建立相应的数学模型, 反映经济系统中各个部门 (产业) 之间的相互关系. 投入产出法自提出以来, 在理论上得到了快速的发展, 在实际中广泛应用于经济管理、经济决策、环境保护、人口控制和教育事业发展等各个方面.

一个国家或地区的经济系统中, 各部门 (或企业) 既有 “投入” 又有 “产出” 即消耗和产出. 也就是说, 各部门所提供的产品要满足系统内各部门的需求 (中间产品) 以及系统外的需求 (最终产品); 同时, 各部门消耗所生产的产品以满足系统内各部门的物资消耗 (中间消耗) 和新创造价值用于支付社会投入 (比如工资、税收、利润和外购资源等). 每一个部门, 它生产的总价值都等于所有部门消耗的总价值, 这就是 “投入” 和 “产出” 之间的平衡关系.

假设一个经济系统划分为 n 个部门, 分别用 $1, 2, \cdots, n$ 等号码表示, 根据各部门的投入与产出量编制如下投入产出表 (表 3.2).

在表 3.2 中, $x_i (i = 1, 2, \cdots, n)$ 表示第 i 部门的总产值; $y_i (i = 1, 2, \cdots, n)$ 表示第 i 部门的最终产品, 即第 i 部门一定时期内生产的而在同期内不再加工、可供最终消费和提供系统外使用的产品数量; $x_{ij} (i, j = 1, 2, \cdots, n)$ 表示第 i 部门分配给第 j 部门的产品, 或者说第 j 部门在生产过程中对第 i 部门产品的消耗量, 即中间产品; $z_i (i = 1, 2, \cdots, n)$ 表示第 i 部门的新创造价值. 按行向看, 反映的是系统内各部

门产品的分配使用情况, 其中一部分为中间产品提供给系统内各部门生产使用 (消耗), 另一部分则作为最终产品满足系统外的需求, 两部分相加就是一定时期内各部门的总产值.

表 3.2 投入产出表

投入 \ 产出		中间产品				最终产品	总产值
		1	2	$\cdots$	n		
物质消耗	1	x_{11}	x_{12}	$\cdots$	x_{1n}	y_1	x_1
	2	x_{21}	x_{22}	$\cdots$	x_{2n}	y_2	x_2
	$\vdots$	$\vdots$	$\vdots$		$\vdots$	$\vdots$	$\vdots$
	n	x_{n1}	x_{n2}	$\cdots$	x_{nn}	y_n	x_n
新创造价值		z_1	z_2	$\cdots$	z_n		
总价值		x_1	x_2	$\cdots$	x_n		

$$\underbrace{\sum_{j=1}^{n} x_{ij}}_{\text{中间产品}} + \underbrace{y_i}_{\text{最终产品}} = \underbrace{x_i}_{\text{总产值}} \quad (i = 1, 2, \cdots, n), \tag{3.11}$$

即

$$\begin{cases} x_{11} + x_{12} + \cdots + x_{1n} + y_1 = x_1, \\ x_{21} + x_{22} + \cdots + x_{2n} + y_2 = x_2, \\ \cdots\cdots \\ x_{n1} + x_{n2} + \cdots + x_{nn} + y_n = x_n. \end{cases} \tag{3.12}$$

模型 (3.12) 称为分配平衡方程. 令

$$a_{ij} = \frac{x_{ij}}{x_j} \quad (i, j = 1, 2, \cdots, n), \tag{3.13}$$

则 a_{ij} 表示第 j 部门生产单位数量产品消耗第 i 部门产品的数量, 称为产品的直接消耗系数, 代入模型 (3.12) 中得

$$\begin{cases} a_{11}x_1 + a_{12}x_2 + \cdots + a_{1n}x_n + y_1 = x_1, \\ a_{21}x_1 + a_{22}x_2 + \cdots + a_{2n}x_n + y_2 = x_2, \\ \cdots\cdots \\ a_{n1}x_1 + a_{n2}x_2 + \cdots + a_{nn}x_n + y_n = x_n. \end{cases} \tag{3.14}$$

上式写成矩阵形式为

$$\boldsymbol{Ax} + \boldsymbol{y} = \boldsymbol{x}, \tag{3.15}$$

其中

$$\boldsymbol{A}=\begin{pmatrix} a_{11} & a_{12} & \cdots & a_{1n} \\ a_{21} & a_{22} & \cdots & a_{2n} \\ \vdots & \vdots & & \vdots \\ a_{n1} & a_{n2} & \cdots & a_{nn} \end{pmatrix},\quad \boldsymbol{x}=\begin{pmatrix} x_1 \\ x_2 \\ \vdots \\ x_n \end{pmatrix},\quad \boldsymbol{y}=\begin{pmatrix} y_1 \\ y_2 \\ \vdots \\ y_n \end{pmatrix}.$$

矩阵 $\boldsymbol{A}$ 称为直接消耗系数矩阵, 向量 $\boldsymbol{x}$ 为总产值列向量, 向量 $\boldsymbol{y}$ 为最终产品列向量. 模型 (3.15) 可化简为

$$(\boldsymbol{E}-\boldsymbol{A})\boldsymbol{x}=\boldsymbol{y}, \tag{3.16}$$

矩阵 $\boldsymbol{E}-\boldsymbol{A}$ 称为列昂惕夫矩阵, 模型 (3.16) 建立了总产值与最终产品之间的联系, 也就是说, 若已知各部门的总产值, 则通过 (3.16) 就可计算出各部门的最终产品的量. 若矩阵 $\boldsymbol{E}-\boldsymbol{A}$ 可逆, 则有

$$\boldsymbol{x}=(\boldsymbol{E}-\boldsymbol{A})^{-1}\boldsymbol{y}, \tag{3.17}$$

模型 (3.17) 建立了最终产品与总产值之间的关系, 若已知各部门的最终产品量, 就能计算出各部门的总产值.

按列向看, 反映的是系统内各部门总产值的价值构成情况, 其中一部分为物质消耗以提供给系统内各部门生产使用 (消耗), 另一部分则作为新创造价值, 两部分相加就是一定时期内各部门的总产值.

$$\underbrace{\sum_{i=1}^{n} x_{ij}}_{\text{物质消耗}} + \underbrace{\quad z_j \quad}_{\text{新创造价值}} = \underbrace{x_j}_{\text{总产值}} \quad (j=1,2,\cdots,n), \tag{3.18}$$

将直接消耗系数 (3.13) 代入模型 (3.18), 可得

$$x_j\sum_{i=1}^{n} a_{ij}+z_j=x_j \quad (j=1,2,\cdots,n). \tag{3.19}$$

模型 (3.19) 称为消耗平衡方程, 写成矩阵形式为

$$(\boldsymbol{E}-\boldsymbol{A}_c)\boldsymbol{x}=\boldsymbol{z}, \tag{3.20}$$

其中

$$A_c = \begin{pmatrix} \sum_{i=1}^{n} a_{i1} & 0 & \cdots & 0 \\ 0 & \sum_{i=1}^{n} a_{i2} & \cdots & 0 \\ \vdots & \vdots & & \vdots \\ 0 & 0 & \cdots & \sum_{i=1}^{n} a_{in} \end{pmatrix}, \quad z = \begin{pmatrix} z_1 \\ z_2 \\ \vdots \\ z_n \end{pmatrix},$$

模型 (3.20) 建立了总产值与新创造价值之间的联系, 同样地, 还可以建立新创造价值与总产值之间的联系, 即

$$x = (E - A_c)^{-1} z. \tag{3.21}$$

假设一个经济系统由水力行业、电力行业和燃气行业组成, 且每个行业一年的产出及在其他部门之间的消耗系数如表 3.3 所示.

表 3.3　消耗系数表

投入 \ 产出		消耗系数			最终产品	总产值
		水力	电力	燃气		
物质消耗	水力	0.05	0.20	0.15	500	x_1
	电力	0.40	0.05	0.30	1500	x_2
	燃气	0.35	0.40	0.10	2000	x_3
新创造价值		z_1	z_2	z_3		
总价值		x_1	x_2	x_3		

表 3.3 中每一列的元素表示占该行业总产出的比例. 比如, 电力行业的总产出分配如下: 20% 分配到水力行业,5% 分配到电力行业, 40% 分配到燃气行业. 一个部门产出的总货币价值称为该产出的价格. 为了协调多个相互依存的行业的平衡发展, 有关部门需要根据每个行业的产出在各个行业中的分配情况确定每个行业产品的指导价格, 使得每个行业的投入与产出都大致相等.

记消耗系数矩阵 $A = \begin{pmatrix} 0.05 & 0.20 & 0.15 \\ 0.40 & 0.05 & 0.30 \\ 0.35 & 0.40 & 0.10 \end{pmatrix}$, 总产值列向量 $x = \begin{pmatrix} x_1 \\ x_2 \\ x_3 \end{pmatrix}$, 最终产品列向量 $y = \begin{pmatrix} 500 \\ 1500 \\ 2000 \end{pmatrix}$, 则产品分配平衡方程为 $(E - A)x = y$, 因此总产值

为

$$x=(E-A)^{-1}y=\begin{pmatrix}0.95&-0.20&-0.15\\-0.40&0.95&-0.30\\-0.35&-0.40&0.90\end{pmatrix}^{-1}\begin{pmatrix}500\\1500\\2000\end{pmatrix}=\begin{pmatrix}2131\\4001\\4829\end{pmatrix}.$$

计算出各部门产品的总产值后, 可得 3 个部门为水力行业提供的中间产品列向量为

$$x_1\begin{pmatrix}0.05\\0.40\\0.35\end{pmatrix}=2131\begin{pmatrix}0.05\\0.40\\0.35\end{pmatrix}=\begin{pmatrix}107\\852\\746\end{pmatrix},$$

3 个部门为电力行业提供的中间产品列向量为

$$x_2\begin{pmatrix}0.20\\0.05\\0.40\end{pmatrix}=4001\begin{pmatrix}0.20\\0.05\\0.40\end{pmatrix}=\begin{pmatrix}800\\200\\1600\end{pmatrix},$$

3 个部门为燃气行业提供的中间产品列向量为

$$x_3\begin{pmatrix}0.15\\0.30\\0.10\end{pmatrix}=4829\begin{pmatrix}0.15\\0.30\\0.10\end{pmatrix}=\begin{pmatrix}724\\1449\\483\end{pmatrix}.$$

类似地, 可以建立消耗平衡方程, 得到新创作价值与总产值的关系式, 此处不再赘述, 请读者自行探究.

通过上述计算可得该问题的投入产出表 (表 3.4).

表 3.4　投入产出表　　(单位: 亿元)

投入 \ 产出		中间产品			最终产品	总产值
		水力	电力	燃气		
物质消耗	水力	107	800	724	500	2131
	电力	852	200	1449	1500	4001
	燃气	746	1600	483	2000	4829
新创造价值		426	1401	2173		
总价值		2131	4001	4829		

习　题　3

1. 用初等行变换将下列矩阵化为行阶梯形矩阵:

(1) $\begin{pmatrix} 1 & 1 & 1 \\ 2 & 3 & 4 \\ 0 & 3 & 5 \end{pmatrix}$; (2) $\begin{pmatrix} 0 & 1 & -1 & 2 \\ -1 & 1 & 2 & 1 \\ -3 & 5 & 2 & 2 \end{pmatrix}$;

(3) $\begin{pmatrix} 3 & 1 & 1 \\ -1 & 1 & 2 \\ 1 & 0 & -1 \\ 2 & 2 & 0 \end{pmatrix}$; (4) $\begin{pmatrix} 1 & 1 & 2 & -1 \\ 2 & 4 & 6 & -4 \\ -2 & 1 & 1 & -2 \\ -3 & 3 & 4 & -5 \end{pmatrix}$.

2. 用初等行变换将下列矩阵化为行最简形矩阵:

(1) $\begin{pmatrix} 1 & 2 & -3 & 1 \\ 1 & 3 & 3 & 4 \\ 1 & -4 & -39 & -17 \end{pmatrix}$; (2) $\begin{pmatrix} 2 & 1 & -1 & 1 & 1 \\ 4 & 2 & -2 & 1 & 2 \\ 2 & 1 & -1 & -1 & 1 \end{pmatrix}$;

(3) $\begin{pmatrix} 5 & -3 & 4 & 2 \\ 2 & -1 & 6 & 3 \\ 4 & -3 & -7 & -5 \\ 1 & 0 & 11 & 7 \end{pmatrix}$; (4) $\begin{pmatrix} 5 & 4 & 3 & -1 & 4 \\ 4 & 3 & 2 & -1 & 4 \\ -2 & -2 & -1 & 2 & -3 \\ 11 & 6 & 4 & 1 & 11 \end{pmatrix}$.

3. 用初等变换将下列矩阵化为标准形:

(1) $\begin{pmatrix} 1 & -1 & 2 \\ -3 & 3 & -1 \\ 2 & -2 & 4 \end{pmatrix}$; (2) $\begin{pmatrix} 1 & -1 & 3 \\ 2 & 3 & 1 \\ 3 & 1 & 2 \end{pmatrix}$;

(3) $\begin{pmatrix} 1 & 1 & -1 & 2 \\ 1 & 3 & -2 & 3 \\ 2 & 1 & 1 & 6 \end{pmatrix}$; (4) $\begin{pmatrix} 1 & 2 & 0 & 1 \\ 2 & 1 & 4 & 2 \\ 2 & 3 & 1 & 3 \\ 3 & 4 & 2 & 5 \end{pmatrix}$.

4. 计算 $\begin{pmatrix} 1 & 0 & 0 \\ 0 & 1 & 0 \\ 0 & 1 & 1 \end{pmatrix}^{2016} \begin{pmatrix} 1 & 2 & 3 \\ 2 & 3 & 4 \\ 3 & 4 & 5 \end{pmatrix} \begin{pmatrix} 0 & 0 & 1 \\ 0 & 1 & 0 \\ 1 & 0 & 0 \end{pmatrix}^{2017}$.

5. 将矩阵 $\boldsymbol{A} = \begin{pmatrix} 1 & 0 & 0 \\ 0 & 0 & -1 \\ 2 & 1 & 0 \end{pmatrix}$ 表示成若干个初等矩阵的乘积.

6. 利用矩阵的初等变换求下列方阵的逆矩阵:

(1) $\begin{pmatrix} 2 & 2 & 3 \\ 1 & -1 & 0 \\ -1 & 2 & 1 \end{pmatrix}$; (2) $\begin{pmatrix} 1 & 0 & 1 \\ 2 & 1 & 0 \\ -3 & 2 & -5 \end{pmatrix}$;

(3) $\begin{pmatrix} 1 & 0 & 0 & 0 \\ 1 & 1 & 0 & 0 \\ 1 & 1 & 1 & 0 \\ 1 & 1 & 1 & 1 \end{pmatrix}$; (4) $\begin{pmatrix} 1 & 2 & 0 & 1 \\ 0 & 1 & 2 & 0 \\ 0 & 0 & 1 & 2 \\ 0 & 0 & 0 & 1 \end{pmatrix}$.

7. 求解矩阵方程 $\begin{pmatrix} 1 & -2 & 0 \\ 3 & -5 & 2 \\ -2 & 5 & 1 \end{pmatrix} \boldsymbol{X} = \begin{pmatrix} 1 & -1 \\ 4 & -3 \\ 2 & 3 \end{pmatrix}$.

8. 设矩阵 $\boldsymbol{A}$ 和 $\boldsymbol{B}$ 满足关系式 $\boldsymbol{AB} = \boldsymbol{A} + 2\boldsymbol{B}$, 其中 $\boldsymbol{A} = \begin{pmatrix} 4 & 2 & 3 \\ 1 & 1 & 0 \\ -1 & 2 & 3 \end{pmatrix}$, 求矩阵 $\boldsymbol{B}$.

9. 设 $\boldsymbol{X} = \boldsymbol{AX} + \boldsymbol{B}$, 其中 $\boldsymbol{A} = \begin{pmatrix} 0 & 1 & 0 \\ -1 & 1 & 1 \\ 1 & 0 & -1 \end{pmatrix}$ $\boldsymbol{B} = \begin{pmatrix} 1 & -1 \\ 2 & 0 \\ -3 & 5 \end{pmatrix}$, 求矩阵 $\boldsymbol{X}$.

10. 设矩阵 $\boldsymbol{A} = \begin{pmatrix} 1 & 1 & -1 \\ -1 & 1 & 1 \\ 1 & -1 & 1 \end{pmatrix}$, 矩阵 $\boldsymbol{X}$ 满足 $\boldsymbol{A}^*\boldsymbol{X} = \boldsymbol{A}^{-1} + 2\boldsymbol{X}$, 求矩阵 $\boldsymbol{X}$.

11. 求下列矩阵的秩:

(1) $\begin{pmatrix} 3 & 1 & 0 & 2 \\ -1 & -1 & 2 & 1 \\ 1 & 3 & -4 & 4 \end{pmatrix}$; (2) $\begin{pmatrix} 3 & 1 & 2 & 2 \\ 1 & 2 & 3 & 1 \\ 2 & -1 & -1 & 1 \end{pmatrix}$;

(3) $\begin{pmatrix} 0 & 3 & -2 & 2 \\ 0 & 2 & 1 & 0 \\ 0 & 1 & 3 & 1 \\ 2 & 1 & 1 & -1 \end{pmatrix}$; (4) $\begin{pmatrix} 3 & -7 & 6 & 1 & 5 \\ 1 & -2 & 4 & -1 & 3 \\ 4 & -11 & -2 & 8 & 0 \\ -1 & 1 & -10 & 5 & -7 \end{pmatrix}$.

12. 设矩阵 $\boldsymbol{A} = \begin{pmatrix} 1 & -1 & -1 & a & 5 \\ 2 & 1 & 1 & 1 & 3 \\ 4 & 5 & -1 & 2 & 0 \\ -1 & -2 & -2 & 1 & 2 \end{pmatrix}$ 的秩为 3, 求 a 的值.

13. 讨论矩阵 $\boldsymbol{A} = \begin{pmatrix} 1 & 1 & -2 & 3 & 0 \\ 2 & 1 & -6 & 4 & -1 \\ 3 & 2 & a & 7 & -1 \\ 1 & -1 & -6 & -1 & b \end{pmatrix}$ 的秩.

14. 确定参数 λ, 使矩阵 $\boldsymbol{A}=\begin{pmatrix}1&\lambda&-1&2\\2&-1&\lambda&4\\1&7&-5&2\end{pmatrix}$ 的秩最小.

15. 写出下列线性方程组的增广矩阵:

(1) $\begin{cases}2x_1-x_2+4x_3=2,\\x_1+2x_2-3x_3=6;\end{cases}$ (2) $\begin{cases}x_1+3x_2-2x_3=4,\\x_1+2x_2+x_3=-1,\\3x_1-x_2+4x_3=2;\end{cases}$

(3) $\begin{cases}3x_1-x_2+4x_3+3x_4=1,\\x_1-2x_2+2x_3+x_4=2,\\2x_1+3x_2+x_3+4x_4=-1,\\x_1-4x_2+3x_3-x_4=2.\end{cases}$

16. 写出对应于下列增广矩阵的线性方程组:

(1) $\begin{pmatrix}1&2&-2&1&4\\-1&1&-1&1&2\end{pmatrix}$; (2) $\begin{pmatrix}1&1&1&-1\\4&3&5&-1\\2&1&3&1\end{pmatrix}$; (3) $\begin{pmatrix}1&1&1&2&3\\2&3&1&7&8\\1&2&0&3&4\\0&-1&1&-2&-1\end{pmatrix}$.

17. 讨论下列齐次线性方程组的解:

(1) $\begin{cases}2x_1+x_2-x_3+x_4=0,\\x_1+2x_2+x_3-x_4=0,\\x_1+x_2+2x_3+2x_4=0;\end{cases}$ (2) $\begin{cases}x_1-3x_2+x_3-2x_4=0,\\-5x_1+x_2-2x_3+3x_4=0,\\-x_1-11x_2+2x_3-5x_4=0,\\3x_1+5x_2+x_4=0;\end{cases}$

(3) $\begin{cases}2x_1+x_2-5x_3+x_4=0,\\x_1-3x_2-6x_4=0,\\2x_2-x_3+2x_4=0,\\x_1+4x_2-7x_3+6x_4=0.\end{cases}$

18. 讨论下列非齐次线性方程组的解:

(1) $\begin{cases}3x_1-5x_2+2x_3+4x_4=2,\\7x_1-4x_2+x_3+3x_4=5,\\5x_1+7x_2-4x_3-6x_4=3;\end{cases}$ (2) $\begin{cases}x_1-2x_2-x_3-2x_4=2,\\4x_1+x_2+2x_3+x_4=5,\\2x_1+5x_2+4x_3-x_4=0,\\x_1+x_2+x_3+x_4=1.\end{cases}$

19. 问 λ,μ 取何值时, 齐次线性方程组 $\begin{cases}\lambda x_1+x_2+x_3=0,\\x_1+\mu x_2+x_3=0,\\x_1+2\mu x_2+x_3=0\end{cases}$ 有非零解.

20. k 取何值时, 线性方程组 $\begin{cases} kx_1+x_2-x_3=k, \\ x_1+kx_2+x_3=1, \\ x_1+x_2-kx_3=k \end{cases}$ (1) 有唯一解; (2) 无解; (3) 有无穷多个解?

21. 讨论 k 取何值时, 线性方程组 $\begin{cases} kx_1+x_2+x_3=1, \\ x_1+kx_2+x_3=1, \\ x_1+x_2+kx_3=1 \end{cases}$ 有解? 并求出其解.

22. λ,μ 取何值时, 线性方程组 $\begin{cases} x_1+\lambda x_2+x_3=3, \\ x_1+2\lambda x_2+x_3=4, \\ x_1+x_2+\mu x_3=4, \end{cases}$ (1) 有唯一解;(2) 无解;(3) 有无穷多个解.

23. 已知实平面上三条不同直线的方程分别为

$$\begin{aligned} l_1 &: ax+2by+3c=0, \\ l_2 &: bx+2cy+3a=0, \\ l_3 &: cx+2ay+3b=0. \end{aligned}$$

证明这三条直线交于一点的充分必要条件是 $a+b+c=0$.

24. 电路结构如图 3.3 所示, 已知电压源 U_1 为 4V, U_2 为 10V, U_3 为 29V; 电阻 R_1,R_2,R_3,R_4,R_5 分别为 2Ω, 1Ω, 5Ω, 2Ω, 3Ω, 试建立数学模型讨论各分支电路的电流.

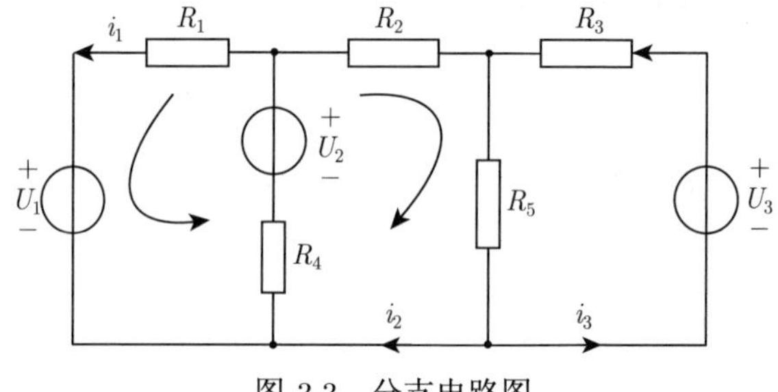

图 3.3　分支电路图

25. 某地区的单循环交通网络图如图 3.4 所示, 设所有道路均为单行道, 且道路边不能停

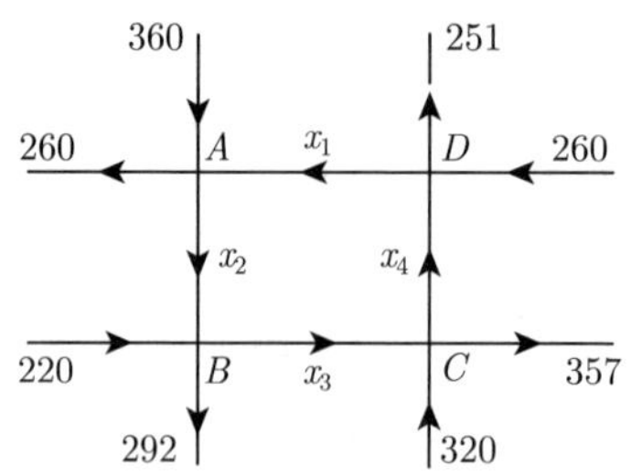

图 3.4　单循环交通网络图

车, 图中箭头标识了车辆行进方向, 标识的数字为某一高峰时段进出道路网络的车流量 (辆/小时). 若要交通顺畅, 则交通网络需满足流量平衡条件, 即进入每个网络交叉点的车辆数等于离开该点的车辆数. 试建立数学模型, 讨论道路交通顺畅时的交通网络流量.

26. 设一个经济系统包括三个部门, 并用编号 1, 2 和 3 表示各部门. 若年终的报告显示各部门的年终成品为 200, 380 和 170, 以及直接消耗系数矩阵 $\boldsymbol{A}=\begin{pmatrix} 0.2 & 0.1 & 0.2 \\ 0.1 & 0.2 & 0.2 \\ 0.1 & 0.1 & 0.1 \end{pmatrix}$,

(1) 试编制各部门的投入产出表;

(2) 若下一年生产计划的最终产品为 150, 240 和 450, 请预测各部门下一年的总产值.

27. 假设一个经济系统由水力、电力和燃气行业组成, 且每个行业一年的产出及在其他部门之间的分配如表 3.5 所示.

表 3.5 行业产出分配表

产出分配			购买者
水力	电力	燃气	
0	0.4	0.6	水力
0.6	0.1	0.2	电力
0.4	0.5	0.2	燃气

试分析该经济系统的平衡价格.

第3章自测题

第3章自测题答案

第3章相关考研题

第 4 章　向量组的线性相关性

向量理论是线性代数的基础理论之一, 不仅在数学的各个分支有广泛应用, 同时也是现代物理以及其他科学技术领域中不可缺少的工具. 本章主要介绍 n 维向量、向量组的基本概念, 研究向量组的线性相关性与矩阵秩的关系, 进一步完善一般线性方程组的解法并介绍线性方程组解的结构, 最后介绍向量空间.

第4章 课程导学

第4章 知识图谱

引　　言

向量思想的起源可追溯到古希腊时期, 向量概念最早来自物理学, 大约公元前 350 年前, 古希腊著名学者亚里士多德 (Aristotle, 公元前 384—前 322) 在《力学》一书就提到了物体速度的平行四边形法则. 随着力学的不断发展, 特别是在 18 世纪中叶, 很多力学对象的向量特征被数学物理学家们发现, 由此发展起来的向量思想和力学应用紧密结合. 虽然这个时期的向量都是用笛卡儿坐标表示的, 但没有形成产生向量的数学表述, 不过欧拉 (L. Euler, 1707—1783)、拉格朗日 (J. L. Lagrange, 1736—1813)、拉普拉斯 (P.S. Laplace, 1749—1827)、柯西等人的工作推动了 19 世纪中叶向量力学的建立.

1840 年, 格拉斯曼 (H. G. Grassmann, 1809—1877) 在论文《潮汐理论》中首次建立了向量分析系统, 并给出了向量的加法和减法、向量乘法、向量微分等概念. 1844 年, 他在《线性扩张论》一书中拓展了向量分析系统, 将二维和三维的向量概念直接推广到 n 维 (n 可以为无穷) 的情形, 并引入了大量现代向量分析的内容, 比如向量的内积、外积、混合积等. 遗憾的是, 格拉斯曼的思想太过超前、抽象和一般化, 缺乏解释性的例子, 以至于难以理解, 导致了他的思想在 19 世纪并未被传播开来, 从而未形成现代意义下的向量理论.

向量一词始于 19 世纪 20 年代, 用于复数的几何表示. 高斯 (C. F. Gauss, 1777—1855) 等人将复数想象成分布在二维平面中的点, 也就是二维向量. 1837 年, 哈密顿 (W. R. Hamilton,1805—1865) 将任意复数都视为实数的有序数对 (a,b), 在试图将有序实数对理论推广到三元组受挫后, 创造了四元数. 物理学家泰特 (P. G. Tait, 1831—1901) 和麦克斯韦 (J. C. Maxwell, 1832—1879) 等人对四元数的推崇及批判性的使用, 加速了向量分析理论的诞生. 直到 19 世纪末期, 数学家吉布斯 (J. W. Gibbs, 1839—1903) 和赫维赛德 (O. Heaviside, 1850—1925) 最终在 "四元数" 的基础上创立了完整的、系统的向量理论.

4.1 向量组的线性组合

在解析几何中, 平面上由坐标原点 $O(0,0)$ 到点 $P(x,y)$ 的向量表示成 2 维有序数组 (x,y); 在几何空间中, 以坐标原点 $O(0,0,0)$ 为起点, 以点 $Q(x,y,z)$ 为终点的向量表示成 3 维有序数组 (x,y,z), 并定义了向量的加法和数乘运算. 事实上, 许多客观事物用 3 个数是不足以完整表达的. 比如某产品销售到 7 个地区, 这就需要 7 个数组成有序数组, 即需要对 3 维向量扩维来描述. 第 3 章线性方程组的矩阵形式 $\boldsymbol{Ax}=\boldsymbol{b}$ 中, 如果把系数矩阵 $\boldsymbol{A}$ 的每一列分别看作向量 $\boldsymbol{\alpha}_1,\boldsymbol{\alpha}_2,\cdots,\boldsymbol{\alpha}_n$, 右端的 $\boldsymbol{b}$ 也看作向量, 线性方程组即可表示成 $x_1\boldsymbol{\alpha}_1+x_2\boldsymbol{\alpha}_2+\cdots+x_n\boldsymbol{\alpha}_n=\boldsymbol{b}$, 那么线性方程组有无解的问题就可转化成向量 $\boldsymbol{b}$ 能否由左端的向量 $\boldsymbol{\alpha}_1,\boldsymbol{\alpha}_2,\cdots,\boldsymbol{\alpha}_n$ 经过加法和数乘运算表示的问题. 下面以向量为研究对象, 对这样的表示关系展开讨论.

4.1.1 n 维向量

定义 1 n 个数 $a_1,a_2,\cdots,a_n$ 组成的有序数组称为 n **维向量**. 这 n 个数称为向量的 n 个分量, a_i 称为该向量的第 i**个分量**.

分量为实数的向量称为**实向量**, 分量为复数的向量称为**复向量**. 本书只讨论实向量.

n 个数排成一列称为 n **维列向量**, 记作 $\boldsymbol{\alpha}=\begin{pmatrix}a_1\\a_2\\\vdots\\a_n\end{pmatrix}$, 也即 $n\times 1$ 矩阵. 为书写方便, 列向量通常写成 $\boldsymbol{\alpha}=(a_1,a_2,\cdots,a_n)^{\mathrm{T}}$; n 个数排成一行称为 n **维行向量**, 记作 $\boldsymbol{\beta}^{\mathrm{T}}=(a_1,a_2,\cdots,a_n)$, 也即 $1\times n$ 矩阵.

本书中的向量若没有特别指明, 一般指列向量. 列向量常用小写的黑体希腊字母 $\boldsymbol{\alpha},\boldsymbol{\beta},\boldsymbol{\gamma}$ 等表示, 也用小写的黑体拉丁字母 $\boldsymbol{x},\boldsymbol{y},\boldsymbol{a},\boldsymbol{b},\boldsymbol{u},\boldsymbol{v}$ 等表示, 行向量用 $\boldsymbol{\alpha}^{\mathrm{T}},\boldsymbol{\beta}^{\mathrm{T}},\boldsymbol{x}^{\mathrm{T}},\boldsymbol{y}^{\mathrm{T}}$ 等表示.

无论列向量还是行向量, 都是特殊的矩阵. 因此, 第 2 章中关于矩阵的相等、加减法、数乘的定义, 以及相应的运算规律都适用于向量.

设 λ 为实数, n 维向量

$$\boldsymbol{\alpha}=\begin{pmatrix}a_1\\a_2\\\vdots\\a_n\end{pmatrix},\quad \boldsymbol{\beta}=\begin{pmatrix}b_1\\b_2\\\vdots\\b_n\end{pmatrix},$$

则

$$\boldsymbol{\alpha}+\boldsymbol{\beta}=\begin{pmatrix}a_1+b_1\\a_2+b_2\\\vdots\\a_n+b_n\end{pmatrix},\quad \lambda\boldsymbol{\alpha}=\begin{pmatrix}\lambda a_1\\\lambda a_2\\\vdots\\\lambda a_n\end{pmatrix}.$$

它满足下列八条运算规律:

(1) $\boldsymbol{\alpha}+\boldsymbol{\beta}=\boldsymbol{\beta}+\boldsymbol{\alpha}$;

(2) $(\boldsymbol{\alpha}+\boldsymbol{\beta})+\boldsymbol{\gamma}=\boldsymbol{\alpha}+(\boldsymbol{\beta}+\boldsymbol{\gamma})$;

(3) $\boldsymbol{\alpha}+\mathbf{0}=\boldsymbol{\alpha}$;

(4) $\boldsymbol{\alpha}+(-\boldsymbol{\alpha})=\mathbf{0}$;

(5) $1\cdot\boldsymbol{\alpha}=\boldsymbol{\alpha}$;

(6) $\lambda(\mu\boldsymbol{\alpha})=(\lambda\mu)\boldsymbol{\alpha}$;

(7) $\lambda(\boldsymbol{\alpha}+\boldsymbol{\beta})=\lambda\boldsymbol{\alpha}+\lambda\boldsymbol{\beta}$;

(8) $(\lambda+\mu)\boldsymbol{\alpha}=\lambda\boldsymbol{\alpha}+\mu\boldsymbol{\alpha}$,

其中 $\boldsymbol{\alpha},\boldsymbol{\beta},\boldsymbol{\gamma}$ 是 n 维向量, λ,μ 是实数.

由若干个同维列向量 (或行向量) 所组成的集合称为**向量组**.

例如, $\boldsymbol{\varepsilon}_1=\begin{pmatrix}1\\0\\0\\0\end{pmatrix},\boldsymbol{\varepsilon}_2=\begin{pmatrix}0\\1\\0\\0\end{pmatrix},\boldsymbol{\varepsilon}_3=\begin{pmatrix}0\\0\\1\\0\end{pmatrix},\boldsymbol{\varepsilon}_4=\begin{pmatrix}0\\0\\0\\1\end{pmatrix}$ 是由 4 个 4 维列向量所组成的向量组.

3 维列向量的全体所组成的集合 $\mathbf{R}^3=\{\boldsymbol{\alpha}=(x,y,z)^{\mathrm{T}}\,|x,y,z\in\mathbf{R}\}$ 是一个向量组.

给定一个 $m\times n$ 矩阵

$$\boldsymbol{A}=(a_{ij})_{m\times n}=\begin{pmatrix}a_{11}&a_{12}&\cdots&a_{1n}\\a_{21}&a_{22}&\cdots&a_{2n}\\\vdots&\vdots&&\vdots\\a_{m1}&a_{m2}&\cdots&a_{mn}\end{pmatrix},$$

$\boldsymbol{A}$ 的每一列元素都构成一个 m 维列向量, 因此 $\boldsymbol{A}$ 有 n 个 m 维列向量

$$\boldsymbol{\alpha}_1=\begin{pmatrix}a_{11}\\a_{21}\\\vdots\\a_{m1}\end{pmatrix},\boldsymbol{\alpha}_2=\begin{pmatrix}a_{12}\\a_{22}\\\vdots\\a_{m2}\end{pmatrix},\cdots,\boldsymbol{\alpha}_n=\begin{pmatrix}a_{1n}\\a_{2n}\\\vdots\\a_{mn}\end{pmatrix},$$

它们组成的向量组 $\boldsymbol{\alpha}_1,\boldsymbol{\alpha}_2,\cdots,\boldsymbol{\alpha}_n$ 称为**矩阵 $\boldsymbol{A}$ 的列向量组**; 类似地, $\boldsymbol{A}$ 的每一行元素都构成一个 n 维行向量, 因此 $\boldsymbol{A}$ 有 m 个 n 维行向量

$$\begin{aligned}\boldsymbol{\beta}_1^{\mathrm{T}}&=(a_{11},a_{12},\cdots,a_{1n}),\\\boldsymbol{\beta}_2^{\mathrm{T}}&=(a_{21},a_{22},\cdots,a_{2n}),\\&\cdots\cdots\\\boldsymbol{\beta}_m^{\mathrm{T}}&=(a_{m1},a_{m2},\cdots,a_{mn}),\end{aligned}$$

它们组成的向量组 $\boldsymbol{\beta}_1^{\mathrm{T}},\boldsymbol{\beta}_2^{\mathrm{T}},\cdots,\boldsymbol{\beta}_m^{\mathrm{T}}$ 称为**矩阵 $\boldsymbol{A}$ 的行向量组**. 按分块矩阵的表示形式, 则有

$$\boldsymbol{A}=(\boldsymbol{\alpha}_1,\boldsymbol{\alpha}_2,\cdots,\boldsymbol{\alpha}_n)=\begin{pmatrix}\boldsymbol{\beta}_1^{\mathrm{T}}\\\boldsymbol{\beta}_2^{\mathrm{T}}\\\vdots\\\boldsymbol{\beta}_m^{\mathrm{T}}\end{pmatrix}.$$

反之, 由有限个同维向量所组成的向量组可以构成一个矩阵.

4.1.2 向量组的线性组合

定义 2 设向量组 $A:\boldsymbol{\alpha}_1,\boldsymbol{\alpha}_2,\cdots,\boldsymbol{\alpha}_n$, 对于任意 n 个数 $k_1,k_2,\cdots,k_n$, 向量

$$k_1\boldsymbol{\alpha}_1+k_2\boldsymbol{\alpha}_2+\cdots+k_n\boldsymbol{\alpha}_n$$

称为**向量组 A 的一个线性组合**, $k_1,k_2,\cdots,k_n$ 称为**这个线性组合的系数**. 对于向量 $\boldsymbol{\beta}$, 若存在一组数 $\lambda_1,\lambda_2,\cdots,\lambda_n$, 使

$$\boldsymbol{\beta}=\lambda_1\boldsymbol{\alpha}_1+\lambda_2\boldsymbol{\alpha}_2+\cdots+\lambda_n\boldsymbol{\alpha}_n,$$

则称**向量 $\boldsymbol{\beta}$ 是向量组 A 的线性组合**, 也称**向量 $\boldsymbol{\beta}$ 可由向量组 A 线性表示**(或**线性表出**).

例如, 向量组 $\boldsymbol{\alpha}_1=\begin{pmatrix}1\\2\\-1\end{pmatrix},\boldsymbol{\alpha}_2=\begin{pmatrix}2\\-3\\1\end{pmatrix},\boldsymbol{\beta}=\begin{pmatrix}4\\1\\-1\end{pmatrix}$, 由向量的线性运

算, 有 $\boldsymbol{\beta}=2\boldsymbol{\alpha}_1+\boldsymbol{\alpha}_2$, 因此 $\boldsymbol{\beta}$ 是 $\boldsymbol{\alpha}_1,\boldsymbol{\alpha}_2$ 的线性组合, 即 $\boldsymbol{\beta}$ 可由 $\boldsymbol{\alpha}_1,\boldsymbol{\alpha}_2$ 线性表示.

由定义 2 知, 若向量 $\boldsymbol{\beta}$ 可由向量组 $A:\boldsymbol{\alpha}_1,\boldsymbol{\alpha}_2,\cdots,\boldsymbol{\alpha}_n$ 线性表示, 即存在数 $x_1,x_2,\cdots,x_n$, 使得 $x_1\boldsymbol{\alpha}_1+x_2\boldsymbol{\alpha}_2+\cdots+x_n\boldsymbol{\alpha}_n=\boldsymbol{\beta}$, 用分块矩阵的乘法可表示为

$$(\boldsymbol{\alpha}_1,\boldsymbol{\alpha}_2,\cdots,\boldsymbol{\alpha}_n)\begin{pmatrix}x_1\\x_2\\\vdots\\x_n\end{pmatrix}=\boldsymbol{\beta},$$

即非齐次线性方程组

$$\boldsymbol{A}\boldsymbol{x}=\boldsymbol{\beta}$$

有解. 此时, 非齐次线性方程组的解就是线性表示式的系数. 由第 3 章定理 6 知, 非齐次线性方程组 $\boldsymbol{A}\boldsymbol{x}=\boldsymbol{\beta}$ 有解的充分必要条件是 $R(\boldsymbol{A})=R(\bar{\boldsymbol{A}})$, 其中 $\boldsymbol{A}=(\boldsymbol{\alpha}_1,\boldsymbol{\alpha}_2,\cdots,\boldsymbol{\alpha}_n)$, $\bar{\boldsymbol{A}}=(\boldsymbol{\alpha}_1,\boldsymbol{\alpha}_2,\cdots,\boldsymbol{\alpha}_n,\boldsymbol{\beta})$, 从而得以下结论.

定理 1　向量 $\boldsymbol{\beta}$ 可由向量组 $A:\boldsymbol{\alpha}_1,\boldsymbol{\alpha}_2,\cdots,\boldsymbol{\alpha}_n$ 线性表示的充分必要条件是矩阵 $\boldsymbol{A}=(\boldsymbol{\alpha}_1,\boldsymbol{\alpha}_2,\cdots,\boldsymbol{\alpha}_n)$ 的秩等于矩阵 $\bar{\boldsymbol{A}}=(\boldsymbol{\alpha}_1,\boldsymbol{\alpha}_2,\cdots,\boldsymbol{\alpha}_n,\boldsymbol{\beta})$ 的秩.

由定理 1 可知, 当 $R(\boldsymbol{A})=R(\bar{\boldsymbol{A}})=n$, 即矩阵的秩等于向量组 A 所含向量个数时, 向量 $\boldsymbol{\beta}$ 可由向量组 $A:\boldsymbol{\alpha}_1,\boldsymbol{\alpha}_2,\cdots,\boldsymbol{\alpha}_n$ 线性表示, 且表示式唯一. 当 $R(\boldsymbol{A})=R(\bar{\boldsymbol{A}})<n$, 即矩阵的秩小于向量组 A 所含向量个数时, 向量 $\boldsymbol{\beta}$ 可由向量组 $A:\boldsymbol{\alpha}_1,\boldsymbol{\alpha}_2,\cdots,\boldsymbol{\alpha}_n$ 线性表示, 但表示式不唯一.

例 1　向量 $\boldsymbol{\beta}=\begin{pmatrix}3\\7\\8\end{pmatrix}$ 能否由向量组 $\boldsymbol{\alpha}_1=\begin{pmatrix}1\\2\\-1\end{pmatrix}$, $\boldsymbol{\alpha}_2=\begin{pmatrix}2\\5\\3\end{pmatrix}$, $\boldsymbol{\alpha}_3=\begin{pmatrix}1\\4\\3\end{pmatrix}$ 线性表示? 若能, 则写出线性表示式.

解　记 $\boldsymbol{A}=(\boldsymbol{\alpha}_1,\boldsymbol{\alpha}_2,\boldsymbol{\alpha}_3)$, $\bar{\boldsymbol{A}}=(\boldsymbol{\alpha}_1,\boldsymbol{\alpha}_2,\boldsymbol{\alpha}_3,\boldsymbol{\beta})$, 用初等行变换法求矩阵 $\boldsymbol{A}$ 及 $\bar{\boldsymbol{A}}$ 的秩.

$$\bar{\boldsymbol{A}}=\left(\begin{array}{ccc:c}1&2&1&3\\2&5&4&7\\-1&3&3&8\end{array}\right)\xrightarrow[r_3+r_1]{r_2-2r_1}\left(\begin{array}{ccc:c}1&2&1&3\\0&1&2&1\\0&5&4&11\end{array}\right)\xrightarrow[(-\frac{1}{6})r_3]{r_3-5r_2}\left(\begin{array}{ccc:c}1&2&1&3\\0&1&2&1\\0&0&1&-1\end{array}\right),$$

于是有 $R(\boldsymbol{A})=R(\bar{\boldsymbol{A}})=3$. 因此, 向量 $\boldsymbol{\beta}$ 可由向量组 $\boldsymbol{\alpha}_1,\boldsymbol{\alpha}_2,\boldsymbol{\alpha}_3$ 线性表示.

再对上述行阶梯形矩阵继续施行初等行变换, 化为行最简形矩阵.

$$\left(\begin{array}{ccc|c} 1 & 2 & 1 & 3 \\ 0 & 1 & 2 & 1 \\ 0 & 0 & 1 & -1 \end{array}\right) \xrightarrow[r_2-2r_3]{r_1-r_3} \left(\begin{array}{ccc|c} 1 & 2 & 0 & 4 \\ 0 & 1 & 0 & 3 \\ 0 & 0 & 1 & -1 \end{array}\right) \xrightarrow{r_1-2r_2} \left(\begin{array}{ccc|c} 1 & 0 & 0 & -2 \\ 0 & 1 & 0 & 3 \\ 0 & 0 & 1 & -1 \end{array}\right),$$

故 $\boldsymbol{\beta} = -2\boldsymbol{\alpha}_1 + 3\boldsymbol{\alpha}_2 - \boldsymbol{\alpha}_3$.

4.1.3 向量组的等价

下面讨论两个向量组之间的等价关系.

设有两个 n 维向量组

$$A: \boldsymbol{\alpha}_1, \boldsymbol{\alpha}_2, \cdots, \boldsymbol{\alpha}_r;$$
$$B: \boldsymbol{\beta}_1, \boldsymbol{\beta}_2, \cdots, \boldsymbol{\beta}_s.$$

定义 3 若向量组 B 中的每个向量都可由向量组 A 线性表示, 则称向量组 B 可由向量组 A 线性表示; 若向量组 B 和向量组 A 可相互线性表示, 则称向量组 A 与向量组 B 等价, 记作 $A \cong B$.

容易验证, 向量组的等价具有以下性质:

(1) **反身性** $A \cong A$;

(2) **对称性** 若 $A \cong B$, 则 $B \cong A$;

(3) **传递性** 若 $A \cong B$, $B \cong C$, 则 $A \cong C$.

向量组 B 可由向量组 A 线性表示, 也就是存在一组数 $k_{ij}(i = 1, 2, \cdots, r; j = 1, 2, \cdots, s)$, 使得

$$\begin{aligned} \boldsymbol{\beta}_j &= k_{1j}\boldsymbol{\alpha}_1 + k_{2j}\boldsymbol{\alpha}_2 + \cdots + k_{rj}\boldsymbol{\alpha}_r \\ &= (\boldsymbol{\alpha}_1, \boldsymbol{\alpha}_2, \cdots, \boldsymbol{\alpha}_r)\begin{pmatrix} k_{1j} \\ k_{2j} \\ \vdots \\ k_{rj} \end{pmatrix} \quad (j = 1, 2, \cdots, s). \end{aligned}$$

记向量组 A 与 B 构成的矩阵分别为

$$\boldsymbol{A} = (\boldsymbol{\alpha}_1, \boldsymbol{\alpha}_2, \cdots, \boldsymbol{\alpha}_r), \quad \boldsymbol{B} = (\boldsymbol{\beta}_1, \boldsymbol{\beta}_2, \cdots, \boldsymbol{\beta}_s),$$

且记

$$\boldsymbol{K} = \begin{pmatrix} k_{11} & k_{12} & \cdots & k_{1s} \\ k_{21} & k_{22} & \cdots & k_{2s} \\ \vdots & \vdots & & \vdots \\ k_{r1} & k_{r2} & \cdots & k_{rs} \end{pmatrix}_{r \times s},$$

则

$$(\boldsymbol{\beta}_1,\boldsymbol{\beta}_2,\cdots,\boldsymbol{\beta}_s)=(\boldsymbol{\alpha}_1,\boldsymbol{\alpha}_2,\cdots,\boldsymbol{\alpha}_r)\boldsymbol{K}.$$

由此可知, 向量组 B 可由向量组 A 线性表示, 那么就是存在 $r\times s$ 矩阵 $\boldsymbol{K}$, 使

$$\boldsymbol{B}=\boldsymbol{A}\boldsymbol{K}.$$

根据上述讨论, 下面给出两个向量组等价的判定定理.

定理 2 向量组 $B:\boldsymbol{\beta}_1,\boldsymbol{\beta}_2,\cdots,\boldsymbol{\beta}_s$ 可由向量组 $A:\boldsymbol{\alpha}_1,\boldsymbol{\alpha}_2,\cdots,\boldsymbol{\alpha}_r$ 线性表示的充分必要条件是矩阵 $\boldsymbol{A}=(\boldsymbol{\alpha}_1,\boldsymbol{\alpha}_2,\cdots,\boldsymbol{\alpha}_r)$ 的秩等于矩阵 $(\boldsymbol{A},\boldsymbol{B})=(\boldsymbol{\alpha}_1,\boldsymbol{\alpha}_2,\cdots,\boldsymbol{\alpha}_r,\boldsymbol{\beta}_1,\boldsymbol{\beta}_2,\cdots,\boldsymbol{\beta}_s)$ 的秩, 即 $R(\boldsymbol{A})=R(\boldsymbol{A},\boldsymbol{B})$.

推论 1 向量组 $A:\boldsymbol{\alpha}_1,\boldsymbol{\alpha}_2,\cdots,\boldsymbol{\alpha}_r$ 与向量组 $B:\boldsymbol{\beta}_1,\boldsymbol{\beta}_2,\cdots,\boldsymbol{\beta}_s$ 等价的充分必要条件是 $R(\boldsymbol{A})=R(\boldsymbol{B})=R(\boldsymbol{A},\boldsymbol{B})$.

证明 由向量组 A 与向量组 B 可以相互线性表示, 根据定理 2, 得

$$R(\boldsymbol{A})=R(\boldsymbol{A},\boldsymbol{B})\quad \text{且}\quad R(\boldsymbol{B})=R(\boldsymbol{B},\boldsymbol{A}),$$

因为 $R(\boldsymbol{A},\boldsymbol{B})=R(\boldsymbol{B},\boldsymbol{A})$, 所以有

$$R(\boldsymbol{A})=R(\boldsymbol{B})=R(\boldsymbol{A},\boldsymbol{B}).$$

推论 2 若向量组 $B:\boldsymbol{\beta}_1,\boldsymbol{\beta}_2,\cdots,\boldsymbol{\beta}_s$ 可以由向量组 $A:\boldsymbol{\alpha}_1,\boldsymbol{\alpha}_2,\cdots,\boldsymbol{\alpha}_r$ 线性表示, 则矩阵 $\boldsymbol{B}=(\boldsymbol{\beta}_1,\boldsymbol{\beta}_2,\cdots,\boldsymbol{\beta}_s)$ 的秩不大于矩阵 $\boldsymbol{A}=(\boldsymbol{\alpha}_1,\boldsymbol{\alpha}_2,\cdots,\boldsymbol{\alpha}_r)$ 的秩, 即 $R(\boldsymbol{B})\leqslant R(\boldsymbol{A})$.

证明 根据定理 2, 有 $R(\boldsymbol{A})=R(\boldsymbol{A},\boldsymbol{B})$, 因为 $R(\boldsymbol{B})\leqslant R(\boldsymbol{A},\boldsymbol{B})$, 所以 $R(\boldsymbol{B})\leqslant R(\boldsymbol{A})$.

例 2 设 $\boldsymbol{\alpha}_1=\begin{pmatrix}1\\-1\\0\end{pmatrix},\boldsymbol{\alpha}_2=\begin{pmatrix}1\\0\\1\end{pmatrix},\boldsymbol{\beta}_1=\begin{pmatrix}2\\-3\\-1\end{pmatrix},\boldsymbol{\beta}_2=\begin{pmatrix}0\\1\\1\end{pmatrix},\boldsymbol{\beta}_3=\begin{pmatrix}1\\-2\\-1\end{pmatrix}$. 证明: 向量组 $\boldsymbol{\alpha}_1,\boldsymbol{\alpha}_2$ 与向量组 $\boldsymbol{\beta}_1,\boldsymbol{\beta}_2,\boldsymbol{\beta}_3$ 等价.

证明 记 $\boldsymbol{A}=(\boldsymbol{\alpha}_1,\boldsymbol{\alpha}_2),\boldsymbol{B}=(\boldsymbol{\beta}_1,\boldsymbol{\beta}_2,\boldsymbol{\beta}_3)$, 为证明向量组 $\boldsymbol{\alpha}_1,\boldsymbol{\alpha}_2$ 与向量组 $\boldsymbol{\beta}_1,\boldsymbol{\beta}_2,\boldsymbol{\beta}_3$ 等价, 根据定理 2 的推论 1, 只需证明 $R(\boldsymbol{A})=R(\boldsymbol{B})=R(\boldsymbol{A},\boldsymbol{B})$. 因此, 对矩阵 $(\boldsymbol{A},\boldsymbol{B})$ 施行初等行变换, 化为行阶梯形矩阵.

$$(\boldsymbol{A},\boldsymbol{B})=\left(\begin{array}{cc:ccc}1&1&2&0&1\\-1&0&-3&1&-2\\0&1&-1&1&-1\end{array}\right)$$

$$\xrightarrow{r_2+r_1}\left(\begin{array}{cc:ccc}1&1&2&0&1\\0&1&-1&1&-1\\0&1&-1&1&-1\end{array}\right)\xrightarrow{r_3-r_2}\left(\begin{array}{cc:ccc}1&1&2&0&1\\0&1&-1&1&-1\\0&0&0&0&0\end{array}\right),$$

可得, $R(\boldsymbol{A})=R(\boldsymbol{A},\boldsymbol{B})=2$.

因为 $\boldsymbol{B}$ 有一个二阶子式 $\begin{vmatrix}2&0\\-3&1\end{vmatrix}=2\neq0$, 所以 $R(\boldsymbol{B})\geqslant2$. 又由于 $R(\boldsymbol{B})\leqslant R(\boldsymbol{A},\boldsymbol{B})=2$, 从而 $R(\boldsymbol{B})=2$, 因此

$$R(\boldsymbol{A})=R(\boldsymbol{B})=R(\boldsymbol{A},\boldsymbol{B}),$$

即向量组 $\boldsymbol{\alpha}_1,\boldsymbol{\alpha}_2$ 与向量组 $\boldsymbol{\beta}_1,\boldsymbol{\beta}_2,\boldsymbol{\beta}_3$ 等价.

4.2 向量组的线性相关性

4.1 节讨论了一个向量 $\boldsymbol{\beta}$ 可由向量组 $A:\boldsymbol{\alpha}_1,\boldsymbol{\alpha}_2,\cdots,\boldsymbol{\alpha}_n$ 线性表示的问题, 本节讨论向量组 A 中的向量之间的线性关系. 为此, 引入向量组线性相关性的概念.

4.2.1 向量组的线性相关与线性无关

定义 4 设向量组 $A:\boldsymbol{\alpha}_1,\boldsymbol{\alpha}_2,\cdots,\boldsymbol{\alpha}_n$, 若存在一组不全为零的数 $k_1,k_2,\cdots,k_n$, 使

$$k_1\boldsymbol{\alpha}_1+k_2\boldsymbol{\alpha}_2+\cdots+k_n\boldsymbol{\alpha}_n=\boldsymbol{0},$$

则称**向量组 A 线性相关**, 否则称**向量组 A 线性无关**. 换言之, 若 $\boldsymbol{\alpha}_1,\boldsymbol{\alpha}_2,\cdots,\boldsymbol{\alpha}_n$ 线性无关, 则上式当且仅当 $k_1=k_2=\cdots=k_n=0$ 时才成立.

在 3 维几何空间中, 向量组的线性相关性有明确的几何意义. 设有两个向量 $\boldsymbol{\alpha}_1,\boldsymbol{\alpha}_2$ 线性相关, 则存在不全为零的数 k_1,k_2, 使 $k_1\boldsymbol{\alpha}_1+k_2\boldsymbol{\alpha}_2=\boldsymbol{0}$. 不妨设 $k_1\neq0$, 有 $\boldsymbol{\alpha}_1=-\dfrac{k_2}{k_1}\boldsymbol{\alpha}_2$, 即存在数 $\lambda=-\dfrac{k_2}{k_1}$, 使 $\boldsymbol{\alpha}_1=\lambda\boldsymbol{\alpha}_2$, 其充分必要条件是 $\boldsymbol{\alpha}_1/\!/\boldsymbol{\alpha}_2$(即向量 $\boldsymbol{\alpha}_1$ 与 $\boldsymbol{\alpha}_2$ 共线), 如图 4.1 所示. 又设有 3 个向量 $\boldsymbol{\alpha}_1,\boldsymbol{\alpha}_2,\boldsymbol{\alpha}_3$ 线性相关, 则存在不全为零的数 k_1,k_2,k_3, 使 $k_1\boldsymbol{\alpha}_1+k_2\boldsymbol{\alpha}_2+k_3\boldsymbol{\alpha}_3=\boldsymbol{0}$. 不妨设 $k_1\neq0$, 有 $\boldsymbol{\alpha}_1=-\dfrac{k_2}{k_1}\boldsymbol{\alpha}_2-\dfrac{k_3}{k_1}\boldsymbol{\alpha}_3$, 即存在数 $\lambda_1=-\dfrac{k_2}{k_1},\lambda_2=-\dfrac{k_3}{k_1}$, 使 $\boldsymbol{\alpha}_1=\lambda_1\boldsymbol{\alpha}_2+\lambda_2\boldsymbol{\alpha}_3$, 其充分必要条件是 $\boldsymbol{\alpha}_1,\boldsymbol{\alpha}_2,\boldsymbol{\alpha}_3$ 共面, 如图 4.2 所示.

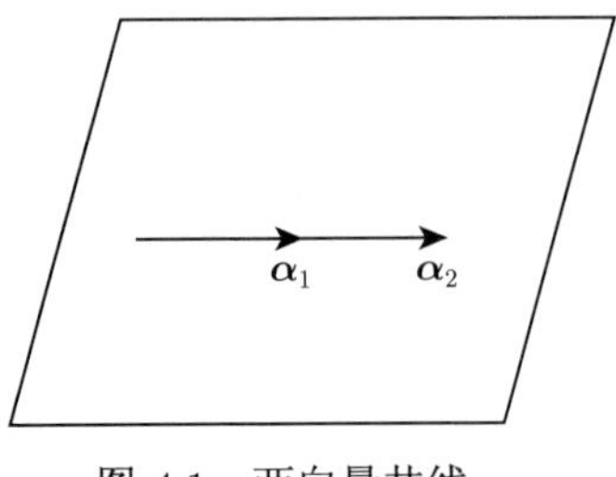

图 4.1　两向量共线

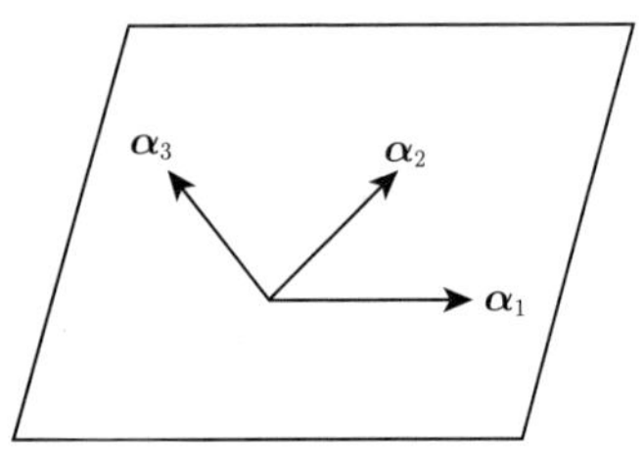

图 4.2　三向量共面

例 3　n 维向量组

$$\boldsymbol{\varepsilon}_1=\begin{pmatrix}1\\0\\\vdots\\0\end{pmatrix},\boldsymbol{\varepsilon}_2=\begin{pmatrix}0\\1\\\vdots\\0\end{pmatrix},\cdots,\boldsymbol{\varepsilon}_n=\begin{pmatrix}0\\0\\\vdots\\1\end{pmatrix}$$

称为 n 维基本单位向量组. 试讨论它的线性相关性.

解　设有一组数 $\lambda_1,\lambda_2,\cdots,\lambda_n$, 使

$$\lambda_1\boldsymbol{\varepsilon}_1+\lambda_2\boldsymbol{\varepsilon}_2+\cdots+\lambda_n\boldsymbol{\varepsilon}_n=\mathbf{0},$$

即有

$$\lambda_1\begin{pmatrix}1\\0\\\vdots\\0\end{pmatrix}+\lambda_2\begin{pmatrix}0\\1\\\vdots\\0\end{pmatrix}+\cdots+\lambda_n\begin{pmatrix}0\\0\\\vdots\\1\end{pmatrix}=\begin{pmatrix}0\\0\\\vdots\\0\end{pmatrix},$$

则

$$\begin{pmatrix}\lambda_1\\\lambda_2\\\vdots\\\lambda_n\end{pmatrix}=\begin{pmatrix}0\\0\\\vdots\\0\end{pmatrix},$$

即 $\lambda_1=\lambda_2=\cdots=\lambda_n=0$, 因此 n 维基本单位向量组 $\varepsilon_1,\varepsilon_2,\cdots,\varepsilon_n$ 线性无关.

例 4　设向量组 $\boldsymbol{\alpha}_1,\boldsymbol{\alpha}_2,\boldsymbol{\alpha}_3$ 线性无关, 证明: 向量组 $\boldsymbol{\beta}_1=\boldsymbol{\alpha}_1+\boldsymbol{\alpha}_2$, $\boldsymbol{\beta}_2=\boldsymbol{\alpha}_2+\boldsymbol{\alpha}_3$, $\boldsymbol{\beta}_3=\boldsymbol{\alpha}_3+\boldsymbol{\alpha}_1$ 也线性无关.

证明　设有一组数 k_1,k_2,k_3 使 $k_1\boldsymbol{\beta}_1+k_2\boldsymbol{\beta}_2+k_3\boldsymbol{\beta}_3=\mathbf{0}$ 成立, 即

$$k_1(\boldsymbol{\alpha}_1+\boldsymbol{\alpha}_2)+k_2(\boldsymbol{\alpha}_2+\boldsymbol{\alpha}_3)+k_3(\boldsymbol{\alpha}_3+\boldsymbol{\alpha}_1)=\mathbf{0},$$

亦即

$$(k_1+k_3)\boldsymbol{\alpha}_1+(k_1+k_2)\boldsymbol{\alpha}_2+(k_2+k_3)\boldsymbol{\alpha}_3=\mathbf{0}.$$

因为 $\boldsymbol{\alpha}_1,\boldsymbol{\alpha}_2,\boldsymbol{\alpha}_3$ 线性无关, 所以

$$\begin{cases} k_1+k_3=0, \\ k_1+k_2=0, \\ k_2+k_3=0. \end{cases}$$

由系数行列式 $|\boldsymbol{A}|=\begin{vmatrix} 1 & 0 & 1 \\ 1 & 1 & 0 \\ 0 & 1 & 1 \end{vmatrix}=2\neq 0$, 知该齐次线性方程组只有零解 $k_1=k_2=k_3=0$, 故 $\boldsymbol{\beta}_1=\boldsymbol{\alpha}_1+\boldsymbol{\alpha}_2, \boldsymbol{\beta}_2=\boldsymbol{\alpha}_2+\boldsymbol{\alpha}_3, \boldsymbol{\beta}_3=\boldsymbol{\alpha}_3+\boldsymbol{\alpha}_1$ 线性无关.

4.2.2　向量组线性相关的充分必要条件

定理 3　向量组 $A:\boldsymbol{\alpha}_1,\boldsymbol{\alpha}_2,\cdots,\boldsymbol{\alpha}_n(n\geqslant 2)$ 线性相关的充分必要条件是向量组 A 中至少有一个向量可由其余 $n-1$ 个向量线性表示.

证明　充分性　设向量组 $A:\boldsymbol{\alpha}_1,\boldsymbol{\alpha}_2,\cdots,\boldsymbol{\alpha}_n$ 中至少有一个向量由其余 $n-1$ 个向量线性表示, 不妨设 $\boldsymbol{\alpha}_1$ 可由 $\boldsymbol{\alpha}_2,\cdots,\boldsymbol{\alpha}_n$ 线性表示, 即存在 $n-1$ 个数 $\lambda_2,\cdots,\lambda_n$ 使

$$\boldsymbol{\alpha}_1=\lambda_2\boldsymbol{\alpha}_2+\cdots+\lambda_n\boldsymbol{\alpha}_n,$$

从而有

$$(-1)\boldsymbol{\alpha}_1+\lambda_2\boldsymbol{\alpha}_2+\cdots+\lambda_n\boldsymbol{\alpha}_n=\mathbf{0},$$

因为 $-1,\lambda_2,\cdots,\lambda_n$ 是 n 个不全为零的数, 所以 $\boldsymbol{\alpha}_1,\boldsymbol{\alpha}_2,\cdots,\boldsymbol{\alpha}_n$ 线性相关.

必要性　设向量组 $A:\boldsymbol{\alpha}_1,\boldsymbol{\alpha}_2,\cdots,\boldsymbol{\alpha}_n$ 线性相关, 即有一组不全为零的数 $k_1,k_2,\cdots,k_n$, 使

$$k_1\boldsymbol{\alpha}_1+k_2\boldsymbol{\alpha}_2+\cdots+k_n\boldsymbol{\alpha}_n=\mathbf{0},$$

不妨设 $k_1\neq 0$, 则有

$$\boldsymbol{\alpha}_1=-\frac{k_2}{k_1}\boldsymbol{\alpha}_2-\frac{k_3}{k_1}\boldsymbol{\alpha}_3-\cdots-\frac{k_n}{k_1}\boldsymbol{\alpha}_n,$$

即 $\boldsymbol{\alpha}_1$ 可由 $\boldsymbol{\alpha}_2,\cdots,\boldsymbol{\alpha}_n$ 线性表示. □

因为零向量可由任一向量组 $\boldsymbol{\alpha}_1,\boldsymbol{\alpha}_2,\cdots,\boldsymbol{\alpha}_n$ 线性表示, 其表示式为

$$\mathbf{0}=0\cdot\boldsymbol{\alpha}_1+0\cdot\boldsymbol{\alpha}_2+\cdots+0\cdot\boldsymbol{\alpha}_n,$$

故含零向量的向量组 $\mathbf{0},\boldsymbol{\alpha}_1,\boldsymbol{\alpha}_2,\cdots,\boldsymbol{\alpha}_n$ 一定线性相关.

设有向量组 $A:\boldsymbol{\alpha}_1,\boldsymbol{\alpha}_2,\cdots,\boldsymbol{\alpha}_n$, 构成矩阵

$$\boldsymbol{A}=(\boldsymbol{\alpha}_1,\boldsymbol{\alpha}_2,\cdots,\boldsymbol{\alpha}_n),$$

根据向量组线性相关的定义 (定义 4) 知, 向量组 $\boldsymbol{A}$ 线性相关的充分必要条件是向量方程

$$x_1\boldsymbol{\alpha}_1+x_2\boldsymbol{\alpha}_2+\cdots+x_n\boldsymbol{\alpha}_n=\mathbf{0}$$

有非零解, 也就是齐次线性方程组

$$(\boldsymbol{\alpha}_1,\boldsymbol{\alpha}_2,\cdots,\boldsymbol{\alpha}_n)\begin{pmatrix}x_1\\x_2\\\vdots\\x_n\end{pmatrix}=\mathbf{0}\quad(\text{即}\boldsymbol{Ax}=\mathbf{0})$$

有非零解, 由第 3 章定理 7 知, 此齐次线性方程组有非零解的充分必要条件是 $R(\boldsymbol{A})<n$(n 是齐次线性方程组中未知量的个数, 即齐次线性方程组系数矩阵的列向量个数), 从而得到以下结论.

定理 4 向量组 $A:\boldsymbol{\alpha}_1,\boldsymbol{\alpha}_2,\cdots,\boldsymbol{\alpha}_n$ 线性相关的充分必要条件是矩阵 $\boldsymbol{A}=(\boldsymbol{\alpha}_1,\boldsymbol{\alpha}_2,\cdots,\boldsymbol{\alpha}_n)$ 的秩 $R(\boldsymbol{A})<n$; 线性无关的充分必要条件是 $R(\boldsymbol{A})=n$.

特别地, n 个 n 维向量构成 n 阶矩阵, 由矩阵秩的定义有如下推论.

推论 1 n 个 n 维向量 $\boldsymbol{\alpha}_1,\boldsymbol{\alpha}_2,\cdots,\boldsymbol{\alpha}_n$ 线性相关的充分必要条件是矩阵 $\boldsymbol{A}=(\boldsymbol{\alpha}_1,\boldsymbol{\alpha}_2,\cdots,\boldsymbol{\alpha}_n)$ 的行列式 $|\boldsymbol{A}|=0$; 向量组 $\boldsymbol{\alpha}_1,\boldsymbol{\alpha}_2,\cdots,\boldsymbol{\alpha}_n$ 线性无关的充分必要条件是 $|\boldsymbol{A}|\neq 0$.

例 5 讨论向量组 $\boldsymbol{\alpha}_1=\begin{pmatrix}1\\2\\4\end{pmatrix},\boldsymbol{\alpha}_2=\begin{pmatrix}2\\-3\\1\end{pmatrix},\boldsymbol{\alpha}_3=\begin{pmatrix}-1\\1\\-1\end{pmatrix}$ 的线性相关性.

解法一 (利用初等行变换) 记矩阵 $\boldsymbol{A}=(\boldsymbol{\alpha}_1,\boldsymbol{\alpha}_2,\boldsymbol{\alpha}_3)$, 对 $\boldsymbol{A}$ 施行初等行变换, 化为行阶梯形矩阵.

$$\boldsymbol{A}=\begin{pmatrix}1&2&-1\\2&-3&1\\4&1&-1\end{pmatrix}\xrightarrow[r_3-4r_1]{r_2-2r_1}\begin{pmatrix}1&2&-1\\0&-7&3\\0&-7&3\end{pmatrix}\xrightarrow{r_3-r_2}\begin{pmatrix}1&2&-1\\0&-7&3\\0&0&0\end{pmatrix},$$

于是得 $R(\boldsymbol{A})=2<3$, 由定理 4 可知向量组 $\boldsymbol{\alpha}_1,\boldsymbol{\alpha}_2,\boldsymbol{\alpha}_3$ 线性相关.

解法二 (利用行列式) 由于向量组所含向量的个数和维数都等于 3, 因此可以对矩阵 $\boldsymbol{A}$ 取行列式

$$|\boldsymbol{A}| = \begin{vmatrix} 1 & 2 & -1 \\ 2 & -3 & 1 \\ 4 & 1 & -1 \end{vmatrix} = 0,$$

由定理 4 的推论 1 知向量组 $\boldsymbol{\alpha}_1, \boldsymbol{\alpha}_2, \boldsymbol{\alpha}_3$ 线性相关.

推论 2 m 个 n 维向量组成的向量组, 当 $m > n$(即向量个数大于维数) 时必线性相关. 特别地, 任意 $n+1$ 个 n 维向量组成的向量组必线性相关.

推论 3 若向量组 $A: \boldsymbol{\alpha}_1, \boldsymbol{\alpha}_2, \cdots, \boldsymbol{\alpha}_r$ 线性相关, 则向量组 $B: \boldsymbol{\alpha}_1, \boldsymbol{\alpha}_2, \cdots, \boldsymbol{\alpha}_r, \boldsymbol{\alpha}_{r+1}, \cdots, \boldsymbol{\alpha}_n$ 也线性相关. 反之, 若向量组 B 线性无关, 则向量组 A 也线性无关.

推论 4 设 r 维向量组 A:

$$\boldsymbol{\alpha}_j = \begin{pmatrix} a_{1j} \\ a_{2j} \\ \vdots \\ a_{rj} \end{pmatrix} \quad (j = 1, 2, \cdots, n),$$

每个向量添上 $s-r$ 个分量, 成为 s 维向量组 B:

$$\boldsymbol{\beta}_j = \begin{pmatrix} a_{1j} \\ a_{2j} \\ \vdots \\ a_{rj} \\ a_{r+1,j} \\ \vdots \\ a_{sj} \end{pmatrix} \quad (j = 1, 2, \cdots, n).$$

若向量组 A 线性无关, 则向量组 B 也线性无关. 反之, 若向量组 B 线性相关, 则向量组 A 也线性相关.

推论 5 设向量组 $\boldsymbol{\alpha}_1, \boldsymbol{\alpha}_2, \cdots, \boldsymbol{\alpha}_n$ 线性无关, 而 $\boldsymbol{\alpha}_1, \boldsymbol{\alpha}_2, \cdots, \boldsymbol{\alpha}_n, \boldsymbol{\beta}$ 线性相关, 则 $\boldsymbol{\beta}$ 可由 $\boldsymbol{\alpha}_1, \boldsymbol{\alpha}_2, \cdots, \boldsymbol{\alpha}_n$ 线性表示, 且表示式唯一.

证明 记 $\boldsymbol{A} = (\boldsymbol{\alpha}_1, \boldsymbol{\alpha}_2, \cdots, \boldsymbol{\alpha}_n), \boldsymbol{B} = (\boldsymbol{\alpha}_1, \boldsymbol{\alpha}_2, \cdots, \boldsymbol{\alpha}_n, \boldsymbol{\beta})$, 显然有 $R(\boldsymbol{A}) \leqslant R(\boldsymbol{B})$. 因为向量组 A 线性无关, 由定理 4 知 $R(\boldsymbol{A}) = n$; 又向量组 B 线性相关, 所以有 $R(\boldsymbol{B}) < n+1$. 因此

$$n \leqslant R(\boldsymbol{B}) < n+1,$$

即

$$R(\boldsymbol{B}) = n.$$

构造线性方程组 $\boldsymbol{A}\boldsymbol{x} = \boldsymbol{\beta}$, 由于 $R(\boldsymbol{A}) = R(\boldsymbol{B}) = n$, 所以此方程组有唯一解. 故向量 $\boldsymbol{\beta}$ 可由向量组 A 线性表示, 且表示式唯一.

例 6　已知向量组 $\boldsymbol{\alpha}_1, \boldsymbol{\alpha}_2, \boldsymbol{\alpha}_3$ 线性无关, 向量组 $\boldsymbol{\alpha}_2, \boldsymbol{\alpha}_3, \boldsymbol{\alpha}_4$ 线性相关, 证明

(1) $\boldsymbol{\alpha}_4$ 可由 $\boldsymbol{\alpha}_2, \boldsymbol{\alpha}_3$ 线性表示;

(2) $\boldsymbol{\alpha}_1$ 不可由 $\boldsymbol{\alpha}_2, \boldsymbol{\alpha}_3, \boldsymbol{\alpha}_4$ 线性表示.

证明　(1) 因为 $\boldsymbol{\alpha}_1, \boldsymbol{\alpha}_2, \boldsymbol{\alpha}_3$ 线性无关, 即有 $\boldsymbol{\alpha}_2, \boldsymbol{\alpha}_3$ 线性无关, 而 $\boldsymbol{\alpha}_2, \boldsymbol{\alpha}_3, \boldsymbol{\alpha}_4$ 线性相关, 利用定理 4 的推论 5, 得 $\boldsymbol{\alpha}_4$ 可由 $\boldsymbol{\alpha}_2, \boldsymbol{\alpha}_3$ 线性表示.

(2) 因为 $\boldsymbol{\alpha}_2, \boldsymbol{\alpha}_3, \boldsymbol{\alpha}_4$ 线性相关, 由定理 4 的推论 3 知, $\boldsymbol{\alpha}_1, \boldsymbol{\alpha}_2, \boldsymbol{\alpha}_3, \boldsymbol{\alpha}_4$ 线性相关, 从而存在一组不全为零的数 k_1, k_2, k_3, k_4, 使

$$k_1\boldsymbol{\alpha}_1 + k_2\boldsymbol{\alpha}_2 + k_3\boldsymbol{\alpha}_3 + k_4\boldsymbol{\alpha}_4 = \boldsymbol{0}.$$

下证 $k_1 = 0$. 反证法, 假设 $\boldsymbol{\alpha}_1$ 可由 $\boldsymbol{\alpha}_2, \boldsymbol{\alpha}_3, \boldsymbol{\alpha}_4$ 线性表示, 即 $k_1 \neq 0$, 则有

$$\boldsymbol{\alpha}_1 = -\frac{k_2}{k_1}\boldsymbol{\alpha}_2 - \frac{k_3}{k_1}\boldsymbol{\alpha}_3 - \frac{k_4}{k_1}\boldsymbol{\alpha}_4,$$

由 (1) 知 $\boldsymbol{\alpha}_4$ 可由 $\boldsymbol{\alpha}_2, \boldsymbol{\alpha}_3$ 线性表示, 则上述表示 $\boldsymbol{\alpha}_1$ 可由 $\boldsymbol{\alpha}_2, \boldsymbol{\alpha}_3$ 线性表示, 也就是 $\boldsymbol{\alpha}_1, \boldsymbol{\alpha}_2, \boldsymbol{\alpha}_3$ 线性相关, 与已知条件矛盾, 故 $k_1 = 0$, 即 $\boldsymbol{\alpha}_1$ 不可由 $\boldsymbol{\alpha}_2, \boldsymbol{\alpha}_3, \boldsymbol{\alpha}_4$ 线性表示.

例 7　已知向量组 $\boldsymbol{\alpha}_1 = \begin{pmatrix} 1 \\ 1 \\ 3 \\ 1 \end{pmatrix}, \boldsymbol{\alpha}_2 = \begin{pmatrix} -1 \\ 1 \\ -1 \\ 3 \end{pmatrix}, \boldsymbol{\alpha}_3 = \begin{pmatrix} 5 \\ -2 \\ 8 \\ -9 \end{pmatrix}$,

(1) 讨论向量组 $\boldsymbol{\alpha}_1, \boldsymbol{\alpha}_2, \boldsymbol{\alpha}_3$ 及向量组 $\boldsymbol{\alpha}_1, \boldsymbol{\alpha}_2$ 的线性相关性;

(2) 向量 $\boldsymbol{\alpha}_3$ 能否由向量组 $\boldsymbol{\alpha}_1, \boldsymbol{\alpha}_2$ 线性表示? 若能, 将 $\boldsymbol{\alpha}_3$ 表示成 $\boldsymbol{\alpha}_1, \boldsymbol{\alpha}_2$ 的线性组合.

解　(1) 设矩阵 $\boldsymbol{A} = (\boldsymbol{\alpha}_1, \boldsymbol{\alpha}_2, \boldsymbol{\alpha}_3)$, 对 $\boldsymbol{A}$ 施行初等行变换, 化为行最简形矩阵.

$$\boldsymbol{A} = \begin{pmatrix} 1 & -1 & 5 \\ 1 & 1 & -2 \\ 3 & -1 & 8 \\ 1 & 3 & -9 \end{pmatrix} \xrightarrow[r_4 - r_1]{\substack{r_2 - r_1 \\ r_3 - 3r_1}} \begin{pmatrix} 1 & -1 & 5 \\ 0 & 2 & -7 \\ 0 & 2 & -7 \\ 0 & 4 & -14 \end{pmatrix}$$

$$\xrightarrow[\frac{1}{2}r_2]{\substack{r_3-r_2\\ r_4-2r_2}}\begin{pmatrix}1&-1&5\\0&1&-\dfrac{7}{2}\\0&0&0\\0&0&0\end{pmatrix}\xrightarrow{r_1+r_2}\begin{pmatrix}1&0&\dfrac{3}{2}\\0&1&-\dfrac{7}{2}\\0&0&0\\0&0&0\end{pmatrix},$$

可见 $R(\boldsymbol{\alpha}_1,\boldsymbol{\alpha}_2,\boldsymbol{\alpha}_3)=2$, 由定理 4 知向量组 $\boldsymbol{\alpha}_1,\boldsymbol{\alpha}_2,\boldsymbol{\alpha}_3$ 线性相关; 又 $R(\boldsymbol{\alpha}_1,\boldsymbol{\alpha}_2)=2$, 由定理 4 知, 向量组 $\boldsymbol{\alpha}_1,\boldsymbol{\alpha}_2$ 线性无关.

(2) 利用定理 4 的推论 5, 得向量 $\boldsymbol{\alpha}_3$ 可由向量组 $\boldsymbol{\alpha}_1,\boldsymbol{\alpha}_2$ 线性表示, 且表示方法唯一, 线性组合 $\boldsymbol{\alpha}_3=\dfrac{3}{2}\boldsymbol{\alpha}_1-\dfrac{7}{2}\boldsymbol{\alpha}_2$.

4.3 向量组的秩

由 4.2 节的讨论, 若 3 维几何空间中 3 个非零向量 $\boldsymbol{\alpha}_1,\boldsymbol{\alpha}_2,\boldsymbol{\alpha}_3$ 共面, 但两两不共线, 表示向量组 $\boldsymbol{\alpha}_1,\boldsymbol{\alpha}_2,\boldsymbol{\alpha}_3$ 线性相关, 而部分组 $\boldsymbol{\alpha}_1,\boldsymbol{\alpha}_2$; $\boldsymbol{\alpha}_1,\boldsymbol{\alpha}_3$; $\boldsymbol{\alpha}_2,\boldsymbol{\alpha}_3$ 线性无关, 部分组 $\boldsymbol{\alpha}_1$; $\boldsymbol{\alpha}_2$; $\boldsymbol{\alpha}_3$ 也线性无关. 含有 2 个向量的部分组与含有 1 个向量的部分组都线性无关, 它们具有什么特性呢? 比如部分组 $\boldsymbol{\alpha}_1$ 线性无关, 添上 $\boldsymbol{\alpha}_3$ 也线性无关, 那么 $\boldsymbol{\alpha}_3$ 不可由 $\boldsymbol{\alpha}_1$ 线性表示; 部分组 $\boldsymbol{\alpha}_1,\boldsymbol{\alpha}_2$ 线性无关, 但添上 $\boldsymbol{\alpha}_3$ 后线性相关, 则 $\boldsymbol{\alpha}_3$ 可由 $\boldsymbol{\alpha}_1,\boldsymbol{\alpha}_2$ 线性表示, 这就是说 $\boldsymbol{\alpha}_3$ 的许多性质完全可由 $\boldsymbol{\alpha}_1$ 和 $\boldsymbol{\alpha}_2$ 来反映. 因此, 线性无关部分组 $\boldsymbol{\alpha}_1,\boldsymbol{\alpha}_2$ 在原向量组中具有重要作用. 为此, 引入下述概念.

定义 5 设 A 是 n 维向量组, 若

(1) A 中有 r 个向量 $\boldsymbol{\alpha}_1,\boldsymbol{\alpha}_2,\cdots,\boldsymbol{\alpha}_r$ 线性无关;

(2) A 中任意 $r+1$ 个向量 (若存在的话) 都线性相关,

则称 $\boldsymbol{\alpha}_1,\boldsymbol{\alpha}_2,\cdots,\boldsymbol{\alpha}_r$ 是向量组 A 的一个**极大线性无关组** (简称**极大无关组**). 极大线性无关组所含向量个数 r 称为**向量组 A 的秩**, 记作 R_A.

只含零向量的向量组没有极大无关组, 规定它的秩为 0.

例 8 设有向量组

$$\boldsymbol{\alpha}_1=\begin{pmatrix}1\\1\\1\end{pmatrix},\quad \boldsymbol{\alpha}_2=\begin{pmatrix}1\\3\\0\end{pmatrix},\quad \boldsymbol{\alpha}_3=\begin{pmatrix}2\\4\\1\end{pmatrix},$$

试求该向量组的一个极大无关组.

解 因为向量 $\boldsymbol{\alpha}_1,\boldsymbol{\alpha}_2$ 对应分量不成比例, 所以向量组 $\boldsymbol{\alpha}_1,\boldsymbol{\alpha}_2$ 线性无关. 又 $\boldsymbol{\alpha}_3=\boldsymbol{\alpha}_1+\boldsymbol{\alpha}_2$, 即 $\boldsymbol{\alpha}_3$ 可由 $\boldsymbol{\alpha}_1,\boldsymbol{\alpha}_2$ 线性表示, 向量组 $\boldsymbol{\alpha}_1,\boldsymbol{\alpha}_2,\boldsymbol{\alpha}_3$ 线性相关, 所以 $\boldsymbol{\alpha}_1,\boldsymbol{\alpha}_2$ 是向量组 $\boldsymbol{\alpha}_1,\boldsymbol{\alpha}_2,\boldsymbol{\alpha}_3$ 的一个极大无关组. □

在例 8 中, 因为向量组 $\boldsymbol{\alpha}_1,\boldsymbol{\alpha}_2,\boldsymbol{\alpha}_3$ 中任意两个向量的对应分量都不成比例, 所以 $\boldsymbol{\alpha}_1,\boldsymbol{\alpha}_2,\boldsymbol{\alpha}_3$ 中任意两个向量也线性无关, 它们都是向量组 $\boldsymbol{\alpha}_1,\boldsymbol{\alpha}_2,\boldsymbol{\alpha}_3$ 的极大无关组. 而每个极大无关组所含向量的个数都是 2, 即秩为 2. 可见, 向量组的极大线性无关组不一定唯一, 但秩唯一.

由定义 5 可以看出:

(1) 向量组 A 与其任意一个极大线性无关组等价;

(2) 由向量组等价的传递性可知, 向量组 A 的任意两个极大线性无关组等价;

(3) 根据定理 2 的推论 1, 向量组 A 的任意两个极大线性无关组所含向量个数相等.

定理 5 矩阵的秩等于它的列向量组的秩, 也等于它的行向量组的秩.

证明 记 $\boldsymbol{A}=(\boldsymbol{\alpha}_1,\boldsymbol{\alpha}_2,\cdots,\boldsymbol{\alpha}_n), R(\boldsymbol{A})=r$, 设 $\boldsymbol{A}$ 的某个 r 阶子式 $D_r\neq 0$. 由定理 4 知 $\boldsymbol{A}$ 中 D_r 所在的 r 个列向量线性无关. 因为 $\boldsymbol{A}$ 的所有 $r+1$ 阶子式全为零, 所以 $\boldsymbol{A}$ 的任意 $r+1$ 个列向量都线性相关, 那么 $\boldsymbol{A}$ 中 D_r 所在的 r 个列向量是向量组 $\boldsymbol{\alpha}_1,\boldsymbol{\alpha}_2,\cdots,\boldsymbol{\alpha}_n$ 的一个极大无关组, 所以 $\boldsymbol{A}$ 的列向量组的秩是 r.

类似可证明 $\boldsymbol{A}$ 的行向量组的秩也是 r. □

定理 5 给出了求向量组 $\boldsymbol{\alpha}_1,\boldsymbol{\alpha}_2,\cdots,\boldsymbol{\alpha}_n$ 的秩和极大无关组的方法: 构造矩阵 $\boldsymbol{A}=(\boldsymbol{\alpha}_1,\boldsymbol{\alpha}_2,\cdots,\boldsymbol{\alpha}_n)$, 对 $\boldsymbol{A}$ 施行初等行变换, 化为行阶梯形矩阵 $\boldsymbol{B}$. $\boldsymbol{B}$ 的非零行行数就是 $\boldsymbol{A}$ 的秩, 也是 $\boldsymbol{A}$ 的列向量组的秩. 由于初等行变换不改变列向量组的线性相关性, 所以 $\boldsymbol{B}$ 的 r 个线性无关列向量对应于 $\boldsymbol{A}$ 的一个极大无关组. 这就是说, 若 $\boldsymbol{B}$ 的非零行的第一个非零元的列标是 $j_1,j_2,\cdots,j_r$, 那么, $\boldsymbol{A}$ 的 $j_1,j_2,\cdots,j_r$ 列构成 $\boldsymbol{A}$ 的列向量组的一个极大无关组. 若进一步讨论向量组中的其余向量 (若存在的话) 由极大无关组线性表示, 则对 $\boldsymbol{B}$ 施行初等行变换化为行最简形矩阵 $\boldsymbol{C}$, 其余向量在 $\boldsymbol{C}$ 中对应各列的非零分量即线性组合的系数.

通常, 不加区分地把矩阵 $\boldsymbol{A}$ 的秩与向量组 A 的秩都记作 $R(\boldsymbol{A})$.

例 9 设向量组 A:

$$\boldsymbol{\alpha}_1=\begin{pmatrix}1\\-1\\2\\4\end{pmatrix},\quad \boldsymbol{\alpha}_2=\begin{pmatrix}0\\3\\1\\2\end{pmatrix},\quad \boldsymbol{\alpha}_3=\begin{pmatrix}3\\0\\7\\14\end{pmatrix},$$

$$\boldsymbol{\alpha}_4=\begin{pmatrix}2\\1\\5\\6\end{pmatrix},\quad \boldsymbol{\alpha}_5=\begin{pmatrix}1\\-1\\2\\0\end{pmatrix},$$

求向量组 A 的一个极大无关组, 并将其余向量用该极大无关组线性表示.

解 记矩阵 $\boldsymbol{A}=(\boldsymbol{\alpha}_1,\boldsymbol{\alpha}_2,\boldsymbol{\alpha}_3,\boldsymbol{\alpha}_4,\boldsymbol{\alpha}_5)$, 用初等行变换将 $\boldsymbol{A}$ 化为行阶梯形矩阵 $\boldsymbol{B}$.

$$\boldsymbol{A}=\begin{pmatrix}1&0&3&2&1\\-1&3&0&1&-1\\2&1&7&5&2\\4&2&14&6&0\end{pmatrix}\xrightarrow[r_4-4r_1]{\substack{r_2+r_1\\r_3-2r_1}}\begin{pmatrix}1&0&3&2&1\\0&3&3&3&0\\0&1&1&1&0\\0&2&2&-2&-4\end{pmatrix}$$

$$\xrightarrow[r_4-2r_3]{r_2-3r_3}\begin{pmatrix}1&0&3&2&1\\0&0&0&0&0\\0&1&1&1&0\\0&0&0&-4&-4\end{pmatrix}\xrightarrow[r_3\leftrightarrow r_4]{r_2\leftrightarrow r_3}\begin{pmatrix}1&0&3&2&1\\0&1&1&1&0\\0&0&0&-4&-4\\0&0&0&0&0\end{pmatrix}=\boldsymbol{B},$$

得 $R(\boldsymbol{A})=R(\boldsymbol{B})=3$, 由阶梯形矩阵 $\boldsymbol{B}$ 可见, 3 个非零行的第 1 个非零元素分别在第 1, 2, 4 列, 故 $\boldsymbol{\alpha}_1,\boldsymbol{\alpha}_2,\boldsymbol{\alpha}_4$ 为向量组 A 的一个极大无关组.

进一步对 $\boldsymbol{B}$ 施行初等行变换, 化为行最简形矩阵 $\boldsymbol{C}$.

$$\boldsymbol{B}\xrightarrow[-\frac{1}{4}r_3]{\substack{r_1+\frac{1}{2}r_3\\r_2+\frac{1}{4}r_3}}\begin{pmatrix}1&0&3&0&-1\\0&1&1&0&-1\\0&0&0&1&1\\0&0&0&0&0\end{pmatrix}=\boldsymbol{C}.$$

为把 $\boldsymbol{\alpha}_5$ 用极大无关组 $\boldsymbol{\alpha}_1,\boldsymbol{\alpha}_2,\boldsymbol{\alpha}_4$ 线性表示, 考虑线性方程组

$$x_1\boldsymbol{\alpha}_1+x_2\boldsymbol{\alpha}_2+x_4\boldsymbol{\alpha}_4=\boldsymbol{\alpha}_5,$$

对其增广矩阵 $(\boldsymbol{\alpha}_1,\boldsymbol{\alpha}_2,\boldsymbol{\alpha}_4,\boldsymbol{\alpha}_5)$ 施行初等行变换, 化为行最简形矩阵, 即是上述 $\boldsymbol{C}$ 划去第 3 列, 因此 $x_1=-1,x_2=-1,x_4=1$, 故 $\boldsymbol{\alpha}_5=-\boldsymbol{\alpha}_1-\boldsymbol{\alpha}_2+\boldsymbol{\alpha}_4$.

同理可得 $\boldsymbol{\alpha}_3=3\boldsymbol{\alpha}_1+\boldsymbol{\alpha}_2$.

4.4 线性方程组解的结构

第 3 章用矩阵的初等变换法讨论了线性方程组有解的充分必要条件和求解的方法, 这一节利用向量组的线性相关性理论讨论线性方程组解的结构.

4.4.1 齐次线性方程组解的结构

设齐次线性方程组为

$$\begin{cases} a_{11}x_1 + a_{12}x_2 + \cdots + a_{1n}x_n = 0, \\ a_{21}x_1 + a_{22}x_2 + \cdots + a_{2n}x_n = 0, \\ \cdots\cdots \\ a_{m1}x_1 + a_{m2}x_2 + \cdots + a_{mn}x_n = 0, \end{cases} \tag{4.1}$$

对应的矩阵方程为

$$\boldsymbol{A}\boldsymbol{x} = \boldsymbol{0}. \tag{4.2}$$

若 $x_1 = k_1, x_2 = k_2, \cdots, x_n = k_n$ 满足 (4.1), 则向量 $\boldsymbol{x} = (x_1, x_2, \cdots, x_n)^{\mathrm{T}}$ 称为 (4.1) 的**解向量**, 同时也是 (4.2) 的**解**.

一般地, 齐次线性方程组的解具有以下性质.

性质 1　若 $\boldsymbol{x} = \boldsymbol{\xi}_1, \boldsymbol{x} = \boldsymbol{\xi}_2$ 是 (4.2) 的解, 则 $\boldsymbol{x} = \boldsymbol{\xi}_1 + \boldsymbol{\xi}_2$ 也是 (4.2) 的解.

证明　因为 $\boldsymbol{A}\boldsymbol{\xi}_1 = \boldsymbol{0}, \boldsymbol{A}\boldsymbol{\xi}_2 = \boldsymbol{0}$, 得

$$\boldsymbol{A}(\boldsymbol{\xi}_1 + \boldsymbol{\xi}_2) = \boldsymbol{A}\boldsymbol{\xi}_1 + \boldsymbol{A}\boldsymbol{\xi}_2 = \boldsymbol{0} + \boldsymbol{0} = \boldsymbol{0},$$

所以 $\boldsymbol{x} = \boldsymbol{\xi}_1 + \boldsymbol{\xi}_2$ 是 (4.2) 的解.

性质 2　若 $\boldsymbol{x} = \boldsymbol{\xi}$ 是 (4.2) 的解, λ 是数, 则 $\boldsymbol{x} = \lambda\boldsymbol{\xi}$ 也是 (4.2) 的解.

证明　因为 $\boldsymbol{A}\boldsymbol{\xi} = \boldsymbol{0}$, 得

$$\boldsymbol{A}(\lambda\boldsymbol{\xi}) = \lambda(\boldsymbol{A}\boldsymbol{\xi}) = \lambda \cdot \boldsymbol{0} = \boldsymbol{0},$$

所以 $\boldsymbol{x} = \lambda\boldsymbol{\xi}$ 是 (4.2) 的解.

将性质 1 和性质 2 推广, 可进一步得到更一般的性质.

性质 3　若 $\boldsymbol{x}_1 = \boldsymbol{\xi}_1, \boldsymbol{x}_2 = \boldsymbol{\xi}_2, \cdots, \boldsymbol{x}_t = \boldsymbol{\xi}_t$ 是 (4.2) 的解, $\lambda_1, \lambda_2, \cdots, \lambda_t$ 为任意数, 则它们的线性组合 $\lambda_1\boldsymbol{\xi}_1 + \lambda_2\boldsymbol{\xi}_2 + \cdots + \lambda_t\boldsymbol{\xi}_t$ 仍是 (4.2) 的解.

定义 6　若齐次线性方程组的一组解 $\boldsymbol{\xi}_1, \boldsymbol{\xi}_2, \cdots, \boldsymbol{\xi}_t$ 满足

(1) $\boldsymbol{\xi}_1, \boldsymbol{\xi}_2, \cdots, \boldsymbol{\xi}_t$ 线性无关;

(2) 齐次线性方程组的任一解 $\boldsymbol{x}$ 都可由 $\boldsymbol{\xi}_1, \boldsymbol{\xi}_2, \cdots, \boldsymbol{\xi}_t$ 线性表示,

则称 $\boldsymbol{\xi}_1, \boldsymbol{\xi}_2, \cdots, \boldsymbol{\xi}_t$ 为齐次线性方程组的一个**基础解系**.

齐次线性方程组全体解向量组成的集合记作 $S = \{\boldsymbol{x} | \boldsymbol{A}\boldsymbol{x} = \boldsymbol{0}\}$. 由定义 6 可知, 齐次线性方程组的基础解系就是解集合 S 的一个极大线性无关组, 基础解系所含向量的个数就是解集合 S 的秩 R_S. 从而齐次线性方程组的任一解都可由基础解系表示成

$$\boldsymbol{x} = k_1\boldsymbol{\xi}_1 + k_2\boldsymbol{\xi}_2 + \cdots + k_t\boldsymbol{\xi}_t \quad (k_1, k_2, \cdots, k_t \in \mathbf{R}).$$

它包含了齐次线性方程组的全体解, 称为齐次线性方程组的**通解**. 同时也给出了齐次线性方程组解的结构.

定理 6　设齐次线性方程组 (4.1) 的系数矩阵 $\boldsymbol{A}$ 的秩 $R(\boldsymbol{A})=r$, 若 $r<n$, 则方程组有基础解系, 并且基础解系中含有 $n-r$ 个线性无关的解向量; 若 $r=n$, 则方程组只有零解.

证明　设 $r<n$, 对系数矩阵 $\boldsymbol{A}$ 施行初等行变换, 化为行最简形矩阵 $\boldsymbol{C}$, 不妨设 $\boldsymbol{C}$ 有如下形式:

$$\boldsymbol{C}=\begin{pmatrix} 1 & 0 & \cdots & 0 & c_{1,r+1} & \cdots & c_{1n} \\ 0 & 1 & \cdots & 0 & c_{2,r+1} & \cdots & c_{2n} \\ \vdots & \vdots & & \vdots & \vdots & & \vdots \\ 0 & 0 & \cdots & 1 & c_{r,r+1} & \cdots & c_{rn} \\ 0 & 0 & \cdots & 0 & 0 & \cdots & 0 \\ \vdots & \vdots & & \vdots & \vdots & & \vdots \\ 0 & 0 & \cdots & 0 & 0 & \cdots & 0 \end{pmatrix},$$

$\boldsymbol{C}$ 对应的线性方程组是

$$\begin{cases} x_1=-c_{1,r+1}x_{r+1}-c_{1,r+2}x_{r+2}-\cdots-c_{1n}x_n, \\ x_2=-c_{2,r+1}x_{r+1}-c_{2,r+2}x_{r+2}-\cdots-c_{2n}x_n, \\ \qquad\cdots\cdots \\ x_r=-c_{r,r+1}x_{r+1}-c_{r,r+2}x_{r+2}-\cdots-c_{rn}x_n, \end{cases} \tag{4.3}$$

其中 $x_{r+1},x_{r+2},\cdots,x_n$ 为自由未知量. 依次取

$$\begin{pmatrix} x_{r+1} \\ x_{r+2} \\ \vdots \\ x_n \end{pmatrix}=\begin{pmatrix} 1 \\ 0 \\ \vdots \\ 0 \end{pmatrix},\begin{pmatrix} 0 \\ 1 \\ \vdots \\ 0 \end{pmatrix},\cdots,\begin{pmatrix} 0 \\ 0 \\ \vdots \\ 1 \end{pmatrix},$$

它们是 $n-r$ 维基本单位向量组, 所以线性无关. 将其代入 (4.3) 得 (4.1) 的 $n-r$ 个解向量

$$\boldsymbol{\xi}_1=\begin{pmatrix} -c_{1,r+1} \\ \vdots \\ -c_{r,r+1} \\ 1 \\ 0 \\ \vdots \\ 0 \end{pmatrix},\boldsymbol{\xi}_2=\begin{pmatrix} -c_{1,r+2} \\ \vdots \\ -c_{r,r+2} \\ 0 \\ 1 \\ \vdots \\ 0 \end{pmatrix},\cdots,\boldsymbol{\xi}_{n-r}=\begin{pmatrix} -c_{1,n} \\ \vdots \\ -c_{r,n} \\ 0 \\ 0 \\ \vdots \\ 1 \end{pmatrix}. \tag{4.4}$$

下面证明 $\boldsymbol{\xi}_1,\boldsymbol{\xi}_2,\cdots,\boldsymbol{\xi}_{n-r}$ 就是齐次线性方程组 (4.1) 的一个基础解系.

首先, 向量组 $\boldsymbol{\xi}_1,\boldsymbol{\xi}_2,\cdots,\boldsymbol{\xi}_{n-r}$ 是 $n-r$ 维基本单位向量组添加 r 个分量所得到的向量组, 由定理 4 的推论 4 知, 向量组 $\boldsymbol{\xi}_1,\boldsymbol{\xi}_2,\cdots,\boldsymbol{\xi}_{n-r}$ 线性无关.

其次, 设齐次线性方程组 (4.1) 的任一解向量为 $\boldsymbol{\xi}=(k_1,k_2,\cdots,k_n)^{\mathrm{T}}$, 则 $\boldsymbol{\xi}$ 满足 (4.1) 的同解方程组 (4.3), 即

$$\begin{cases} k_1=-c_{1,r+1}k_{r+1}-c_{1,r+2}k_{r+2}-\cdots-c_{1n}k_n, \\ k_2=-c_{2,r+1}k_{r+1}-c_{2,r+2}k_{r+2}-\cdots-c_{2n}k_n, \\ \qquad\cdots\cdots \\ k_r=-c_{r,r+1}k_{r+1}-c_{r,r+2}k_{r+2}-\cdots-c_{rn}k_n. \end{cases}$$

于是 $\boldsymbol{\xi}$ 可以表示成如下形式:

$$\begin{aligned}\boldsymbol{\xi}=\begin{pmatrix} k_1 \\ \vdots \\ k_r \\ k_{r+1} \\ \vdots \\ k_n \end{pmatrix}&=\begin{pmatrix} -c_{1,r+1}k_{r+1}-c_{1,r+2}k_{r+2}-\cdots-c_{1n}k_n \\ \vdots \\ -c_{r,r+1}k_{r+1}-c_{r,r+2}k_{r+2}-\cdots-c_{rn}k_n \\ k_{r+1} \\ \vdots \\ k_n \end{pmatrix}\\ &=k_{r+1}\boldsymbol{\xi}_1+k_{r+2}\boldsymbol{\xi}_2+\cdots+k_n\boldsymbol{\xi}_{n-r},\end{aligned}$$

从而, 齐次线性方程组 (4.1) 的任一解向量都可表示为 $\boldsymbol{\xi}_1,\boldsymbol{\xi}_2,\cdots,\boldsymbol{\xi}_{n-r}$ 的线性组合. 所以 $\boldsymbol{\xi}_1,\boldsymbol{\xi}_2,\cdots,\boldsymbol{\xi}_{n-r}$ 是齐次线性方程组 (4.1) 的一个基础解系.

当 $r=n$ 时, 齐次线性方程组 (4.1) 只有零解. □

定理 6 表明, 齐次线性方程组 (4.1) 的基础解系含有 $n-r$ 个解向量, 也就是 (4.1) 的解集 S 的秩 $R_S=n-r$. 由于基础解系是解向量的极大无关组, 所以基础解系不唯一. 同时, 对于齐次线性方程组 (4.1), 定理 6 的证明过程给出了求基础解系的一般方法 (设 $R(\boldsymbol{A})=r<n$):

(1) 对系数矩阵 $\boldsymbol{A}$ 施行初等行变换, 化为行最简形矩阵 $\boldsymbol{C}$;

(2) 写出矩阵 $\boldsymbol{C}$ 对应的线性方程组 (4.3);

(3) 对方程组 (4.3) 的自由未知量取 $n-r$ 个线性无关向量, 代入方程组 (4.3) 求得齐次线性方程组 (4.1) 的 $n-r$ 个解向量 $\boldsymbol{\xi}_1,\boldsymbol{\xi}_2,\cdots,\boldsymbol{\xi}_{n-r}$, 它们构成一个基础解系.

例 10　求齐次线性方程组

$$\begin{cases} x_1+x_2+x_3+x_4=0, \\ x_1+3x_2+2x_3+4x_4=0, \\ 2x_1+x_3-x_4=0 \end{cases}$$

的一个基础解系及通解.

解 对系数矩阵 $\boldsymbol{A}$ 施行初等行变换, 化为行最简形矩阵.

$$\boldsymbol{A}=\begin{pmatrix}1&1&1&1\\1&3&2&4\\2&0&1&-1\end{pmatrix}\xrightarrow[r_3-2r_1]{r_2-r_1}\begin{pmatrix}1&1&1&1\\0&2&1&3\\0&-2&-1&-3\end{pmatrix}$$

$$\xrightarrow[\frac{1}{2}r_2]{r_3+r_2}\begin{pmatrix}1&1&1&1\\0&1&\frac{1}{2}&\frac{3}{2}\\0&0&0&0\end{pmatrix}\xrightarrow{r_1-r_2}\begin{pmatrix}1&0&\frac{1}{2}&-\frac{1}{2}\\0&1&\frac{1}{2}&\frac{3}{2}\\0&0&0&0\end{pmatrix}.$$

对应的同解方程组为

$$\begin{cases}x_1=-\dfrac{1}{2}x_3+\dfrac{1}{2}x_4,\\x_2=-\dfrac{1}{2}x_3-\dfrac{3}{2}x_4,\end{cases}$$

其中 x_3,x_4 为自由未知量, 依次取 $\begin{pmatrix}x_3\\x_4\end{pmatrix}=\begin{pmatrix}1\\0\end{pmatrix},\begin{pmatrix}0\\1\end{pmatrix}$, 分别得 $\begin{pmatrix}x_1\\x_2\end{pmatrix}=$ $\begin{pmatrix}-\frac{1}{2}\\-\frac{1}{2}\end{pmatrix},\begin{pmatrix}\frac{1}{2}\\-\frac{3}{2}\end{pmatrix}$, 于是有方程组的一个基础解系 $\boldsymbol{\xi}_1=\begin{pmatrix}-\frac{1}{2}\\-\frac{1}{2}\\1\\0\end{pmatrix},\boldsymbol{\xi}_2=\begin{pmatrix}\frac{1}{2}\\-\frac{3}{2}\\0\\1\end{pmatrix}$.

通解为 $\boldsymbol{x}=k_1\boldsymbol{\xi}_1+k_2\boldsymbol{\xi}_2(k_1,k_2\in\mathbf{R})$.

另外, 需要注意的是, 基础解系的求法不唯一. 若取 $\begin{pmatrix}x_3\\x_4\end{pmatrix}=\begin{pmatrix}1\\0\end{pmatrix},\begin{pmatrix}1\\1\end{pmatrix}$, 则方程组的另一个基础解系为 $\boldsymbol{\eta}_1=\begin{pmatrix}-\frac{1}{2}\\-\frac{1}{2}\\1\\0\end{pmatrix},\boldsymbol{\eta}_2=\begin{pmatrix}0\\-2\\1\\1\end{pmatrix}$. 通解为 $\boldsymbol{x}=k_1\boldsymbol{\eta}_1+k_2\boldsymbol{\eta}_2(k_1,k_2\in\mathbf{R})$.

4.4.2　非齐次线性方程组解的结构

设非齐次线性方程组为

$$\begin{cases} a_{11}x_1 + a_{12}x_2 + \cdots + a_{1n}x_n = b_1, \\ a_{21}x_1 + a_{22}x_2 + \cdots + a_{2n}x_n = b_2, \\ \quad\cdots\cdots \\ a_{m1}x_1 + a_{m2}x_2 + \cdots + a_{mn}x_n = b_m, \end{cases} \tag{4.5}$$

对应的矩阵方程为

$$\boldsymbol{Ax} = \boldsymbol{b}, \tag{4.6}$$

齐次线性方程组

$$\boldsymbol{Ax} = \boldsymbol{0}$$

称为**由非齐次线性方程组 (4.5) 导出的齐次线性方程组**, 简称**导出组**. 非齐次线性方程组的解与其导出组的解有密切的联系.

一般地, 非齐次线性方程组的解具有以下性质.

性质 1　若 $\boldsymbol{x} = \boldsymbol{\eta}_1, \boldsymbol{x} = \boldsymbol{\eta}_2$ 都是 (4.5) 的解, 则 $\boldsymbol{x} = \boldsymbol{\eta}_2 - \boldsymbol{\eta}_1$ 是其导出组的解.

证明　因为

$$\boldsymbol{A}(\boldsymbol{\eta}_2 - \boldsymbol{\eta}_1) = \boldsymbol{A\eta}_2 - \boldsymbol{A\eta}_1 = \boldsymbol{b} - \boldsymbol{b} = \boldsymbol{0},$$

所以 $\boldsymbol{x} = \boldsymbol{\eta}_2 - \boldsymbol{\eta}_1$ 是其导出组的解.

性质 2　若 $\boldsymbol{x} = \boldsymbol{\eta}$ 是 (4.5) 的解, $\boldsymbol{x} = \boldsymbol{\xi}$ 是其导出组的解, 则 $\boldsymbol{x} = \boldsymbol{\eta} + \boldsymbol{\xi}$ 仍是 (4.5) 的解.

证明　因为

$$\boldsymbol{A}(\boldsymbol{\eta} + \boldsymbol{\xi}) = \boldsymbol{A\eta} + \boldsymbol{A\xi} = \boldsymbol{b} + \boldsymbol{0} = \boldsymbol{b},$$

所以 $\boldsymbol{x} = \boldsymbol{\eta} + \boldsymbol{\xi}$ 是非齐次线性方程组的解. □

由以上性质可知, 若求得 (4.5) 的一个解 $\boldsymbol{\eta}_0$(通常称为**特解**), 则 (4.5) 的任一解 $\boldsymbol{x}$ 总可表示为

$$\boldsymbol{x} = \boldsymbol{\eta}_0 + \boldsymbol{\xi},$$

其中 $\boldsymbol{\xi}$ 是其导出组的任一解.

定理 7　若 $\boldsymbol{\eta}_0$ 是方程组 (4.5) 的一个解, $\boldsymbol{\xi}_1, \boldsymbol{\xi}_2, \cdots, \boldsymbol{\xi}_{n-r}$ 是其导出组的一个基础解系, 则

$$\boldsymbol{x} = \boldsymbol{\eta}_0 + k_1\boldsymbol{\xi}_1 + k_2\boldsymbol{\xi}_2 + \cdots + k_{n-r}\boldsymbol{\xi}_{n-r} \quad (k_1, k_2, \cdots, k_{n-r} \in \mathbf{R}) \tag{4.7}$$

是方程组 (4.5) 的解.

式 (4.7) 包含了非齐次线性方程组 (4.5) 的全部解, 称为方程组 (4.5) 的通解. 同时, 式 (4.7) 也给出了非齐次线性方程组解的结构, 即方程组 (4.5) 的通解等于它的一个特解加上其导出组的通解.

例 11 求解非齐次线性方程组

$$\begin{cases} x_1+x_2+2x_3-x_4=5, \\ 2x_1+3x_2-x_3+x_4=4, \\ x_1+3x_2-8x_3+5x_4=-7. \end{cases}$$

解 对增广矩阵 $\bar{\boldsymbol{A}}$ 施行初等行变换, 化为行最简形矩阵.

$$\bar{\boldsymbol{A}}=\left(\begin{array}{cccc|c} 1 & 1 & 2 & -1 & 5 \\ 2 & 3 & -1 & 1 & 4 \\ 1 & 3 & -8 & 5 & -7 \end{array}\right) \xrightarrow[r_3-r_1]{r_2-2r_1} \left(\begin{array}{cccc|c} 1 & 1 & 2 & -1 & 5 \\ 0 & 1 & -5 & 3 & -6 \\ 0 & 2 & -10 & 6 & -12 \end{array}\right)$$

$$\xrightarrow[r_3-2r_2]{r_1-r_2} \left(\begin{array}{cccc|c} 1 & 0 & 7 & -4 & 11 \\ 0 & 1 & -5 & 3 & -6 \\ 0 & 0 & 0 & 0 & 0 \end{array}\right),$$

于是 $R(\boldsymbol{A})=R(\bar{\boldsymbol{A}})=2$, 所以方程组有解. 其同解方程组为

$$\begin{cases} x_1=-7x_3+4x_4+11, \\ x_2=5x_3-3x_4-6. \end{cases}$$

取自由未知量 $x_3=x_4=0$, 得方程组的一个特解 $\boldsymbol{\eta}_0=\begin{pmatrix} 11 \\ -6 \\ 0 \\ 0 \end{pmatrix}$.

导出组的同解方程组为

$$\begin{cases} x_1=-7x_3+4x_4, \\ x_2=5x_3-3x_4. \end{cases}$$

分别取 $\begin{pmatrix} x_3 \\ x_4 \end{pmatrix}=\begin{pmatrix} 1 \\ 0 \end{pmatrix}, \begin{pmatrix} 0 \\ 1 \end{pmatrix}$, 得导出组的一个基础解系

$$\boldsymbol{\xi}_1=\begin{pmatrix} -7 \\ 5 \\ 1 \\ 0 \end{pmatrix}, \quad \boldsymbol{\xi}_2=\begin{pmatrix} 4 \\ -3 \\ 0 \\ 1 \end{pmatrix}.$$

因此, 原方程组的通解为

$$x = \eta_0 + k_1\xi_1 + k_2\xi_2 \quad (k_1, k_2 \in \mathbf{R}).$$

*4.5 向 量 空 间

向量空间概念是集合与线性运算的结合, 它的涵义非常广泛, 是分析和研究某些数学问题的重要工具.

4.5.1 向量空间的概念

定义 7 设 V 为 n 维向量的集合, 若 V 非空, 且 V 对于向量的加法及数乘两种运算封闭, 那么就称集合 V 为**向量空间**.

定义 7 中的封闭是指集合 V 中的向量经过加法和数乘运算得到的向量一定属于集合 V. 即若 $\boldsymbol{\alpha} \in V, \boldsymbol{\beta} \in V$, 那么 $\boldsymbol{\alpha} + \boldsymbol{\beta} \in V$; 若 $\boldsymbol{\alpha} \in V, \lambda \in \mathbf{R}$, 那么 $\lambda\boldsymbol{\alpha} \in V$.

例 12 平面上所有 2 维向量组成的集合在解析几何中的几何意义是: 平面上所有有向线段的全体, 它们定义了加法的平行四边形法则和数量乘法的共线法则. 因此, 所有 2 维向量的集合是一个 **2 维向量空间**, 记作 $\mathbf{R}^2$.

类似地, n 维向量的全体组成的集合, 对于向量的加法与数乘运算构成一个向量空间, 称为 n **维向量空间**, 记作 $\mathbf{R}^n$. 当 $n > 3$ 时, 没有直观的几何意义.

特别地, 只有一个零向量的集合 $V = \{0\}$, 也是一个向量空间, 称为**零空间**.

例 13 集合

$$V = \{\boldsymbol{x} = (x_1, x_2, 1)^{\mathrm{T}} \,|x_1, x_2 \in \mathbf{R}\}$$

不是一个向量空间. 因为若 $\boldsymbol{\alpha} = (a_1, a_2, 1)^{\mathrm{T}} \in V, \boldsymbol{\beta} = (b_1, b_2, 1)^{\mathrm{T}} \in V$, 但 $\boldsymbol{\alpha} + \boldsymbol{\beta} = (a_1 + b_1, a_2 + b_2, 2)^{\mathrm{T}} \notin V$.

例 14 集合

$$V = \{x = (x_1, x_2, \cdots, x_{n-1}, 0)^{\mathrm{T}} \,|x_1, x_2, \cdots, x_{n-1} \in \mathbf{R}\}$$

是一个向量空间. 因为若 $\boldsymbol{\alpha} = (a_1, a_2, \cdots, a_{n-1}, 0)^{\mathrm{T}} \in V, \boldsymbol{\beta} = (b_1, b_2, \cdots, b_{n-1}, 0)^{\mathrm{T}} \in V$, $\lambda \in \mathbf{R}$, 则

$$\boldsymbol{\alpha}+\boldsymbol{\beta} = (a_1+b_1, a_2+b_2, \cdots, a_{n-1}+b_{n-1}, 0)^{\mathrm{T}} \in V, \lambda\boldsymbol{\alpha} = (\lambda a_1, \lambda a_2, \cdots, \lambda a_{n-1}, 0)^{\mathrm{T}} \in V.$$

例 15 n 元齐次线性方程组 $\boldsymbol{Ax} = \mathbf{0}$ 的解集合

$$S = \{\boldsymbol{x} \,|\, \boldsymbol{Ax} = \mathbf{0}\}$$

是一个向量空间, 称为齐次线性方程组的**解空间**. 由齐次线性方程组的解的性质 1 和性质 2 可知, 解集合 S 对于加法与数乘两种运算封闭.

例 16 n 元非齐次线性方程组 $\boldsymbol{Ax}=\boldsymbol{b}$ 的解集合

$$S=\{\boldsymbol{x}\,|\,\boldsymbol{Ax}=\boldsymbol{b}\}$$

不是一个向量空间. 因为当 S 为空集合时, S 不是向量空间; 当 S 非空时, 即若 $\boldsymbol{A\xi}=\boldsymbol{b}, \boldsymbol{A\eta}=\boldsymbol{b}$, 则 $\boldsymbol{A}(\boldsymbol{\xi}+\boldsymbol{\eta})=2\boldsymbol{b}$, 于是 $\boldsymbol{\xi}+\boldsymbol{\eta}\notin S$.

定义 8 设 V 是向量空间, W 是 V 的一个非空子集, 若 W 关于 V 的加法和数乘运算也构成向量空间, 称 W 是 V 的一个**子空间**.

任意由 n 维向量组成的向量空间 V, 总有 $V\subset\mathbf{R}^n$, 所以这样的向量空间 V 总是 $\mathbf{R}^n$ 的子空间. 因此, 例 14 和例 15 中的向量空间都是 $\mathbf{R}^n$ 的子空间.

4.5.2 基、维数与坐标

定义 9 在向量空间 V 中, 若存在 $\boldsymbol{\alpha}_1,\boldsymbol{\alpha}_2,\cdots,\boldsymbol{\alpha}_r$ 满足

(1) $\boldsymbol{\alpha}_1,\boldsymbol{\alpha}_2,\cdots,\boldsymbol{\alpha}_r$ 线性无关;

(2) V 中的任一向量都可由 $\boldsymbol{\alpha}_1,\boldsymbol{\alpha}_2,\cdots,\boldsymbol{\alpha}_r$ 线性表示,

则称向量组 $\boldsymbol{\alpha}_1,\boldsymbol{\alpha}_2,\cdots,\boldsymbol{\alpha}_r$ 为**向量空间 V 的一个基**, 称 r 为向量空间 V 的维数, 记为 $\dim V=r$, 并称 V 为 r 维向量空间.

零空间没有线性无关的向量, 所以它没有基, 维数为 0.

若把向量空间与向量组比较, 即可发现向量空间的基对应于向量组的极大无关组, 向量空间的维数对应于向量组的秩. 由于向量组的极大无关组不唯一, 所以向量空间的基也不唯一.

在 n 维向量空间 $\mathbf{R}^n$ 中, 由于任意 $n+1$ 个 n 维向量一定线性相关, 所以, 若 $\boldsymbol{\alpha}_1,\boldsymbol{\alpha}_2,\cdots,\boldsymbol{\alpha}_n$ 是 $\mathbf{R}^n$ 的一个基, 那么 $\mathbf{R}^n$ 中任一向量都可由它们线性表示. 这就给出了构造向量空间的方法.

定义 10 设 $\boldsymbol{\alpha}_1,\boldsymbol{\alpha}_2,\cdots,\boldsymbol{\alpha}_r$ 为向量空间 V 的一个基, 对于 V 中任一向量 $\boldsymbol{\beta}$, 总有唯一的一组数 $x_1,x_2,\cdots,x_r$, 使

$$\boldsymbol{\beta}=x_1\boldsymbol{\alpha}_1+x_2\boldsymbol{\alpha}_2+\cdots+x_r\boldsymbol{\alpha}_r,$$

那么称有序数组 $(x_1,x_2,\cdots,x_r)^{\mathrm{T}}$ 为向量 $\boldsymbol{\beta}$ 在基 $\boldsymbol{\alpha}_1,\boldsymbol{\alpha}_2,\cdots,\boldsymbol{\alpha}_r$ 下的**坐标**.

例 17 在向量空间 $\mathbf{R}^n$ 中, 基本单位向量组 $\boldsymbol{\varepsilon}_1=(1,0,\cdots,0)^{\mathrm{T}}, \boldsymbol{\varepsilon}_2=(0,1,\cdots,0)^{\mathrm{T}},\cdots,\boldsymbol{\varepsilon}_n=(0,0,\cdots,1)^{\mathrm{T}}$ 是 $\mathbf{R}^n$ 的一个基, $\mathbf{R}^n$ 中任一向量 $\boldsymbol{\alpha}=(x_1,x_2,\cdots,x_n)^{\mathrm{T}}$ 都可表示为

$$\boldsymbol{\alpha}=x_1\boldsymbol{\varepsilon}_1+x_2\boldsymbol{\varepsilon}_2+\cdots+x_n\boldsymbol{\varepsilon}_n,$$

从而向量 $\boldsymbol{\alpha}$ 在这个基下的坐标就是 $\boldsymbol{\alpha}$. 因此 $\boldsymbol{\varepsilon}_1,\boldsymbol{\varepsilon}_2,\cdots,\boldsymbol{\varepsilon}_n$ 也称为 $\mathbf{R}^n$ 的**标准基**.

例 18 设 n 维向量 $\boldsymbol{\alpha}_1=(1,1,\cdots,1)^{\mathrm{T}},\boldsymbol{\alpha}_2=(0,1,\cdots,1)^{\mathrm{T}},\cdots,\boldsymbol{\alpha}_n=(0,0,\cdots,1)^{\mathrm{T}}$, 证明: $\boldsymbol{\alpha}_1,\boldsymbol{\alpha}_2,\cdots,\boldsymbol{\alpha}_n$ 是 $\mathbf{R}^n$ 的一个基, 并求向量 $\boldsymbol{\alpha}=(x_1,x_2,\cdots,x_n)^{\mathrm{T}}$ 在这个基下的坐标.

证明 设 $\boldsymbol{A}=(\boldsymbol{\alpha}_1,\boldsymbol{\alpha}_2,\cdots,\boldsymbol{\alpha}_n)$, 则

$$|\boldsymbol{A}|=\begin{vmatrix}1&0&\cdots&0\\1&1&\cdots&0\\\vdots&\vdots&&\vdots\\1&1&\cdots&1\end{vmatrix}=1\neq 0,$$

因此 $\boldsymbol{\alpha}_1,\boldsymbol{\alpha}_2,\cdots,\boldsymbol{\alpha}_n$ 线性无关, 且任一 n 维向量都可由它们线性表示, 故 $\boldsymbol{\alpha}_1,\boldsymbol{\alpha}_2,\cdots,\boldsymbol{\alpha}_n$ 是 $\mathbf{R}^n$ 的一个基.

设 $\boldsymbol{\alpha}=k_1\boldsymbol{\alpha}_1+k_2\boldsymbol{\alpha}_2+\cdots+k_n\boldsymbol{\alpha}_n$, 即有矩阵方程

$$\begin{pmatrix}x_1\\x_2\\\vdots\\x_n\end{pmatrix}=\begin{pmatrix}1&0&\cdots&0\\1&1&\cdots&0\\\vdots&\vdots&&\vdots\\1&1&\cdots&1\end{pmatrix}\begin{pmatrix}k_1\\k_2\\\vdots\\k_n\end{pmatrix}.$$

记 $\boldsymbol{k}=(k_1,k_2,\cdots,k_n)^{\mathrm{T}}$, 上式为 $\boldsymbol{A}\boldsymbol{k}=\boldsymbol{\alpha}$, 因为 $|\boldsymbol{A}|\neq 0$, 即 $\boldsymbol{A}$ 可逆, 所以 $\boldsymbol{k}=\boldsymbol{A}^{-1}\boldsymbol{\alpha}$.

由初等行变换法求解 $\boldsymbol{k}$,

$$(\boldsymbol{A},\boldsymbol{\alpha})=\left(\begin{array}{cccc:c}1&0&\cdots&0&x_1\\1&1&\cdots&0&x_2\\\vdots&\vdots&&\vdots&\vdots\\1&1&\cdots&1&x_n\end{array}\right)\xrightarrow[(i=n,n-1,\cdots,2)]{r_i-r_{i-1}}\left(\begin{array}{cccc:c}1&0&\cdots&0&x_1\\0&1&\cdots&0&x_2-x_1\\\vdots&\vdots&&\vdots&\vdots\\0&0&\cdots&1&x_n-x_{n-1}\end{array}\right),$$

得 $\boldsymbol{k}=\begin{pmatrix}x_1\\x_2-x_1\\\vdots\\x_n-x_{n-1}\end{pmatrix}$, 这就是向量 $\boldsymbol{\alpha}$ 在基 $\boldsymbol{\alpha}_1,\boldsymbol{\alpha}_2,\cdots,\boldsymbol{\alpha}_n$ 下的坐标. 由此可见,

同一向量在不同基下的坐标是不同的.

例 19 已知向量

$$\boldsymbol{\alpha}_1=\begin{pmatrix}3\\2\\3\end{pmatrix},\quad \boldsymbol{\alpha}_2=\begin{pmatrix}4\\3\\5\end{pmatrix},\quad \boldsymbol{\alpha}_3=\begin{pmatrix}-5\\-1\\0\end{pmatrix},$$

$$\boldsymbol{\beta}_1=\begin{pmatrix}2\\1\\3\end{pmatrix},\quad \boldsymbol{\beta}_2=\begin{pmatrix}3\\0\\-1\end{pmatrix},$$

验证 $\boldsymbol{\alpha}_1,\boldsymbol{\alpha}_2,\boldsymbol{\alpha}_3$ 是 $\mathbf{R}^3$ 的一个基, 并求 $\boldsymbol{\beta}_1,\boldsymbol{\beta}_2$ 在这个基下的坐标.

解 设 $\boldsymbol{A}=(\boldsymbol{\alpha}_1,\boldsymbol{\alpha}_2,\boldsymbol{\alpha}_3),\boldsymbol{B}=(\boldsymbol{\beta}_1,\boldsymbol{\beta}_2)$, 若 $\boldsymbol{A}$ 可逆, 即 $\boldsymbol{A}\cong\boldsymbol{E}$, 则 $\boldsymbol{\alpha}_1,\boldsymbol{\alpha}_2,\boldsymbol{\alpha}_3$ 是 $\mathbf{R}^3$ 的一个基. 又构造矩阵方程 $\boldsymbol{Ax}=\boldsymbol{B}$, 则 $\boldsymbol{x}=\boldsymbol{A}^{-1}\boldsymbol{B}$ 的列向量即是 $\boldsymbol{\beta}_1,\boldsymbol{\beta}_2$ 在 $\boldsymbol{\alpha}_1,\boldsymbol{\alpha}_2,\boldsymbol{\alpha}_3$ 下的坐标. 因此, 对矩阵 $(\boldsymbol{A},\boldsymbol{B})$ 施行初等行变换, 将 $\boldsymbol{A}$ 化为 $\boldsymbol{E}$, 则 $\boldsymbol{B}$ 就变为 $\boldsymbol{A}^{-1}\boldsymbol{B}$.

$$(\boldsymbol{A},\boldsymbol{B})=\left(\begin{array}{ccc:cc}3&4&-5&2&3\\2&3&-1&1&0\\3&5&0&3&-1\end{array}\right)\xrightarrow[r_1-r_2]{r_3-r_1}\left(\begin{array}{ccc:cc}1&1&-4&1&3\\2&3&-1&1&0\\0&1&5&1&-4\end{array}\right)$$

$$\xrightarrow{r_2-2r_1}\left(\begin{array}{ccc:cc}1&1&-4&1&3\\0&1&7&-1&-6\\0&1&5&1&-4\end{array}\right)\xrightarrow[r_3-r_2]{r_1-r_2}\left(\begin{array}{ccc:cc}1&0&-11&2&9\\0&1&7&-1&-6\\0&0&-2&2&2\end{array}\right)$$

$$\xrightarrow[\substack{r_2+\frac{7}{2}r_3\\-\frac{1}{2}r_3}]{r_1-\frac{11}{2}r_3}\left(\begin{array}{ccc:cc}1&0&0&-9&-2\\0&1&0&6&1\\0&0&1&-1&-1\end{array}\right),$$

因为 $\boldsymbol{A}\cong\boldsymbol{E}$, 所以 $\boldsymbol{\alpha}_1,\boldsymbol{\alpha}_2,\boldsymbol{\alpha}_3$ 是 $\mathbf{R}^3$ 的一个基, 并且有

$$(\boldsymbol{\beta}_1,\boldsymbol{\beta}_2)=(\boldsymbol{\alpha}_1,\boldsymbol{\alpha}_2,\boldsymbol{\alpha}_3)\begin{pmatrix}-9&-2\\6&1\\-1&-1\end{pmatrix},$$

即

$$\begin{aligned}\boldsymbol{\beta}_1&=-9\boldsymbol{\alpha}_1+6\boldsymbol{\alpha}_2-\boldsymbol{\alpha}_3,\\ \boldsymbol{\beta}_2&=-2\boldsymbol{\alpha}_1+\ \ \boldsymbol{\alpha}_2-\boldsymbol{\alpha}_3,\end{aligned}$$

故 $\boldsymbol{\beta}_1,\boldsymbol{\beta}_2$ 在基 $\boldsymbol{\alpha}_1,\boldsymbol{\alpha}_2,\boldsymbol{\alpha}_3$ 下的坐标依次是 $(-9,6,-1)^{\mathrm{T}}$ 和 $(-2,1-1)^{\mathrm{T}}$.

4.5.3　过渡矩阵与坐标变换

由 4.5.2 小节的讨论可知, 同一向量在不同基下有不同的坐标. 下面讨论 n 维向量空间 $\mathbf{R}^n$ 中两个基下的坐标关系.

首先讨论两个基之间的关系.

设 $\boldsymbol{\alpha}_1,\boldsymbol{\alpha}_2,\cdots,\boldsymbol{\alpha}_n$ 与 $\boldsymbol{\beta}_1,\boldsymbol{\beta}_2,\cdots,\boldsymbol{\beta}_n$ 是向量空间 $\mathbf{R}^n$ 的两个基, 记 $\boldsymbol{A}=(\boldsymbol{\alpha}_1,\boldsymbol{\alpha}_2,\cdots,\boldsymbol{\alpha}_n)$ 和 $\boldsymbol{B}=(\boldsymbol{\beta}_1,\boldsymbol{\beta}_2,\cdots,\boldsymbol{\beta}_n)$, 则有

$$(\boldsymbol{\alpha}_1,\boldsymbol{\alpha}_2,\cdots,\boldsymbol{\alpha}_n)=(\varepsilon_1,\varepsilon_2,\cdots,\varepsilon_n)\boldsymbol{A},$$

$$(\boldsymbol{\beta}_1,\boldsymbol{\beta}_2,\cdots,\boldsymbol{\beta}_n)=(\varepsilon_1,\varepsilon_2,\cdots,\varepsilon_n)\boldsymbol{B}.$$

由定理 4 的推论 1 可知, 矩阵 $\boldsymbol{A},\boldsymbol{B}$ 均可逆, 即有

$$(\varepsilon_1,\varepsilon_2,\cdots,\varepsilon_n)=(\boldsymbol{\alpha}_1,\boldsymbol{\alpha}_2,\cdots,\boldsymbol{\alpha}_n)\boldsymbol{A}^{-1},$$

从而 $(\boldsymbol{\beta}_1,\boldsymbol{\beta}_2,\cdots,\boldsymbol{\beta}_n)=(\boldsymbol{\alpha}_1,\boldsymbol{\alpha}_2,\cdots,\boldsymbol{\alpha}_n)\boldsymbol{A}^{-1}\boldsymbol{B}$.

因此可得由基 $\boldsymbol{\alpha}_1,\boldsymbol{\alpha}_2,\cdots,\boldsymbol{\alpha}_n$ 到基 $\boldsymbol{\beta}_1,\boldsymbol{\beta}_2,\cdots,\boldsymbol{\beta}_n$ 的**基变换公式**

$$(\boldsymbol{\beta}_1,\boldsymbol{\beta}_2,\cdots,\boldsymbol{\beta}_n)=(\boldsymbol{\alpha}_1,\boldsymbol{\alpha}_2,\cdots,\boldsymbol{\alpha}_n)\boldsymbol{P}. \tag{4.8}$$

称矩阵 $\boldsymbol{P}=\boldsymbol{A}^{-1}\boldsymbol{B}$ 为由基 $\boldsymbol{\alpha}_1,\boldsymbol{\alpha}_2,\cdots,\boldsymbol{\alpha}_n$ 到基 $\boldsymbol{\beta}_1,\boldsymbol{\beta}_2,\cdots,\boldsymbol{\beta}_n$ 的**过渡矩阵**.

然后讨论同一向量在不同基下的坐标关系.

设 n 维向量 $\boldsymbol{\alpha}$ 在两个基下的坐标分别为 $\boldsymbol{x}=(x_1,x_2,\cdots,x_n)^{\mathrm{T}}$, $\boldsymbol{y}=(y_1,y_2,\cdots,y_n)^{\mathrm{T}}$, 于是, 在基 $\boldsymbol{\alpha}_1,\boldsymbol{\alpha}_2,\cdots,\boldsymbol{\alpha}_n$ 下,

$$\boldsymbol{\alpha}=(\boldsymbol{\alpha}_1,\boldsymbol{\alpha}_2,\cdots,\boldsymbol{\alpha}_n)\boldsymbol{x},$$

在基 $\boldsymbol{\beta}_1,\boldsymbol{\beta}_2,\cdots,\boldsymbol{\beta}_n$ 下,

$$\boldsymbol{\alpha}=(\boldsymbol{\beta}_1,\boldsymbol{\beta}_2,\cdots,\boldsymbol{\beta}_n)\boldsymbol{y},$$

由此可得

$$(\boldsymbol{\alpha}_1,\boldsymbol{\alpha}_2,\cdots,\boldsymbol{\alpha}_n)\boldsymbol{x}=(\boldsymbol{\beta}_1,\boldsymbol{\beta}_2,\cdots,\boldsymbol{\beta}_n)\boldsymbol{y},$$

用矩阵表示为

$$\boldsymbol{A}\boldsymbol{x}=\boldsymbol{B}\boldsymbol{y},$$

故 $\boldsymbol{x}=\boldsymbol{A}^{-1}\boldsymbol{B}\boldsymbol{y}=\boldsymbol{P}\boldsymbol{y}$. 由于过渡矩阵 $\boldsymbol{P}$ 可逆, 又有

$$\boldsymbol{y}=\boldsymbol{B}^{-1}\boldsymbol{A}\boldsymbol{x}=\boldsymbol{P}^{-1}\boldsymbol{x},$$

因此, 两个基下的坐标变换公式为

$$\begin{cases} \boldsymbol{x} = \boldsymbol{P}\boldsymbol{y}, \\ \boldsymbol{y} = \boldsymbol{P}^{-1}\boldsymbol{x}. \end{cases} \tag{4.9}$$

例 20 已知 3 维向量空间 $\mathbf{R}^3$ 中的两个基

$$\mathrm{I}: \boldsymbol{\alpha}_1 = \begin{pmatrix} 1 \\ 0 \\ 1 \end{pmatrix}, \boldsymbol{\alpha}_2 = \begin{pmatrix} 1 \\ 1 \\ 0 \end{pmatrix}, \boldsymbol{\alpha}_3 = \begin{pmatrix} 0 \\ 1 \\ 1 \end{pmatrix}; \quad \mathrm{II}: \boldsymbol{\beta}_1 = \begin{pmatrix} 1 \\ 2 \\ 3 \end{pmatrix},$$

$$\boldsymbol{\beta}_2 = \begin{pmatrix} 0 \\ 3 \\ -1 \end{pmatrix}, \boldsymbol{\beta}_3 = \begin{pmatrix} -1 \\ 1 \\ 4 \end{pmatrix},$$

试求由基 I: $\boldsymbol{\alpha}_1, \boldsymbol{\alpha}_2, \boldsymbol{\alpha}_3$ 到基 II : $\boldsymbol{\beta}_1, \boldsymbol{\beta}_2, \boldsymbol{\beta}_3$ 的过渡矩阵和基变换公式.

解 令 $\boldsymbol{A} = (\boldsymbol{\alpha}_1, \boldsymbol{\alpha}_2, \boldsymbol{\alpha}_3)$, $\boldsymbol{B} = (\boldsymbol{\beta}_1, \boldsymbol{\beta}_2, \boldsymbol{\beta}_3)$, 则所求过渡矩阵 $\boldsymbol{P} = \boldsymbol{A}^{-1}\boldsymbol{B}$, 根据式 (3.5), 构造矩阵 $(\boldsymbol{A}, \boldsymbol{B})$, 并施以初等行变换, 将矩阵 $\boldsymbol{A}$ 化为 $\boldsymbol{E}$ 的同时, $\boldsymbol{B}$ 就变成了 $\boldsymbol{A}^{-1}\boldsymbol{B}$.

$$(\boldsymbol{A}, \boldsymbol{B}) = \left(\begin{array}{ccc:ccc} 1 & 1 & 0 & 1 & 0 & -1 \\ 0 & 1 & 1 & 2 & 3 & 1 \\ 1 & 0 & 1 & 3 & -1 & 4 \end{array}\right) \xrightarrow{r_3 - r_1} \left(\begin{array}{ccc:ccc} 1 & 1 & 0 & 1 & 0 & -1 \\ 0 & 1 & 1 & 2 & 3 & 1 \\ 0 & -1 & 1 & 2 & -1 & 5 \end{array}\right)$$

$$\xrightarrow[\frac{1}{2}r_3]{r_3 + r_2} \left(\begin{array}{ccc:ccc} 1 & 1 & 0 & 1 & 0 & -1 \\ 0 & 1 & 1 & 2 & 3 & 1 \\ 0 & 0 & 1 & 2 & 1 & 3 \end{array}\right) \xrightarrow[r_1 - r_2]{r_2 - r_3} \left(\begin{array}{ccc:ccc} 1 & 0 & 0 & 1 & -2 & 1 \\ 0 & 1 & 0 & 0 & 2 & -2 \\ 0 & 0 & 1 & 2 & 1 & 3 \end{array}\right),$$

因此过渡矩阵

$$\boldsymbol{P} = \begin{pmatrix} 1 & -2 & 1 \\ 0 & 2 & -2 \\ 2 & 1 & 3 \end{pmatrix}.$$

于是由基 $\mathrm{I}: \boldsymbol{\alpha}_1, \boldsymbol{\alpha}_2, \boldsymbol{\alpha}_3$ 到基 $\mathrm{II}: \boldsymbol{\beta}_1, \boldsymbol{\beta}_2, \boldsymbol{\beta}_3$ 的基变换公式为

$$(\boldsymbol{\beta}_1, \boldsymbol{\beta}_2, \boldsymbol{\beta}_3) = (\boldsymbol{\alpha}_1, \boldsymbol{\alpha}_2, \boldsymbol{\alpha}_3)\boldsymbol{P},$$

即

$$\begin{cases} \boldsymbol{\beta}_1 = \boldsymbol{\alpha}_1 + 2\boldsymbol{\alpha}_3, \\ \boldsymbol{\beta}_2 = -2\boldsymbol{\alpha}_1 + 2\boldsymbol{\alpha}_2 + \boldsymbol{\alpha}_3, \\ \boldsymbol{\beta}_3 = \boldsymbol{\alpha}_1 - 2\boldsymbol{\alpha}_2 + 3\boldsymbol{\alpha}_3. \end{cases}$$

知识拓展 · 线性空间

4.6 案例分析

4.6.1 气象观测站的调整问题

在经济、社会、管理等活动中, 都会涉及资源的最优化问题, 即用尽可能少的投入, 获得尽可能多的收益. 比如选址问题、机构调整问题等. 对这类问题的解决, 可以在一定的合理假设下, 转化为线性代数中的向量或线性方程组来分析研究.

某地区内有 12 个气象观测站, 10 年来各观测站的年降水量数据如表 4.1 所示. 为了节省开支, 想要适当减少气象观测站. 试讨论减少哪些气象观测站可以使得到的降水量的信息量仍然足够大?

表 4.1 降水量统计表 (单位: 毫米)

年份	x_1	x_2	x_3	x_4	x_5	x_6	x_7	x_8	x_9	x_{10}	x_{11}	x_{12}
1981	272.6	324.5	158.6	412.5	292.8	258.4	334.1	303.2	292.9	243.2	159.7	331.2
1982	251.6	287.3	349.5	297.4	227.8	453.6	321.5	451.0	446.2	307.5	421.1	455.1
1983	192.7	433.2	289.9	366.3	466.2	239.1	357.4	219.7	245.7	411.1	357.0	353.2
1984	246.2	232.4	243.7	372.5	460.4	158.9	298.7	314.5	256.6	327.0	296.5	423.0
1985	291.7	311.0	502.4	254.0	245.6	324.8	401.0	266.5	251.3	289.9	255.4	362.1
1986	466.5	158.9	223.5	425.1	251.4	321.0	315.4	317.4	246.2	277.5	304.2	410.7
1987	258.6	327.4	432.1	403.9	256.6	282.9	389.7	413.2	466.5	199.3	382.1	387.6
1988	453.4	365.5	357.6	258.1	278.8	467.2	355.2	228.5	453.6	315.6	456.3	407.2
1989	158.5	271.0	410.2	344.2	250.0	360.7	376.4	179.4	159.2	342.4	331.2	377.7
1990	324.8	406.5	235.7	288.8	192.6	284.9	290.5	343.7	283.4	281.2	243.7	411.1

根据题目要求, 减少该地区的气象观测站, 但要使降水量的信息量足够大. 首先, 需要考虑保留的观测站降水量如何能够估计被裁掉的观测站的降水量? 根据气象特征的地域性, 相邻区域的气象信息具有相似性和相关性, 则相邻观测站的

降水量可近似为线性关系, 因此, 一个观测站的降水量可以用相邻观测站的降水量的线性组合来估计. 所以, 原问题就变为留下所有不可替代的观测站, 而减少可以替代的观测站. 若把每个观测站的降水量看成一个列向量, 则该地区 12 个观测站的降水量为 12 个列向量组成的向量组, 从而原问题可转化为一个向量组与原向量组等价的问题. 根据向量组的线性相关性理论可知, 原向量组的极大无关组即为所求.

设 $\boldsymbol{\alpha}_1,\boldsymbol{\alpha}_2,\cdots,\boldsymbol{\alpha}_{12}$ 分别表示 12 个气象观测站在 1981—1990 年内的降水量的列向量, 因为这 12 个向量是 10 维向量, 所以向量组 $\boldsymbol{\alpha}_1,\boldsymbol{\alpha}_2,\cdots,\boldsymbol{\alpha}_{12}$ 必定线性相关. 若求出它的一个极大无关组, 则该极大无关组对应的气象观测站可将其他气象观测站的气象资料表示出来, 从而其他的气象观测站就可以去掉.

设矩阵 $\boldsymbol{A}=(\boldsymbol{\alpha}_1,\boldsymbol{\alpha}_2,\cdots,\boldsymbol{\alpha}_{12})$, 对矩阵 $\boldsymbol{A}$ 进行初等行变换, 化为行最简形矩阵, 得到向量组的一个极大无关组为 $\boldsymbol{\alpha}_1,\boldsymbol{\alpha}_2,\cdots,\boldsymbol{\alpha}_{10}$, 且有

$$\begin{aligned}\boldsymbol{\alpha}_{11}=&-118.8338\boldsymbol{\alpha}_1-721.7159\boldsymbol{\alpha}_2-648.3995\boldsymbol{\alpha}_3-440.7994\boldsymbol{\alpha}_4-1222.4949\boldsymbol{\alpha}_5\\&-1235.2985\boldsymbol{\alpha}_6+1741.6382\boldsymbol{\alpha}_7-299.5927\boldsymbol{\alpha}_8+1013.1888\boldsymbol{\alpha}_9+1812.3206\boldsymbol{\alpha}_{10},\\\boldsymbol{\alpha}_{12}=&614.8434\boldsymbol{\alpha}_1+3731.3876\boldsymbol{\alpha}_2+3358.4589\boldsymbol{\alpha}_3+2285.3486\boldsymbol{\alpha}_4+6319.0193\boldsymbol{\alpha}_5\\&+6386.8011\boldsymbol{\alpha}_6-9017.5723\boldsymbol{\alpha}_7+1545.9602\boldsymbol{\alpha}_8-5233.2846\boldsymbol{\alpha}_9-9363.3293\boldsymbol{\alpha}_{10}.\end{aligned}$$

因此减少第 11 个和第 12 个观测站, 可以使所得的降水量的信息量仍然足够大.

4.6.2 配方问题

配方是许多工业生产过程中的关键步骤, 根据生产工艺和操作规程, 将原料按一定比例混合, 在化工、医药、食品、饮料、冶金、印染等领域经常涉及配方问题. 例如, 不锈钢是由铁、镍、铜、铬、碳及众多不同元素组成的合金, 各元素不同配比可以炼制出不同型号的不锈钢. 在不考虑各种配料之间可能发生某些化学反应时, 配方问题可以用向量组或线性方程组来描述.

中药是我国的民族瑰宝, 配方研究是中成药研制的重要环节. 我国的中药起源是我国劳动人民长期生活实践和医疗实践的结果, 自古有药食同源的说法. 神农尝百草的传说由来已久, 西汉《淮南子 · 修务训》载有: “神农尝百草之滋味, 水泉之甘苦, 令民知所避就, 当此之时, 一日而遇七十毒.” 中成药的配制历史悠久, 经过我国历代医药学家长期医疗实践, 不断试制试用和总结改进, 积累了丰富的配制技术资料, 这些资料大多都载于历代古医书和本草文献中.

若某中药制药企业用 10 味中草药 A—J, 根据不同的比例可配制 7 种中成药品, 各药品的配料 (单位: 克) 如表 4.2 所示.

表 4.2　中成药配料表　　(单位: 克)

中草药	中成药 I	中成药 II	中成药 III	中成药 IV	中成药 V	中成药 VI	中成药 VII
A	10	5	15	5	10	40	30
B	5	10	10	3	14	30	18
C	6	12	0	5	0	24	11
D	8	5	12	6	16	33	26
E	5	3	15	9	10	28	29
F	4	6	10	0	8	24	14
G	8	2	4	6	2	22	18
H	5	10	8	4	18	28	17
I	4	2	5	3	6	15	12
J	6	10	8	0	5	30	14

若把上述 7 种中成药分别看成 10 维列向量 $\boldsymbol{\alpha}_1,\boldsymbol{\alpha}_2,\boldsymbol{\alpha}_3,\boldsymbol{\alpha}_4,\boldsymbol{\alpha}_5,\boldsymbol{\alpha}_6,\boldsymbol{\alpha}_7$, 则它们构成一个向量组, 通过分析该向量组的线性相关性, 可以得知这些中成药之间的相互配制规律: 若向量组线性无关, 则这些中成药不能相互配制; 若向量组线性相关, 则某些中成药可以用其余的中成药进行配制. 因为这个向量组的秩为 5, 所以该向量组一定线性相关. 因此, 在某些中成药出现脱销的情况下, 可以用其余的中成药按照一定的比例进行配制.

设矩阵 $\boldsymbol{A}=(\boldsymbol{\alpha}_1,\boldsymbol{\alpha}_2,\cdots,\boldsymbol{\alpha}_7)$, 对矩阵 $\boldsymbol{A}$ 进行初等行变换, 化为行最简形矩阵, 得到向量组的一个极大无关组为 $\boldsymbol{\alpha}_1,\boldsymbol{\alpha}_2,\boldsymbol{\alpha}_3,\boldsymbol{\alpha}_4,\boldsymbol{\alpha}_5$, 且有

$$\boldsymbol{\alpha}_6=2\boldsymbol{\alpha}_1+\boldsymbol{\alpha}_2+\boldsymbol{\alpha}_3,$$

$$\boldsymbol{\alpha}_7=\boldsymbol{\alpha}_1+\boldsymbol{\alpha}_3+\boldsymbol{\alpha}_4.$$

结果说明, 中成药 VI 和中成药 VII 可以用其余的中成药进行配制: 2 份中成药 I,1 份中成药 II 和 1 份中成药 III 可配制 1 份中成药 VI; 中成药 I, 中成药 II 和中成药 III 各 1 份可配制 1 份中成药 VII.

若某医院想用上述 7 种中成药配制特效药 I 和特效药 II, 这两种特效药所含中草药 A—J 的成分分别用向量表示为

$$\boldsymbol{\alpha}_8=(95,63,41,79,77,52,52,58,36,58)^{\mathrm{T}},$$
$$\boldsymbol{\alpha}_9=(80,74,38,65,40,21,15,66,20,35)^{\mathrm{T}}.$$

设矩阵 $\boldsymbol{B}=(\boldsymbol{A},\boldsymbol{\alpha}_8,\boldsymbol{\alpha}_9)$, 对矩阵 $\boldsymbol{B}$ 进行初等行变换, 化为行最简形矩阵, 得到向量组的一个极大无关组为 $\boldsymbol{\alpha}_1,\boldsymbol{\alpha}_2,\boldsymbol{\alpha}_3,\boldsymbol{\alpha}_4,\boldsymbol{\alpha}_5,\boldsymbol{\alpha}_9$, 且有

$$\boldsymbol{\alpha}_8=4\boldsymbol{\alpha}_1+\boldsymbol{\alpha}_2+3\boldsymbol{\alpha}_3+\boldsymbol{\alpha}_4,$$

结果表明, 特效药 I 可以用 4 份中成药 I, 1 份中成药 II, 3 份中成药 III 和 1 份中成药 IV 进行配制; 由于 $\boldsymbol{\alpha}_9$ 在极大线性无关组中, 因此不能被其线性表示, 从而无法配制.

4.6.3 离散时间信号

随着科学技术的发展, 尤其是通信技术、计算机技术和传感技术的发展, 越来越多的科技、工程问题基于离散或者数字化的信号 (图 4.3). 这些信号是在不连续的时间点上有确定值的信号, 可以是实际存在的信号, 比如人口统计数、每日股市行情、产品销售量等; 也可以是对连续时间信号的采样, 比如语音、气温、压力等. 为了便于处理, 常用向量 $\boldsymbol{x} = (\cdots, x_{-2}, x_{-1}, x_0, x_1, x_2, \cdots)$ 来表示, 这是一个无穷序列, 称为离散时间信号.

若指定一个开始时间, 信号可记成 $\boldsymbol{x} = (x_0, x_1, x_2, \cdots)$ 的形式, 对于 $n < 0$, 可以假定项 x_n 是零或者直接省略. 数学上, 一个信号就是一个定义在整数域上的函数, 并且可用一个数列来表示, 即数列通项 $\{x_n\}$. 图 4.4 显示了通项分别为 $x_n = 1.2^n, x_n = 1^n, x_n = (-1.2)^n$ 的三种信号.

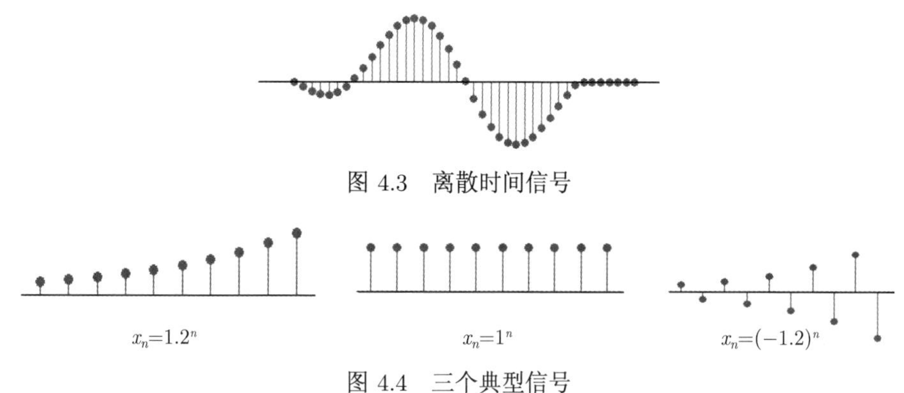

图 4.3 离散时间信号

图 4.4 三个典型信号

信号的分析与处理, 均是对信号进行某种或一系列的运算, 这些运算包括信号的相加、相乘、移位、反折、差分、卷积、尺度变换等.

离散时间系统 (图 4.5) 就表示对输入信号的运算, 即 $y(n) = T[x(n)]$.

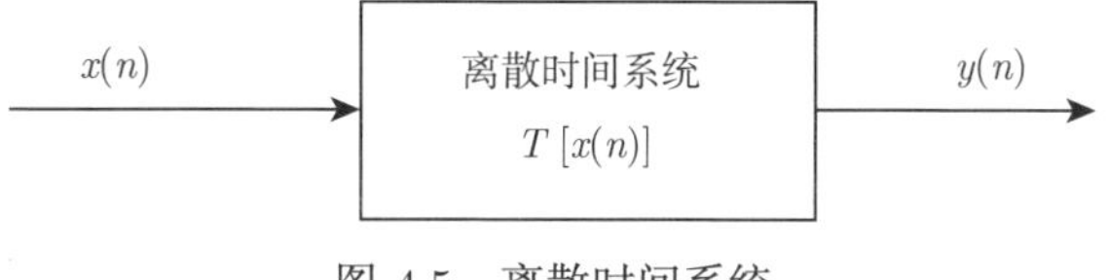

图 4.5 离散时间系统

设系统 $y(n)=T[x(n)]$, 若 $y_1(n)=T[x_1(n)], y_2(n)=T[x_2(n)]$ 满足

$$\text{可加性}: T[x_1(n)+x_2(n)]=T[x_1(n)]+T[x_2(n)]=y_1(n)+y_2(n),$$
$$\text{齐次性}: T[ax_1(n)]=aT[x_1(n)]=ay_1(n), a\text{为常数},$$

则该系统为线性系统. 即线性系统满足叠加原理

$$T[a_1x_1(n)+a_2x_2(n)]=a_1T[x_1(n)]+a_2T[x_2(n)], \quad a_1,a_2\text{为常数}.$$

例如, 系统 $y(n)=T[x(n)]=nx(n)$, 若 $y_1(n)=nx_1(n)$, $y_2(n)=nx_2(n)$, 则

$$\begin{aligned}T[a_1x_1(n)+a_2x_2(n)]=&n(a_1x_1(n)+a_2x_2(n))=a_1nx_1(n)+a_2nx_2(n)\\=&a_1y_1(n)+a_2y_2(n)=a_1T[x_1(n)]+a_2T[x_2(n)],\end{aligned}$$

因此, 该系统为线性系统.

又如, 系统 $y(n)=T[x(n)]=2x(n)+5$, 若 $y_1(n)=2x_1(n)+5$, $y_2(n)=2x_2(n)+5$, 则

$$T[a_1x_1(n)+a_2x_2(n)]=2(a_1x_1(n)+a_2x_2(n))+5=2a_1x_1(n)+2a_2x_2(n)+5,$$

而

$$\begin{aligned}a_1T[x_1(n)]+a_2T[x_2(n)]=&a_1(2x_1(n)+5)+a_2(2x_2(n)+5)\\=&2a_1x_1(n)+5a_1+2a_2x_2(n)+5a_2,\end{aligned}$$

因此 $T[a_1x_1(n)+a_2x_2(n)]\neq a_1T[x_1(n)]+a_2T[x_2(n)]$, 故该系统不为线性系统.

习　题　4

1. 判定向量 $\boldsymbol{\beta}$ 能否由向量组 $\boldsymbol{\alpha}_1,\boldsymbol{\alpha}_2,\boldsymbol{\alpha}_3$ 线性表示? 若能, 写出一种表示式.

(1) $\boldsymbol{\beta}=\begin{pmatrix}-1\\12\\8\\-11\end{pmatrix}, \boldsymbol{\alpha}_1=\begin{pmatrix}1\\2\\3\\-1\end{pmatrix}, \boldsymbol{\alpha}_2=\begin{pmatrix}0\\1\\-1\\2\end{pmatrix}, \boldsymbol{\alpha}_3=\begin{pmatrix}-3\\10\\0\\-5\end{pmatrix}$;

(2) $\boldsymbol{\beta}=\begin{pmatrix}-8\\-3\\1\\-3\end{pmatrix}, \boldsymbol{\alpha}_1=\begin{pmatrix}-2\\-1\\1\\3\end{pmatrix}, \boldsymbol{\alpha}_2=\begin{pmatrix}3\\1\\0\\-2\end{pmatrix}, \boldsymbol{\alpha}_3=\begin{pmatrix}-5\\-6\\3\\-1\end{pmatrix}$;

(3) $\boldsymbol{\beta}=\begin{pmatrix}2\\-8\\3\\-6\end{pmatrix}, \boldsymbol{\alpha}_1=\begin{pmatrix}1\\-5\\2\\-4\end{pmatrix}, \boldsymbol{\alpha}_2=\begin{pmatrix}-1\\7\\-3\\6\end{pmatrix}, \boldsymbol{\alpha}_3=\begin{pmatrix}3\\1\\0\\4\end{pmatrix}$.

2. 设 $\boldsymbol{\beta}$ 可由 $\boldsymbol{\alpha}_1,\boldsymbol{\alpha}_2,\cdots,\boldsymbol{\alpha}_{n-1},\boldsymbol{\alpha}_n$ 线性表示, 但不能由 $\boldsymbol{\alpha}_1,\boldsymbol{\alpha}_2,\cdots,\boldsymbol{\alpha}_{n-1}$ 线性表示, 证明:$\boldsymbol{\alpha}_n$ 一定可由 $\boldsymbol{\beta},\boldsymbol{\alpha}_1,\boldsymbol{\alpha}_2,\cdots,\boldsymbol{\alpha}_{n-1}$ 线性表示.

3. 已知向量组

$$A:\boldsymbol{\alpha}_1=\begin{pmatrix}-1\\1\\5\\2\end{pmatrix},\boldsymbol{\alpha}_2=\begin{pmatrix}0\\1\\8\\3\end{pmatrix};\quad B:\boldsymbol{\beta}_1=\begin{pmatrix}3\\-1\\1\\0\end{pmatrix},\boldsymbol{\beta}_2=\begin{pmatrix}1\\0\\3\\1\end{pmatrix},$$

证明: 向量组 A 与向量组 B 等价.

4. 判断下列向量组是否线性相关.

(1) $\boldsymbol{\alpha}_1=\begin{pmatrix}-1\\3\\4\end{pmatrix},\boldsymbol{\alpha}_2=\begin{pmatrix}2\\-5\\3\end{pmatrix},\boldsymbol{\alpha}_3=\begin{pmatrix}3\\1\\6\end{pmatrix}$;

(2) $\boldsymbol{\alpha}_1=\begin{pmatrix}3\\-1\\2\end{pmatrix},\boldsymbol{\alpha}_2=\begin{pmatrix}1\\5\\-7\end{pmatrix},\boldsymbol{\alpha}_3=\begin{pmatrix}7\\-13\\20\end{pmatrix}$.

5. 已知向量组

$$\boldsymbol{\alpha}_1=\begin{pmatrix}1\\2\\3\end{pmatrix},\quad \boldsymbol{\alpha}_2=\begin{pmatrix}3\\-1\\2\end{pmatrix},\quad \boldsymbol{\alpha}_3=\begin{pmatrix}4\\3\\c\end{pmatrix},$$

问: (1) c 为何值时 $\boldsymbol{\alpha}_1,\boldsymbol{\alpha}_2,\boldsymbol{\alpha}_3$ 线性无关;

(2) c 为何值时 $\boldsymbol{\alpha}_1,\boldsymbol{\alpha}_2,\boldsymbol{\alpha}_3$ 线性相关, 并将 $\boldsymbol{\alpha}_3$ 表示成 $\boldsymbol{\alpha}_1,\boldsymbol{\alpha}_2$ 的线性组合.

6. 设向量组 $\boldsymbol{\alpha}_1,\boldsymbol{\alpha}_2,\boldsymbol{\alpha}_3$ 线性无关, 证明: 向量组 $\boldsymbol{\beta}_1=\boldsymbol{\alpha}_1+\boldsymbol{\alpha}_2,\boldsymbol{\beta}_2=2\boldsymbol{\alpha}_2+5\boldsymbol{\alpha}_3,\boldsymbol{\beta}_3=\boldsymbol{\alpha}_1+\boldsymbol{\alpha}_2+\boldsymbol{\alpha}_3$ 也线性无关.

7. 设向量组 $\boldsymbol{\alpha}_1,\boldsymbol{\alpha}_2,\boldsymbol{\alpha}_3$ 线性无关, 判断向量组 $\boldsymbol{\beta}_1=\boldsymbol{\alpha}_1-\boldsymbol{\alpha}_2+2\boldsymbol{\alpha}_3,\boldsymbol{\beta}_2=\boldsymbol{\alpha}_2-\boldsymbol{\alpha}_3,\boldsymbol{\beta}_3=2\boldsymbol{\alpha}_1-\boldsymbol{\alpha}_2+3\boldsymbol{\alpha}_3$ 是否线性相关?

8. 设向量组 $\boldsymbol{\alpha}_1,\boldsymbol{\alpha}_2,\boldsymbol{\alpha}_3$ 线性无关, 讨论常数 a,b,c 满足什么条件, 向量组 $\boldsymbol{\beta}_1=a\boldsymbol{\alpha}_1-\boldsymbol{\alpha}_2$, $\boldsymbol{\beta}_2=b\boldsymbol{\alpha}_2-\boldsymbol{\alpha}_3$, $\boldsymbol{\beta}_3=c\boldsymbol{\alpha}_3-\boldsymbol{\alpha}_1$ 线性相关.

9. 若向量组 $\boldsymbol{\alpha}_1,\boldsymbol{\alpha}_2,\cdots,\boldsymbol{\alpha}_m$ 与向量组 $\boldsymbol{\alpha}_1,\boldsymbol{\alpha}_2,\cdots,\boldsymbol{\alpha}_m,\boldsymbol{\beta}$ 有相同的秩, 即 $R(\boldsymbol{\alpha}_1,\boldsymbol{\alpha}_2,\cdots,\boldsymbol{\alpha}_m)=R(\boldsymbol{\alpha}_1,\boldsymbol{\alpha}_2,\cdots,\boldsymbol{\alpha}_m,\boldsymbol{\beta})$, 证明: $\boldsymbol{\beta}$ 可由 $\boldsymbol{\alpha}_1,\boldsymbol{\alpha}_2,\cdots,\boldsymbol{\alpha}_m$ 线性表示.

10. 已知 $R(\boldsymbol{\alpha}_1,\boldsymbol{\alpha}_2,\boldsymbol{\alpha}_3)=2, R(\boldsymbol{\alpha}_2,\boldsymbol{\alpha}_3,\boldsymbol{\alpha}_4)=3$, 证明:

(1) $\boldsymbol{\alpha}_1$ 可由 $\boldsymbol{\alpha}_2,\boldsymbol{\alpha}_3$ 线性表示;

(2) $\boldsymbol{\alpha}_4$ 不可由 $\boldsymbol{\alpha}_1,\boldsymbol{\alpha}_2,\boldsymbol{\alpha}_3$ 线性表示.

11. 求下列矩阵的秩, 并求它的列向量组的一个极大无关组.

(1) $\boldsymbol{A}=\begin{pmatrix}1&3&-2\\3&-4&1\\5&2&-3\end{pmatrix}$;　　(2) $\boldsymbol{A}=\begin{pmatrix}1&3&4&-1\\2&2&4&-3\\-3&1&-2&0\\2&1&3&5\end{pmatrix}$.

12. 求下列向量组的秩及一个极大无关组, 并将其余向量用极大无关组线性表示.

(1) $\boldsymbol{\alpha}_1=\begin{pmatrix}2\\-5\\0\\-3\end{pmatrix},\boldsymbol{\alpha}_2=\begin{pmatrix}5\\0\\-1\\2\end{pmatrix},\boldsymbol{\alpha}_3=\begin{pmatrix}3\\4\\-2\\5\end{pmatrix},\boldsymbol{\alpha}_4=\begin{pmatrix}-1\\-11\\0\\-8\end{pmatrix}$;

(2) $\boldsymbol{\alpha}_1=\begin{pmatrix}1\\-1\\2\\4\end{pmatrix},\boldsymbol{\alpha}_2=\begin{pmatrix}0\\3\\1\\2\end{pmatrix},\boldsymbol{\alpha}_3=\begin{pmatrix}3\\0\\7\\14\end{pmatrix},\boldsymbol{\alpha}_4=\begin{pmatrix}1\\-1\\2\\0\end{pmatrix},\boldsymbol{\alpha}_5=\begin{pmatrix}2\\1\\5\\-6\end{pmatrix}$;

(3) $\boldsymbol{\alpha}_1=\begin{pmatrix}1\\1\\-2\\3\end{pmatrix},\boldsymbol{\alpha}_2=\begin{pmatrix}3\\0\\-1\\5\end{pmatrix},\boldsymbol{\alpha}_3=\begin{pmatrix}-1\\2\\-3\\1\end{pmatrix},\boldsymbol{\alpha}_4=\begin{pmatrix}5\\-4\\5\\3\end{pmatrix},\boldsymbol{\alpha}_5=\begin{pmatrix}4\\1\\-3\\8\end{pmatrix}$.

13. 已知向量组 $A:\boldsymbol{\alpha}_1,\boldsymbol{\alpha}_2,\cdots,\boldsymbol{\alpha}_n$ 的秩为 r, 证明: A 中任意 r 个线性无关的向量都构成它的一个极大无关组.

14. 设向量组 $A:\boldsymbol{\alpha}_1,\boldsymbol{\alpha}_2,\cdots,\boldsymbol{\alpha}_r$ 与向量组 $B:\boldsymbol{\alpha}_1,\boldsymbol{\alpha}_2,\cdots,\boldsymbol{\alpha}_r,\boldsymbol{\alpha}_{r+1},\cdots,\boldsymbol{\alpha}_n$ 的秩相等, 证明: 向量组 B 中的每个向量都可由向量组 A 线性表示.

15. 设向量组 $\boldsymbol{\alpha}_1,\boldsymbol{\alpha}_2,\cdots,\boldsymbol{\alpha}_n$ 是一组 n 维向量, 已知 n 维基本单位向量组 $\boldsymbol{\varepsilon}_1,\boldsymbol{\varepsilon}_2,\cdots,\boldsymbol{\varepsilon}_n$ 可由它们线性表示, 证明:$\boldsymbol{\alpha}_1,\boldsymbol{\alpha}_2,\cdots,\boldsymbol{\alpha}_n$ 线性无关.

16. 求下列齐次线性方程组的一个基础解系及通解:

(1) $\begin{cases}x_1+2x_2+4x_3-3x_4=0,\\3x_1+5x_2+6x_3-4x_4=0,\\4x_1+5x_2-2x_3+3x_4=0;\end{cases}$　　(2) $\begin{cases}3x_1-x_2+2x_3+x_4=0,\\x_1+3x_2-x_3+2x_4=0,\\-2x_1+5x_2+x_3-x_4=0,\\3x_1+10x_2+x_3+4x_4=0;\end{cases}$

(3) $\begin{cases}2x_1-4x_2+5x_3+3x_4=0,\\3x_1-6x_2+4x_3+2x_4=0,\\4x_1-8x_2+17x_3+11x_4=0;\end{cases}$　　(4) $\begin{cases}3x_1-5x_2+x_3-2x_4=0,\\2x_1+3x_2-5x_3+x_4=0,\\-x_1+7x_2-4x_3+3x_4=0,\\4x_1+15x_2-7x_3+9x_4=0.\end{cases}$

17. 若齐次线性方程组 $\boldsymbol{Ax}=\boldsymbol{0}$ 的系数矩阵 $\boldsymbol{A}$ 的秩为 r, 设 $\boldsymbol{\alpha}_1,\boldsymbol{\alpha}_2,\cdots,\boldsymbol{\alpha}_s$ 是此方程组的解, 证明: $R(\boldsymbol{\alpha}_1,\boldsymbol{\alpha}_2,\cdots,\boldsymbol{\alpha}_s)\leqslant n-r$.

18. 求下列非齐次线性方程组的一个特解及对应的导出组的一个基础解系, 并写出非齐次线性方程组的通解.

(1) $\begin{cases} 2x_1+x_2-x_3+x_4=1, \\ x_1+2x_2+x_3-x_4=2, \\ x_1+x_2+2x_3+x_4=3; \end{cases}$　　(2) $\begin{cases} x_1-3x_2+5x_3-2x_4=0, \\ 2x_1-x_2+3x_3-x_4=-1, \\ x_1+7x_2-9x_3+4x_4=-2; \end{cases}$

(3) $\begin{cases} x_1-5x_2+2x_3-3x_4=11, \\ -3x_1+x_2-4x_3+2x_4=-5, \\ -x_1-9x_2-4x_4=17, \\ 5x_1+3x_2+6x_3-x_4=-1; \end{cases}$　　(4) $\begin{cases} 2x_1-4x_2+3x_3+x_4=0, \\ x_1-2x_2+x_3-4x_4=2, \\ x_2-x_3+3x_4=1, \\ 4x_1-7x_2+4x_3-4x_4=5. \end{cases}$

19. 设含有四个未知量的非齐次线性方程组 $\boldsymbol{Ax}=\boldsymbol{b}$ 的系数矩阵的秩为 3, 已知 $\boldsymbol{\eta}_1,\boldsymbol{\eta}_2,\boldsymbol{\eta}_3$ 是它的三个解向量, 且 $\boldsymbol{\eta}_1=\begin{pmatrix}1\\2\\4\\5\end{pmatrix}, \boldsymbol{\eta}_2+\boldsymbol{\eta}_3=\begin{pmatrix}2\\1\\0\\3\end{pmatrix}$, 求该方程组的通解.

20. 设 $\boldsymbol{\eta}_0,\boldsymbol{\eta}_1,\cdots,\boldsymbol{\eta}_{n-r}$ 为非齐次线性方程组 $\boldsymbol{Ax}=\boldsymbol{b}$ 的 $n-r+1$ 个线性无关的解, 且 $R(\boldsymbol{A})=r$, 证明:$\boldsymbol{\eta}_1-\boldsymbol{\eta}_0,\boldsymbol{\eta}_2-\boldsymbol{\eta}_0,\cdots,\boldsymbol{\eta}_{n-r}-\boldsymbol{\eta}_0$ 是导出组 $\boldsymbol{Ax}=\boldsymbol{0}$ 的基础解系.

21. 设 $\boldsymbol{\eta}_1,\boldsymbol{\eta}_2,\cdots,\boldsymbol{\eta}_t$ 是非齐次线性方程组 $\boldsymbol{Ax}=\boldsymbol{b}$ 的 t 个解, $k_1,k_2,\cdots,k_t$ 为实数, 满足 $k_1+k_2+\cdots+k_t=1$, 证明:

$$\boldsymbol{x}=k_1\boldsymbol{\eta}_1+k_2\boldsymbol{\eta}_2+\cdots+k_t\boldsymbol{\eta}_t$$

也是它的解.

22. 已知 $\boldsymbol{\eta}_0$ 是非齐次线性方程组 $\boldsymbol{Ax}=\boldsymbol{b}$ 的一个解, $\boldsymbol{\xi}_1,\boldsymbol{\xi}_2,\cdots,\boldsymbol{\xi}_{n-r}$ 是其导出组的基础解系, 设

$$\boldsymbol{\eta}_1=\boldsymbol{\eta}_0+\boldsymbol{\xi}_1,\boldsymbol{\eta}_2=\boldsymbol{\eta}_0+\boldsymbol{\xi}_2,\cdots,\boldsymbol{\eta}_{n-r}=\boldsymbol{\eta}_0+\boldsymbol{\xi}_{n-r},$$

证明: $\boldsymbol{Ax}=\boldsymbol{b}$ 的通解 $\boldsymbol{x}$ 可表示成

$$\boldsymbol{x}=k_0\boldsymbol{\eta}_0+k_1\boldsymbol{\eta}_1+\cdots+k_{n-r}\boldsymbol{\eta}_{n-r},$$

其中 $k_0+k_1+\cdots+k_{n-r}=1$.

23. 设 $\boldsymbol{\eta}_0$ 是非齐次线性方程组 $\boldsymbol{Ax}=\boldsymbol{b}$ 的一个解, $\boldsymbol{\xi}_1,\boldsymbol{\xi}_2,\cdots,\boldsymbol{\xi}_{n-r}$ 是其导出组的基础解系, 证明: $\boldsymbol{\eta}_0,\boldsymbol{\xi}_1,\boldsymbol{\xi}_2,\cdots,\boldsymbol{\xi}_{n-r}$ 线性无关.

24. 判断下列集合是不是向量空间? 为什么?

(1) $V=\{\boldsymbol{x}=(x_1,x_2,x_3,x_4)^{\mathrm{T}}\mid x_1,x_2,x_3,x_4\in\mathbf{R}$, 满足 $x_1+x_2+x_3=0\}$;

(2) $V=\{\boldsymbol{x}=(x_1,x_2,x_3,x_4)^{\mathrm{T}}\mid x_1,x_2,x_3,x_4\in\mathbf{R}$, 满足 $x_1=x_2=x_3\}$;

(3) $V=\{\boldsymbol{x}=(x_1,x_2,\cdots,x_n)^{\mathrm{T}}\mid x_1,x_2,\cdots,x_n\in\mathbf{R}$, 满足 $x_1+x_2+\cdots+x_n=0\}$;

(4) $V=\{\boldsymbol{x}=(x_1,x_2,\cdots,x_n)^{\mathrm{T}}\mid x_1,x_2,\cdots,x_n\in\mathbf{R}$, 满足 $x_1+x_2+\cdots+x_n=1\}$.

(5) $V=\{\boldsymbol{x}=(x_1,x_2,\cdots,x_{n-1},1)^{\mathrm{T}}\mid x_1,x_2,\cdots,x_{n-1}\in\mathbf{R}\}$.

25. 设向量

$$\boldsymbol{\alpha}_1=\begin{pmatrix}1\\3\\2\end{pmatrix},\quad \boldsymbol{\alpha}_2=\begin{pmatrix}-2\\4\\1\end{pmatrix},\quad \boldsymbol{\alpha}_3=\begin{pmatrix}5\\-1\\-3\end{pmatrix},\quad \boldsymbol{\beta}_1=\begin{pmatrix}3\\5\\-1\end{pmatrix},\quad \boldsymbol{\beta}_2=\begin{pmatrix}-1\\3\\-4\end{pmatrix},$$

验证 $\boldsymbol{\alpha}_1,\boldsymbol{\alpha}_2,\boldsymbol{\alpha}_3$ 是 $\mathbf{R}^3$ 的一组基, 并求 $\boldsymbol{\beta}_1,\boldsymbol{\beta}_2$ 在这组基下的坐标.

26. 求 $\mathbf{R}^3$ 中由基 $\boldsymbol{\alpha}_1=(1,0,-1)^{\mathrm{T}},\boldsymbol{\alpha}_2=(2,1,3)^{\mathrm{T}},\boldsymbol{\alpha}_3=(1,1,2)^{\mathrm{T}}$ 到基 $\boldsymbol{\beta}_1=(1,2,-3)^{\mathrm{T}}$, $\boldsymbol{\beta}_2=(-2,3,-1)^{\mathrm{T}}$, $\boldsymbol{\beta}_3=(1,-2,-1)^{\mathrm{T}}$ 的过渡矩阵与基变换公式.

27. 某调料有限公司用 7 种成分可制造 A,B,C,D,E,F 6 种调味制品, 每包调味制品所需各成分的含量 (单位: 克) 如表 4.3 所示.

表 4.3　调料成分含量表　　(单位: 克)

成分	A	B	C	D	E	F
红辣椒	3	1.5	6	7.5	9	4.5
姜黄	2	4	10	8	1	6
胡椒	1	2	5	4	2	3
欧莳萝	1	2	5	4	1	3
大蒜粉	0.5	1	2.5	2	2	1.5
盐	0.5	1	2.5	2	2	1.5
丁香粉	0.25	0.5	1.25	2	1	0.75

试讨论: (1) 某顾客为了避免购买全部 6 种调味制品, 只购买其中一部分并用它配制出其余几种调味制品. 此方案可行吗? 如果行, 该顾客最少需购买几种调味制品, 它们是哪几种呢?

(2) 如果顾客想利用 (1) 中购买到的调味制品, 配制一种新的调味制品 (单位: 克), 其成分为: 红辣椒 18; 姜黄 18; 胡椒 9; 欧莳萝 9; 大蒜粉 4.5; 盐 4.5; 丁香粉 3.25. 试写出配制方案.

28. 假设一个经济系统由能源、制造、建筑、服务、金融、教育行业组成, 每个行业的产出在各个行业中的分配如表 4.4 所示. 每一列中的元素表示占该行业总产出的比例. 试讨论使每个行业投入与产出都平衡的价格.

表 4.4　行业产出分配表

产出分配						购买者
能源	制造	建筑	服务	金融	教育	
0	0.1	0.2	0.1	0.1	0.1	能源
0.3	0.2	0.1	0.1	0.2	0	制造
0.4	0.4	0.1	0.2	0.4	0	建筑
0.1	0.1	0.2	0.3	0.1	0.1	服务
0.1	0.2	0.3	0.2	0	0.2	金融
0.1	0	0.1	0.1	0.2	0.6	教育

第4章自测题

第4章自测题答案

第4章相关考研题

第 5 章　矩阵的特征值与特征向量

矩阵的特征值与特征向量是线性代数的基本概念之一, 特征值是一个能反映矩阵重要特性的量, 特征向量有其明确的几何意义, 而且与线性变换有密切联系, 许多涉及复杂矩阵表示的问题都可由特征值或特征向量来解决. 本章介绍向量的内积与正交概念, 给出线性无关向量组的施密特正交化方法, 介绍矩阵的特征值和特征向量的概念与计算方法, 引入相似矩阵的概念, 并进一步讨论矩阵与对角阵相似的充分必要条件以及矩阵相似对角化的方法.

第5章　课程导学

第5章　知识图谱

引　　言

特征值 (eigenvalue) 与特征向量 (eigenvector) 中的 eigen 一词来自德语, 由德国著名数学家希尔伯特 (D. Hilbert, 1862—1943) 在 1904 年首先使用.

特征值的研究, 最早隐含地出现在瑞士数学家欧拉的著作中. 1743 年, 法国数学家达朗贝尔 (D'Alembert, 1717—1783) 在研究常系数线性微分方程组解的问题时, 提出了 "特征值" 的概念. 1826 年, 法国数学家柯西在研究二次曲面问题时, 首先使用了 "特征值" 的方法, 并由此提出了实对称矩阵的标准形理论以及二次曲面的分类方法. 他证明了任意阶实对称矩阵都有特征值; 给出了相似矩阵的概念, 并证明了相似矩阵有相同的特征值. 1858 年, 英国数学家凯莱给出了方阵的特征方程和特征值的一些结论. 后来, 克莱伯施 (A. Clebsch, 1831—1872) 等证明了对称矩阵的特征根性质. 1878 年, 德国数学家弗罗贝尼乌斯 (F. G. Frobenius, 1849—1917) 给出了正交矩阵、合同的概念, 并证明了他们的一些主要性质.

矩阵的特征值与特征向量作为矩阵理论的重要组成部分, 不仅是重要的理论研究内容, 同时有较强的实际应用价值, 在数学、物理、化学、生物、信号处理、流行病学、计算机科学、人工智能、经济管理、资源环境和大气科学等诸多领域都有着广泛的应用. 例如以下几类典型范例.

(1) 动力系统的稳定性, 可以通过与动力系统相关的矩阵的特征值来判断.

(2) 数据挖掘算法中的主成分分析方法 (PCA), 通过选取较大特征值对应的特征向量, 构造线性变换, 达到数据降维的目的. 还有奇异值分解方法 (SVD) 也是基于类似的原理.

(3) 信号处理中的盲源分离算法, 比如独立分量分析 (ICA), 基于高阶统计量, 运用特征值分解分离和提取源信号.

(4) 图谱理论中, 借助图的邻接矩阵、拉普拉斯矩阵的特征值及其特征向量, 来研究图的性质, 比如 Google 网页排序的 PageRank 算法、聚类算法中的谱聚类算法等.

5.1　向量的内积与正交

在解析几何中, 已经引入了两个向量的内积 (又称数量积). 在直角坐标系中, 向量的内积有直观的几何意义, 而且向量 $\boldsymbol{a}=(a_1,a_2,a_3)^{\mathrm{T}}$ 与 $\boldsymbol{b}=(b_1,b_2,b_3)^{\mathrm{T}}$ 的内积可表示为 $\boldsymbol{a}\cdot\boldsymbol{b}=a_1b_1+a_2b_2+a_3b_3$. 同时, 借助于向量的内积, 给出了向量的长度和两个向量间夹角的定义. 在本节中, 将三维向量的内积推广到 n 维向量的内积, 并定义 n 维向量的长度和向量间的夹角, 以此对向量进行度量, 进而深入讨论向量的运算规律和性质以及正交性. 下面首先引入内积的概念.

5.1.1　向量的内积

定义 1　设 n 维向量

$$\boldsymbol{\alpha}=\begin{pmatrix}a_1\\a_2\\\vdots\\a_n\end{pmatrix},\quad \boldsymbol{\beta}=\begin{pmatrix}b_1\\b_2\\\vdots\\b_n\end{pmatrix},$$

令

$$[\boldsymbol{\alpha},\boldsymbol{\beta}]=a_1b_1+a_2b_2+\cdots+a_nb_n,$$

称 $[\boldsymbol{\alpha},\boldsymbol{\beta}]$ 为**向量$\boldsymbol{\alpha}$与$\boldsymbol{\beta}$的内积**.

向量的内积是两个向量之间的一种运算. 如果把向量看成列矩阵, 那么向量的内积可以表示成矩阵的乘积形式

$$[\boldsymbol{\alpha},\boldsymbol{\beta}]=\sum_{i=1}^{n}a_ib_i=\boldsymbol{\alpha}^{\mathrm{T}}\boldsymbol{\beta}.$$

设 $\boldsymbol{\alpha},\boldsymbol{\beta},\boldsymbol{\gamma}$ 都是 n 维向量, k 为实数, 由定义 1 可以推出向量内积的下列基本性质:

(1) **对称性**　$[\boldsymbol{\alpha},\boldsymbol{\beta}]=[\boldsymbol{\beta},\boldsymbol{\alpha}]$;

(2) **线性性** $[\boldsymbol{\alpha}+\boldsymbol{\beta},\boldsymbol{\gamma}]=[\boldsymbol{\alpha},\boldsymbol{\gamma}]+[\boldsymbol{\beta},\boldsymbol{\gamma}]$; $[k\boldsymbol{\alpha},\boldsymbol{\beta}]=k[\boldsymbol{\alpha},\boldsymbol{\beta}]$;

(3) **非负性** $[\boldsymbol{\alpha},\boldsymbol{\alpha}]\geqslant 0$, 等号成立当且仅当 $\boldsymbol{\alpha}=\mathbf{0}$.

上述性质均可根据内积定义直接证明, 请读者自行证明.

例 1 设 $\boldsymbol{\alpha}=(3,5,-2)^{\mathrm{T}},\boldsymbol{\beta}=(1,-1,2)^{\mathrm{T}}$, 求向量内积 $[\boldsymbol{\alpha},\boldsymbol{\beta}]$ 和 $[\boldsymbol{\alpha}+\boldsymbol{\beta},\boldsymbol{\beta}]$.

解

$$[\boldsymbol{\alpha},\boldsymbol{\beta}]=\boldsymbol{\alpha}^{\mathrm{T}}\boldsymbol{\beta}=3\times 1+5\times(-1)+(-2)\times 2=-6;$$
$$[\boldsymbol{\alpha}+\boldsymbol{\beta},\boldsymbol{\beta}]=(\boldsymbol{\alpha}+\boldsymbol{\beta})^{\mathrm{T}}\boldsymbol{\beta}=4\times 1+4\times(-1)+0\times 2=0.$$

向量的内积还具有如下性质.

向量 $\boldsymbol{\alpha}$ 与 $\boldsymbol{\beta}$ 的内积满足不等式

$$[\boldsymbol{\alpha},\boldsymbol{\beta}]^2\leqslant[\boldsymbol{\alpha},\boldsymbol{\alpha}][\boldsymbol{\beta},\boldsymbol{\beta}],$$

式中等号成立的充分必要条件是向量 $\boldsymbol{\alpha},\boldsymbol{\beta}$ 线性相关. 该不等式称为**柯西–施瓦茨** (Cauchy-Schwarz)**不等式**.

证明 若 $\boldsymbol{\alpha}=\mathbf{0}$, 显然结论成立;

若 $\boldsymbol{\alpha}\neq\mathbf{0}$, 则 $[\boldsymbol{\alpha},\boldsymbol{\alpha}]>0$, 且对于任意的实数 λ, 有

$$[\lambda\boldsymbol{\alpha}+\boldsymbol{\beta},\lambda\boldsymbol{\alpha}+\boldsymbol{\beta}]=[\boldsymbol{\alpha},\boldsymbol{\alpha}]\lambda^2+2[\boldsymbol{\alpha},\boldsymbol{\beta}]\lambda+[\boldsymbol{\beta},\boldsymbol{\beta}]\geqslant 0,$$

上式左端视为关于 λ 的二次三项式, 其值恒非负, 从而没有互异实根, 所以判别式

$$4[\boldsymbol{\alpha},\boldsymbol{\beta}]^2-4[\boldsymbol{\alpha},\boldsymbol{\alpha}][\boldsymbol{\beta},\boldsymbol{\beta}]\leqslant 0,$$

因此,

$$[\boldsymbol{\alpha},\boldsymbol{\beta}]^2\leqslant[\boldsymbol{\alpha},\boldsymbol{\alpha}][\boldsymbol{\beta},\boldsymbol{\beta}].$$

式中等号成立, 即判别式为零的充分必要条件是二次三项式有二重实根, 所以

$$[\lambda\boldsymbol{\alpha}+\boldsymbol{\beta},\lambda\boldsymbol{\alpha}+\boldsymbol{\beta}]=0,$$

根据内积的性质, 可知 $\lambda\boldsymbol{\alpha}+\boldsymbol{\beta}=\mathbf{0}$, 即向量 $\boldsymbol{\alpha},\boldsymbol{\beta}$ 线性相关. □

根据内积的定义, 下面给出 n 维向量长度和夹角的定义.

定义 2 设有 n 维向量

$$\boldsymbol{\alpha}=\begin{pmatrix}a_1\\a_2\\\vdots\\a_n\end{pmatrix},$$

令

$$\|\boldsymbol{\alpha}\|=\sqrt{[\boldsymbol{\alpha},\boldsymbol{\alpha}]}=\sqrt{a_1^2+a_2^2+\cdots+a_n^2},$$

称 $\|\boldsymbol{\alpha}\|$ 为 n **维向量** $\boldsymbol{\alpha}$ **的长度**(也称为**模或范数**). 特别地, 当 $\|\boldsymbol{\alpha}\|=1$ 时, 称 $\boldsymbol{\alpha}$ 为**单位向量**.

向量的长度具有下列性质:

(1) **非负性** $\|\boldsymbol{\alpha}\|\geqslant 0$; $\|\boldsymbol{\alpha}\|=0$ 当且仅当 $\boldsymbol{\alpha}=\mathbf{0}$;

(2) **齐次性** $\|k\boldsymbol{\alpha}\|=|k|\,\|\boldsymbol{\alpha}\|$;

(3) **三角不等式** $\|\boldsymbol{\alpha}+\boldsymbol{\beta}\|\leqslant\|\boldsymbol{\alpha}\|+\|\boldsymbol{\beta}\|$.

一般地, 若非零向量 $\boldsymbol{\alpha}$ 不是单位向量, 可令

$$\boldsymbol{\beta}=\frac{1}{\|\boldsymbol{\alpha}\|}\boldsymbol{\alpha},$$

则 $\|\boldsymbol{\beta}\|=\left\|\dfrac{1}{\|\boldsymbol{\alpha}\|}\boldsymbol{\alpha}\right\|=\dfrac{1}{\|\boldsymbol{\alpha}\|}\|\boldsymbol{\alpha}\|=1$, 因此 $\boldsymbol{\beta}$ 为单位向量, 此过程把非零向量 $\boldsymbol{\alpha}$**单位化**, 称 $\boldsymbol{\beta}$ 为 $\boldsymbol{\alpha}$**的单位化向量**.

对于非零向量 α 和 $\boldsymbol{\beta}$, 由柯西–施瓦茨不等式, 有

$$-1\leqslant\frac{[\boldsymbol{\alpha},\boldsymbol{\beta}]}{\|\boldsymbol{\alpha}\|\,\|\boldsymbol{\beta}\|}\leqslant 1,$$

于是有下面两个向量夹角的定义.

定义 3 当 n 维向量 $\boldsymbol{\alpha}\neq\mathbf{0}$, $\boldsymbol{\beta}\neq\mathbf{0}$ 时, 称

$$\theta=\arccos\frac{[\boldsymbol{\alpha},\boldsymbol{\beta}]}{\|\boldsymbol{\alpha}\|\,\|\boldsymbol{\beta}\|}\quad(0\leqslant\theta\leqslant\pi)\tag{5.1}$$

为 n 维**向量**$\boldsymbol{\alpha}$**与**$\boldsymbol{\beta}$**的夹角**.

例 2 已知向量 $\boldsymbol{\alpha}=(1,2,2,3)^{\mathrm{T}},\boldsymbol{\beta}=(3,1,5,1)^{\mathrm{T}}$, 求向量 $\boldsymbol{\alpha}$ 与 $\boldsymbol{\beta}$ 的夹角.

解 因为

$$\|\boldsymbol{\alpha}\|=\sqrt{[\boldsymbol{\alpha},\boldsymbol{\alpha}]}=3\sqrt{2},\quad\|\boldsymbol{\beta}\|=\sqrt{[\boldsymbol{\beta},\boldsymbol{\beta}]}=6,[\boldsymbol{\alpha},\boldsymbol{\beta}]=18,$$

所以 $\cos\theta=\dfrac{[\boldsymbol{\alpha},\boldsymbol{\beta}]}{\|\boldsymbol{\alpha}\|\,\|\boldsymbol{\beta}\|}=\dfrac{\sqrt{2}}{2}$, 故 $\theta=\dfrac{\pi}{4}$.

5.1.2 向量组的正交化、单位化

定义 4 若 $[\boldsymbol{\alpha},\boldsymbol{\beta}]=0$, 则称**向量**$\boldsymbol{\alpha}$**与**$\boldsymbol{\beta}$**正交**.

注 如果 $\boldsymbol{\alpha}=\mathbf{0}$, 那么 $\boldsymbol{\alpha}$ 与任何向量都正交.

定义 5 一组两两正交的非零向量组称为**正交向量组**. 当正交向量组中每一个向量都是单位向量时, 该向量组称为**单位正交向量组**.

由定义 5, 若 $\boldsymbol{\alpha}_1,\boldsymbol{\alpha}_2,\cdots,\boldsymbol{\alpha}_m$ 是正交向量组, 则

$$[\boldsymbol{\alpha}_i,\boldsymbol{\alpha}_j]=\begin{cases}0, & i\neq j,\\ \|\boldsymbol{\alpha}_i\|^2, & i=j.\end{cases}$$

下面讨论正交向量组的线性相关性.

定理 1 若 $\boldsymbol{\alpha}_1,\boldsymbol{\alpha}_2,\cdots,\boldsymbol{\alpha}_r$ 是正交向量组, 则 $\boldsymbol{\alpha}_1,\boldsymbol{\alpha}_2,\cdots,\boldsymbol{\alpha}_r$ 必线性无关.

证明 设有常数 $k_1,k_2,\cdots,k_r$, 使

$$k_1\boldsymbol{\alpha}_1+k_2\boldsymbol{\alpha}_2+\cdots+k_r\boldsymbol{\alpha}_r=\mathbf{0},$$

两边与 $\boldsymbol{\alpha}_i$ 作内积, 有

$$[k_1\boldsymbol{\alpha}_1+k_2\boldsymbol{\alpha}_2+\cdots+k_r\boldsymbol{\alpha}_r,\boldsymbol{\alpha}_i]=[\mathbf{0},\boldsymbol{\alpha}_i]=0,$$

因为 $[\boldsymbol{\alpha}_i,\boldsymbol{\alpha}_j]=0(i\neq j)$, 所以

$$0=k_1[\boldsymbol{\alpha}_1,\boldsymbol{\alpha}_i]+k_2[\boldsymbol{\alpha}_2,\boldsymbol{\alpha}_i]+\cdots+k_r[\boldsymbol{\alpha}_r,\boldsymbol{\alpha}_i]=k_i[\boldsymbol{\alpha}_i,\boldsymbol{\alpha}_i],$$

又由于 $[\boldsymbol{\alpha}_i,\boldsymbol{\alpha}_i]\neq 0$, 故 $k_i=0(i=1,2,\cdots,r)$, 从而向量组 $\boldsymbol{\alpha}_1,\boldsymbol{\alpha}_2,\cdots,\boldsymbol{\alpha}_r$ 线性无关. □

正交向量组是线性无关向量组, 但线性无关向量组却不一定是正交向量组. 例如, $\boldsymbol{\alpha}_1=\begin{pmatrix}1\\0\\0\end{pmatrix},\boldsymbol{\alpha}_2=\begin{pmatrix}1\\1\\0\end{pmatrix},\boldsymbol{\alpha}_3=\begin{pmatrix}1\\1\\1\end{pmatrix}$ 是线性无关向量组, 但 $[\boldsymbol{\alpha}_1,\boldsymbol{\alpha}_2]=1,[\boldsymbol{\alpha}_2,\boldsymbol{\alpha}_3]=2,[\boldsymbol{\alpha}_1,\boldsymbol{\alpha}_3]=1$, 因此它不是正交向量组. 一般地, 一个线性无关的向量组可以化为与其等价的正交向量组或单位正交向量组. 把一个线性无关向量组化为单位正交向量组的过程, 称为向量组的**规范正交化**.

下面介绍**施密特正交化方法**, 该方法可以将任意一个线性无关的向量组化为与其等价的正交向量组.

设 $\boldsymbol{\alpha}_1,\boldsymbol{\alpha}_2,\cdots,\boldsymbol{\alpha}_r$ 是线性无关向量组. 先取

$$\boldsymbol{\beta}_1=\boldsymbol{\alpha}_1,$$

令 $\boldsymbol{\beta}_2=\boldsymbol{\alpha}_2-k\boldsymbol{\beta}_1$($k$ 待定), 使 $\boldsymbol{\beta}_2$ 与 $\boldsymbol{\beta}_1$ 正交, 即有

$$[\boldsymbol{\beta}_2,\boldsymbol{\beta}_1]=[\boldsymbol{\alpha}_2-k\boldsymbol{\beta}_1,\boldsymbol{\beta}_1]=[\boldsymbol{\alpha}_2,\boldsymbol{\beta}_1]-k[\boldsymbol{\beta}_1,\boldsymbol{\beta}_1]=0,$$

得

$$k=\frac{[\boldsymbol{\alpha}_2,\boldsymbol{\beta}_1]}{[\boldsymbol{\beta}_1,\boldsymbol{\beta}_1]},$$

于是得

$$\boldsymbol{\beta}_2=\boldsymbol{\alpha}_2-\frac{[\boldsymbol{\alpha}_2,\boldsymbol{\beta}_1]}{[\boldsymbol{\beta}_1,\boldsymbol{\beta}_1]}\boldsymbol{\beta}_1.$$

这样求得的两个向量 $\boldsymbol{\beta}_1,\boldsymbol{\beta}_2$ 正交, 且与向量 $\boldsymbol{\alpha}_1,\boldsymbol{\alpha}_2$ 等价. 再令 $\boldsymbol{\beta}_3=\boldsymbol{\alpha}_3-k_1\boldsymbol{\beta}_1-k_2\boldsymbol{\beta}_2(k_1,k_2$ 待定), 使 $\boldsymbol{\beta}_3$ 与 $\boldsymbol{\beta}_1,\boldsymbol{\beta}_2$ 彼此正交, 即有

施密特正交化过程的几何关系

$$[\boldsymbol{\beta}_3,\boldsymbol{\beta}_1]=[\boldsymbol{\alpha}_3,\boldsymbol{\beta}_1]-k_1[\boldsymbol{\beta}_1,\boldsymbol{\beta}_1]=0,$$

以及

$$[\boldsymbol{\beta}_3,\boldsymbol{\beta}_2]=[\boldsymbol{\alpha}_3,\boldsymbol{\beta}_2]-k_2[\boldsymbol{\beta}_2,\boldsymbol{\beta}_2]=0,$$

得

$$k_1=\frac{[\boldsymbol{\alpha}_3,\boldsymbol{\beta}_1]}{[\boldsymbol{\beta}_1,\boldsymbol{\beta}_1]},\quad k_2=\frac{[\boldsymbol{\alpha}_3,\boldsymbol{\beta}_2]}{[\boldsymbol{\beta}_2,\boldsymbol{\beta}_2]},$$

于是

$$\boldsymbol{\beta}_3=\boldsymbol{\alpha}_3-\frac{[\boldsymbol{\alpha}_3,\boldsymbol{\beta}_1]}{[\boldsymbol{\beta}_1,\boldsymbol{\beta}_1]}\boldsymbol{\beta}_1-\frac{[\boldsymbol{\alpha}_3,\boldsymbol{\beta}_2]}{[\boldsymbol{\beta}_2,\boldsymbol{\beta}_2]}\boldsymbol{\beta}_2.$$

这样求得的三个向量 $\boldsymbol{\beta}_1,\boldsymbol{\beta}_2,\boldsymbol{\beta}_3$ 两两正交, 且与向量 $\boldsymbol{\alpha}_1,\boldsymbol{\alpha}_2,\boldsymbol{\alpha}_3$ 等价.

以此类推, 可得

$$\boldsymbol{\beta}_j=\boldsymbol{\alpha}_j-\frac{[\boldsymbol{\alpha}_j,\boldsymbol{\beta}_1]}{[\boldsymbol{\beta}_1,\boldsymbol{\beta}_1]}\boldsymbol{\beta}_1-\frac{[\boldsymbol{\alpha}_j,\boldsymbol{\beta}_2]}{[\boldsymbol{\beta}_2,\boldsymbol{\beta}_2]}\boldsymbol{\beta}_2-\cdots-\frac{[\boldsymbol{\alpha}_j,\boldsymbol{\beta}_{j-1}]}{[\boldsymbol{\beta}_{j-1},\boldsymbol{\beta}_{j-1}]}\boldsymbol{\beta}_{j-1}\quad(j=4,5,\cdots,r).$$

容易验证这样得到的正交向量组 $\boldsymbol{\beta}_1,\boldsymbol{\beta}_2,\cdots,\boldsymbol{\beta}_r$ 与向量组 $\boldsymbol{\alpha}_1,\boldsymbol{\alpha}_2,\cdots,\boldsymbol{\alpha}_r$ 等价.

上面从线性无关的向量组 $\boldsymbol{\alpha}_1,\boldsymbol{\alpha}_2,\cdots,\boldsymbol{\alpha}_r$ 导出等价的正交向量组 $\boldsymbol{\beta}_1,\boldsymbol{\beta}_2,\cdots,\boldsymbol{\beta}_r$ 的过程称为**施密特正交化过程**.

将 $\boldsymbol{\beta}_1,\boldsymbol{\beta}_2,\cdots,\boldsymbol{\beta}_r$ 单位化, 得

$$\boldsymbol{e}_1=\frac{\boldsymbol{\beta}_1}{\|\boldsymbol{\beta}_1\|},\boldsymbol{e}_2=\frac{\boldsymbol{\beta}_2}{\|\boldsymbol{\beta}_2\|},\cdots,\boldsymbol{e}_r=\frac{\boldsymbol{\beta}_r}{\|\boldsymbol{\beta}_r\|}.$$

$\boldsymbol{e}_1,\boldsymbol{e}_2,\cdots,\boldsymbol{e}_r$ 就是与 $\boldsymbol{\alpha}_1,\boldsymbol{\alpha}_2,\cdots,\boldsymbol{\alpha}_r$ 等价的**单位正交向量组**.

例 3　把向量组 $\boldsymbol{\alpha}_1=\begin{pmatrix}1\\1\\0\end{pmatrix},\boldsymbol{\alpha}_2=\begin{pmatrix}1\\0\\1\end{pmatrix},\boldsymbol{\alpha}_3=\begin{pmatrix}0\\1\\1\end{pmatrix}$ 规范正交化.

解　先利用施密特正交化方法将向量组正交化, 令

$$\boldsymbol{\beta}_1=\boldsymbol{\alpha}_1=\begin{pmatrix}1\\1\\0\end{pmatrix},$$

$$\boldsymbol{\beta}_2=\boldsymbol{\alpha}_2-\frac{[\boldsymbol{\alpha}_2,\boldsymbol{\beta}_1]}{[\boldsymbol{\beta}_1,\boldsymbol{\beta}_1]}\boldsymbol{\beta}_1=\begin{pmatrix}1\\0\\1\end{pmatrix}-\frac{1}{2}\begin{pmatrix}1\\1\\0\end{pmatrix}=\frac{1}{2}\begin{pmatrix}1\\-1\\2\end{pmatrix},$$

$$\boldsymbol{\beta}_3=\boldsymbol{\alpha}_3-\frac{[\boldsymbol{\alpha}_3,\boldsymbol{\beta}_1]}{[\boldsymbol{\beta}_1,\boldsymbol{\beta}_1]}\boldsymbol{\beta}_1-\frac{[\boldsymbol{\alpha}_3,\boldsymbol{\beta}_2]}{[\boldsymbol{\beta}_2,\boldsymbol{\beta}_2]}\boldsymbol{\beta}_2=\begin{pmatrix}0\\1\\1\end{pmatrix}-\frac{1}{2}\begin{pmatrix}1\\1\\0\end{pmatrix}-\frac{1}{6}\begin{pmatrix}1\\-1\\2\end{pmatrix}=\frac{2}{3}\begin{pmatrix}-1\\1\\1\end{pmatrix},$$

$\boldsymbol{\beta}_1,\boldsymbol{\beta}_2,\boldsymbol{\beta}_3$ 即为与 $\boldsymbol{\alpha}_1,\boldsymbol{\alpha}_2,\boldsymbol{\alpha}_3$ 等价的正交向量组.

再将 $\boldsymbol{\beta}_1,\boldsymbol{\beta}_2,\boldsymbol{\beta}_3$ 单位化,

$$\boldsymbol{e}_1=\frac{\boldsymbol{\beta}_1}{\|\boldsymbol{\beta}_1\|}=\begin{pmatrix}\frac{1}{\sqrt{2}}\\\frac{1}{\sqrt{2}}\\0\end{pmatrix},\quad \boldsymbol{e}_2=\frac{\boldsymbol{\beta}_2}{\|\boldsymbol{\beta}_2\|}=\begin{pmatrix}\frac{1}{\sqrt{6}}\\-\frac{1}{\sqrt{6}}\\\frac{2}{\sqrt{6}}\end{pmatrix},\quad \boldsymbol{e}_3=\frac{\boldsymbol{\beta}_3}{\|\boldsymbol{\beta}_3\|}=\begin{pmatrix}-\frac{1}{\sqrt{3}}\\\frac{1}{\sqrt{3}}\\\frac{1}{\sqrt{3}}\end{pmatrix}.$$

则 $\boldsymbol{e}_1,\boldsymbol{e}_2,\boldsymbol{e}_3$ 即为与 $\boldsymbol{\alpha}_1,\boldsymbol{\alpha}_2,\boldsymbol{\alpha}_3$ 等价的单位正交向量组.

例 4 已知向量组 $\boldsymbol{\alpha}_1=\begin{pmatrix}1\\0\\-1\end{pmatrix},\boldsymbol{\alpha}_2=\begin{pmatrix}1\\-2\\0\end{pmatrix}$, (1) 求与 $\boldsymbol{\alpha}_1,\boldsymbol{\alpha}_2$ 等价的正交向量组 $\boldsymbol{\beta}_1,\boldsymbol{\beta}_2$; (2) 求 $\boldsymbol{\beta}_3$, 使向量组 $\boldsymbol{\beta}_1,\boldsymbol{\beta}_2,\boldsymbol{\beta}_3$ 为正交向量组.

解 (1) 利用施密特正交化方法将 $\boldsymbol{\alpha}_1,\boldsymbol{\alpha}_2$ 正交化.

令

$$\boldsymbol{\beta}_1=\boldsymbol{\alpha}_1=\begin{pmatrix}1\\0\\-1\end{pmatrix},$$

$$\boldsymbol{\beta}_2=\boldsymbol{\alpha}_2-\frac{[\boldsymbol{\alpha}_2,\boldsymbol{\beta}_1]}{[\boldsymbol{\beta}_1,\boldsymbol{\beta}_1]}\boldsymbol{\beta}_1=\begin{pmatrix}1\\-2\\0\end{pmatrix}-\frac{1}{2}\begin{pmatrix}1\\0\\-1\end{pmatrix}=\frac{1}{2}\begin{pmatrix}1\\-4\\1\end{pmatrix}.$$

则 $\boldsymbol{\beta}_1,\boldsymbol{\beta}_2$ 是与 $\boldsymbol{\alpha}_1,\boldsymbol{\alpha}_2$ 等价的正交向量组.

(2) 设 $\boldsymbol{\beta}_3=\begin{pmatrix}x_1\\x_2\\x_3\end{pmatrix}$, 依题意有 $[\boldsymbol{\beta}_1,\boldsymbol{\beta}_3]=0,[\boldsymbol{\beta}_2,\boldsymbol{\beta}_3]=0$, 即有齐次线性方程组

$$\begin{cases} x_1 \qquad\quad - x_3=0,\\ \frac{1}{2}x_1-2x_2+\frac{1}{2}x_3=0.\end{cases}$$

由

$$\boldsymbol{A}=\begin{pmatrix}1 & 0 & -1\\ \frac{1}{2} & -2 & \frac{1}{2}\end{pmatrix}\xrightarrow{r}\begin{pmatrix}1 & 0 & -1\\ 0 & 1 & -\frac{1}{2}\end{pmatrix}$$

得同解方程组 $\begin{cases}x_1=x_3,\\ x_2=\frac{1}{2}x_3,\end{cases}$ 因此得基础解系 $\boldsymbol{\xi}=\begin{pmatrix}2\\1\\2\end{pmatrix}$, 取 $\boldsymbol{\beta}_3=\begin{pmatrix}2\\1\\2\end{pmatrix}$ 即可.

5.1.3 正交矩阵

定义 6 若 n 阶矩阵 $\boldsymbol{A}$ 满足 $\boldsymbol{A}^{\mathrm{T}}\boldsymbol{A}=\boldsymbol{A}\boldsymbol{A}^{\mathrm{T}}=\boldsymbol{E}$, 则称 $\boldsymbol{A}$ 为**正交矩阵**, 简称**正交阵**.

例如,

$$\begin{pmatrix}\cos\theta & -\sin\theta\\ \sin\theta & \cos\theta\end{pmatrix},\quad \begin{pmatrix}1 & 0 & 0\\ 0 & 1 & 0\\ 0 & 0 & 1\end{pmatrix},\quad \begin{pmatrix}\frac{1}{\sqrt{3}} & -\frac{1}{\sqrt{2}} & -\frac{1}{\sqrt{6}}\\ \frac{1}{\sqrt{3}} & \frac{1}{\sqrt{2}} & -\frac{1}{\sqrt{6}}\\ \frac{1}{\sqrt{3}} & 0 & \frac{2}{\sqrt{6}}\end{pmatrix}$$

都是正交矩阵.

正交矩阵有以下性质.

性质 1 $\boldsymbol{A}$ 为正交矩阵的充分必要条件是 $\boldsymbol{A}$ 的列向量组是单位正交向量组.

证明 设 $\boldsymbol{A}$ 是 n 阶正交矩阵, 记 $\boldsymbol{A}=(\boldsymbol{\alpha}_1,\boldsymbol{\alpha}_2,\cdots,\boldsymbol{\alpha}_n)$, 由 $\boldsymbol{A}^{\mathrm{T}}\boldsymbol{A}=\boldsymbol{E}$ 有

$$\begin{pmatrix}\boldsymbol{\alpha}_1^{\mathrm{T}}\\ \boldsymbol{\alpha}_2^{\mathrm{T}}\\ \vdots\\ \boldsymbol{\alpha}_n^{\mathrm{T}}\end{pmatrix}(\boldsymbol{\alpha}_1,\boldsymbol{\alpha}_2,\cdots,\boldsymbol{\alpha}_n)=\begin{pmatrix}\boldsymbol{\alpha}_1^{\mathrm{T}}\boldsymbol{\alpha}_1 & \boldsymbol{\alpha}_1^{\mathrm{T}}\boldsymbol{\alpha}_2 & \cdots & \boldsymbol{\alpha}_1^{\mathrm{T}}\boldsymbol{\alpha}_n\\ \boldsymbol{\alpha}_2^{\mathrm{T}}\boldsymbol{\alpha}_1 & \boldsymbol{\alpha}_2^{\mathrm{T}}\boldsymbol{\alpha}_2 & \cdots & \boldsymbol{\alpha}_2^{\mathrm{T}}\boldsymbol{\alpha}_n\\ \vdots & \vdots & & \vdots\\ \boldsymbol{\alpha}_n^{\mathrm{T}}\boldsymbol{\alpha}_1 & \boldsymbol{\alpha}_n^{\mathrm{T}}\boldsymbol{\alpha}_2 & \cdots & \boldsymbol{\alpha}_n^{\mathrm{T}}\boldsymbol{\alpha}_n\end{pmatrix}=\begin{pmatrix}1 & 0 & \cdots & 0\\ 0 & 1 & \cdots & 0\\ \vdots & \vdots & & \vdots\\ 0 & 0 & \cdots & 1\end{pmatrix}.$$

因此 $\boldsymbol{A}$ 的 n 个列向量满足

$$\boldsymbol{\alpha}_i^{\mathrm{T}}\boldsymbol{\alpha}_j=\begin{cases}1, & i=j,\\ 0, & i\neq j\end{cases}\ (i,j=1,2,\cdots,n)\ ,$$

即 $\boldsymbol{A}$ 的列向量组是单位正交向量组

由于上述过程可逆, 因此, 当列向量组是单位正交向量组时, 它们所构成的矩阵一定是正交矩阵. □

类似地, 利用 $\boldsymbol{A}\boldsymbol{A}^{\mathrm{T}}=\boldsymbol{E}$, 将 $\boldsymbol{A}$ 用行向量表示, 可得如下性质.

性质 2 $\boldsymbol{A}$ 为正交矩阵的充分必要条件是 $\boldsymbol{A}$ 的行向量组是单位正交向量组.

性质 3 若 $\boldsymbol{A}$ 是正交矩阵, 则 $\boldsymbol{A}^{-1}=\boldsymbol{A}^{\mathrm{T}}$ 且 $\boldsymbol{A}^{\mathrm{T}}$ 也是正交矩阵.

证明 由定义 6 知 $\boldsymbol{A}^{\mathrm{T}}\boldsymbol{A}=\boldsymbol{E}$, 因此 $\boldsymbol{A}^{-1}=\boldsymbol{A}^{\mathrm{T}}$. 又 $(\boldsymbol{A}^{\mathrm{T}})^{\mathrm{T}}\boldsymbol{A}^{\mathrm{T}}=\boldsymbol{A}\boldsymbol{A}^{\mathrm{T}}=\boldsymbol{A}\boldsymbol{A}^{-1}=\boldsymbol{E}$, 即 $\boldsymbol{A}^{\mathrm{T}}$ 是正交矩阵.

性质 4 若 $\boldsymbol{A}$ 是正交矩阵, 则 $|\boldsymbol{A}|=1$ 或 $|\boldsymbol{A}|=-1$.

证明 由 $\boldsymbol{A}$ 是正交矩阵, 有 $\boldsymbol{A}^{\mathrm{T}}\boldsymbol{A}=\boldsymbol{E}$, 等式两边取行列式, 得 $|\boldsymbol{A}^{\mathrm{T}}||\boldsymbol{A}|=|\boldsymbol{A}^{\mathrm{T}}\boldsymbol{A}|=|\boldsymbol{E}|=1$, 因此 $|\boldsymbol{A}|^2=1$, 所以 $|\boldsymbol{A}|=1$ 或 $|\boldsymbol{A}|=-1$.

性质 5 若 $\boldsymbol{A},\boldsymbol{B}$ 都是 n 阶正交矩阵, 则 $\boldsymbol{A}\boldsymbol{B}$ 也是正交矩阵.

证明 因为 $\boldsymbol{A},\boldsymbol{B}$ 都是 n 阶正交矩阵, 则

$$\boldsymbol{A}^{\mathrm{T}}\boldsymbol{A}=\boldsymbol{E} \quad \text{且} \quad \boldsymbol{B}^{\mathrm{T}}\boldsymbol{B}=\boldsymbol{E},$$

从而

$$(\boldsymbol{A}\boldsymbol{B})^{\mathrm{T}}(\boldsymbol{A}\boldsymbol{B})=(\boldsymbol{B}^{\mathrm{T}}\boldsymbol{A}^{\mathrm{T}})(\boldsymbol{A}\boldsymbol{B})=\boldsymbol{B}^{\mathrm{T}}(\boldsymbol{A}^{\mathrm{T}}\boldsymbol{A})\boldsymbol{B}=\boldsymbol{B}^{\mathrm{T}}\boldsymbol{E}\boldsymbol{B}=\boldsymbol{B}^{\mathrm{T}}\boldsymbol{B}=\boldsymbol{E},$$

所以 $\boldsymbol{A}\boldsymbol{B}$ 也是正交矩阵.

定义 7 若 $\boldsymbol{P}$ 为正交矩阵, 则线性变换 $\boldsymbol{y}=\boldsymbol{P}\boldsymbol{x}$ 称为**正交变换**.

若 $\boldsymbol{y}=\boldsymbol{P}\boldsymbol{x}$ 为正交变换, 则有

$$\|\boldsymbol{y}\|=\sqrt{\boldsymbol{y}^{\mathrm{T}}\boldsymbol{y}}=\sqrt{\boldsymbol{x}^{\mathrm{T}}\boldsymbol{P}^{\mathrm{T}}\boldsymbol{P}\boldsymbol{x}}=\sqrt{\boldsymbol{x}^{\mathrm{T}}\boldsymbol{x}}=\|\boldsymbol{x}\|.$$

因此, 正交变换保持向量的长度不变.

5.2 矩阵的特征值与特征向量

矩阵的特征值和特征向量是线性代数中的重要概念, 在理论研究中起着非常重要的作用, 在许多应用中有着非常直接的实际意义. 一些工程技术问题, 如振动问题、稳定性分析和相关分析中, 特征值和特征向量都有着确切的物理意义, 实际上这些问题的解决往往归结为特征值和特征向量的求解. 数学中矩阵的对角化以及微分方程组的求解等问题, 也都要用到特征值理论. 此外, 特征值和特征向量理论在经济分析、生命科学、环境保护、信号处理和人工智能等领域都有着广泛的应用.

本节及后续各节所讨论的矩阵均为方阵.

5.2.1 特征值与特征向量的概念

定义 8 设 $\boldsymbol{A}$ 是 n 阶矩阵, 若存在数 λ 和 n 维非零向量 $\boldsymbol{x}$, 使得

$$\boldsymbol{A}\boldsymbol{x}=\lambda\boldsymbol{x}, \tag{5.2}$$

则称数 λ 为**矩阵 $\boldsymbol{A}$ 的特征值**, 非零向量 $\boldsymbol{x}$ 为矩阵 $\boldsymbol{A}$**对应于特征值 λ 的特征向量**.

式 (5.2) 可以写成齐次线性方程组

$$(\boldsymbol{A}-\lambda\boldsymbol{E})\boldsymbol{x}=\boldsymbol{0}, \tag{5.3}$$

n 阶矩阵 $\boldsymbol{A}$ 的特征值, 就是使方程组 (5.3) 有非零解的 λ 值. 齐次线性方程组 (5.3) 有非零解的充分必要条件是系数矩阵的行列式等于零, 即

$$|\boldsymbol{A}-\lambda\boldsymbol{E}|=\begin{vmatrix} a_{11}-\lambda & a_{12} & \cdots & a_{1n} \\ a_{21} & a_{22}-\lambda & \cdots & a_{2n} \\ \vdots & \vdots & & \vdots \\ a_{n1} & a_{n2} & \cdots & a_{nn}-\lambda \end{vmatrix}=0. \tag{5.4}$$

等式左边是一个关于 λ 的 n 次多项式, 即

$$f(\lambda)=|\boldsymbol{A}-\lambda\boldsymbol{E}|.$$

称 $f(\lambda)$ 为**矩阵 $\boldsymbol{A}$ 的特征多项式**; 称 $|\boldsymbol{A}-\lambda\boldsymbol{E}|=0$ 为**矩阵 $\boldsymbol{A}$ 的特征方程**. 因此矩阵 $\boldsymbol{A}$ 的特征值就是它的特征多项式的根.

由代数基本定理: 在复数域内, 一个 n 次多项式恰有 n 个根 (重根按重数计算). 由于 n 阶矩阵 $\boldsymbol{A}$ 的特征多项式是 λ 的 n 次多项式, 所以 $\boldsymbol{A}$ 恰有 n 个特征值. 特征多项式的 k 重根也称为 k **重特征值**.

n 阶矩阵特征值的计算涉及 n 次多项式的求根, 当 $n \geqslant 5$ 时, 特征多项式没有求根公式, 即使是三、四阶矩阵的特征多项式, 一般也难以求根. 所以, 实际问题中, 矩阵的特征值的求解一般采用近似计算的方法, 它也是计算方法所研究的重要问题之一.

式 (5.3) 与式 (5.4) 提供了求矩阵特征值和特征向量的方法, 其具体步骤如下:

(1) 求矩阵 $\boldsymbol{A}$ 的特征方程 $|\boldsymbol{A}-\lambda\boldsymbol{E}|=0$ 的解, 它们就是矩阵 $\boldsymbol{A}$ 的全部特征值 $\lambda_i(i=1,2,\cdots,n)$;

(2) 对矩阵 $\boldsymbol{A}$ 的每一个特征值 λ_i, 求出对应齐次线性方程组 $(\boldsymbol{A}-\lambda_i\boldsymbol{E})\boldsymbol{x}=\boldsymbol{0}$ 的一个基础解系 $\boldsymbol{p}_1,\boldsymbol{p}_2,\cdots,\boldsymbol{p}_t$, 则 $\boldsymbol{p}_1,\boldsymbol{p}_2,\cdots,\boldsymbol{p}_t$ 就是矩阵 $\boldsymbol{A}$ 的对应于特征值 λ_i 的 t 个线性无关的特征向量, 矩阵 $\boldsymbol{A}$ 的对应于特征值 λ_i 的全部特征向量就是 $k_1\boldsymbol{p}_1+k_2\boldsymbol{p}_2+\cdots+k_t\boldsymbol{p}_t$, 其中 $k_1,k_2,\cdots,k_t$ 是不全为零的数.

例 5　求矩阵 $\boldsymbol{A}=\begin{pmatrix} 1 & 1 & -1 \\ 0 & 2 & 1 \\ 0 & 0 & 3 \end{pmatrix}$ 的特征值和特征向量.

解　$\boldsymbol{A}$ 的特征多项式为

$$|\boldsymbol{A}-\lambda\boldsymbol{E}| = \begin{vmatrix} 1-\lambda & 1 & -1 \\ 0 & 2-\lambda & 1 \\ 0 & 0 & 3-\lambda \end{vmatrix} = -(\lambda-1)(\lambda-2)(\lambda-3).$$

因此 $\boldsymbol{A}$ 的全部特征值是 $\lambda_1=1, \lambda_2=2, \lambda_3=3$.

对于 $\lambda_1=1$, 解齐次线性方程组 $(\boldsymbol{A}-\boldsymbol{E})\boldsymbol{x}=\boldsymbol{0}$, 由

$$\boldsymbol{A}-\boldsymbol{E} = \begin{pmatrix} 0 & 1 & -1 \\ 0 & 1 & 1 \\ 0 & 0 & 2 \end{pmatrix} \xrightarrow{r} \begin{pmatrix} 0 & 1 & 0 \\ 0 & 0 & 1 \\ 0 & 0 & 0 \end{pmatrix},$$

得基础解系 $\boldsymbol{p}_1 = \begin{pmatrix} 1 \\ 0 \\ 0 \end{pmatrix}$, 所以对应于 $\lambda_1=1$ 的全部特征向量为 $k_1\boldsymbol{p}_1(k_1 \neq 0)$.

对于 $\lambda_2=2$, 解齐次线性方程组 $(\boldsymbol{A}-2\boldsymbol{E})\boldsymbol{x}=\boldsymbol{0}$, 由

$$\boldsymbol{A}-2\boldsymbol{E} = \begin{pmatrix} -1 & 1 & -1 \\ 0 & 0 & 1 \\ 0 & 0 & 1 \end{pmatrix} \xrightarrow{r} \begin{pmatrix} 1 & -1 & 0 \\ 0 & 0 & 1 \\ 0 & 0 & 0 \end{pmatrix},$$

得基础解系 $\boldsymbol{p}_2 = \begin{pmatrix} 1 \\ 1 \\ 0 \end{pmatrix}$, 所以对应于 $\lambda_2=2$ 的全部特征向量为 $k_2\boldsymbol{p}_2(k_2 \neq 0)$.

对于 $\lambda_3=3$, 解齐次线性方程组 $(\boldsymbol{A}-3\boldsymbol{E})\boldsymbol{x}=\boldsymbol{0}$, 由

$$\boldsymbol{A}-3\boldsymbol{E} = \begin{pmatrix} -2 & 1 & -1 \\ 0 & -1 & 1 \\ 0 & 0 & 0 \end{pmatrix} \xrightarrow{r} \begin{pmatrix} 1 & 0 & 0 \\ 0 & 1 & -1 \\ 0 & 0 & 0 \end{pmatrix},$$

得基础解系 $\boldsymbol{p}_3 = \begin{pmatrix} 0 \\ 1 \\ 1 \end{pmatrix}$, 所以对应于 $\lambda_3=3$ 的全部特征向量为 $k_3\boldsymbol{p}_3(k_3 \neq 0)$.

例 6 求矩阵 $\boldsymbol{A} = \begin{pmatrix} 5 & 6 & 0 \\ -3 & -4 & 0 \\ -3 & -6 & 2 \end{pmatrix}$ 的特征值和特征向量.

解　$\boldsymbol{A}$ 的特征多项式为

$$|\boldsymbol{A}-\lambda\boldsymbol{E}|=\begin{vmatrix}5-\lambda & 6 & 0\\ -3 & -4-\lambda & 0\\ -3 & -6 & 2-\lambda\end{vmatrix}=(2-\lambda)\begin{vmatrix}5-\lambda & 6\\ -3 & -4-\lambda\end{vmatrix}=-(\lambda+1)(\lambda-2)^2,$$

因此 $\boldsymbol{A}$ 的全部特征值是 $\lambda_1=-1,\lambda_2=\lambda_3=2$.

对于 $\lambda_1=-1$, 解齐次线性方程组 $(\boldsymbol{A}+\boldsymbol{E})\boldsymbol{x}=\boldsymbol{0}$, 由

$$\boldsymbol{A}+\boldsymbol{E}=\begin{pmatrix}6 & 6 & 0\\ -3 & -3 & 0\\ -3 & -6 & 3\end{pmatrix}\xrightarrow{r}\begin{pmatrix}1 & 0 & 1\\ 0 & 1 & -1\\ 0 & 0 & 0\end{pmatrix},$$

得基础解系 $\boldsymbol{p}_1=\begin{pmatrix}-1\\ 1\\ 1\end{pmatrix}$, 所以对应于 $\lambda_1=-1$ 的全部特征向量为$k_1\boldsymbol{p}_1(k_1\neq 0)$.

对于 $\lambda_2=\lambda_3=2$, 解齐次线性方程组 $(\boldsymbol{A}-2\boldsymbol{E})\boldsymbol{x}=\boldsymbol{0}$, 由

$$\boldsymbol{A}-2\boldsymbol{E}=\begin{pmatrix}3 & 6 & 0\\ -3 & -6 & 0\\ -3 & -6 & 0\end{pmatrix}\xrightarrow{r}\begin{pmatrix}1 & 2 & 0\\ 0 & 0 & 0\\ 0 & 0 & 0\end{pmatrix},$$

得基础解系 $\boldsymbol{p}_2=\begin{pmatrix}-2\\ 1\\ 0\end{pmatrix},\boldsymbol{p}_3=\begin{pmatrix}0\\ 0\\ 1\end{pmatrix}$, 所以对应于 $\lambda_2=\lambda_3=2$ 的全部特征向量为 $k_2\boldsymbol{p}_2+k_3\boldsymbol{p}_3(k_2,k_3$ 不同时为 $0)$.

5.2.2　特征值与特征向量的性质

性质 1　若 n 阶矩阵 $\boldsymbol{A}=(a_{ij})$ 的 n 个特征值为 $\lambda_1,\lambda_2,\cdots,\lambda_n$, 则

(1) $\lambda_1+\lambda_2+\cdots+\lambda_n=\sum\limits_{i=1}^{n}a_{ii}$; (2) $\lambda_1\lambda_2\cdots\lambda_n=|\boldsymbol{A}|$.

证明　矩阵 $\boldsymbol{A}$ 的特征值多项式

$$f(\lambda)=|\boldsymbol{A}-\lambda\boldsymbol{E}|=\begin{vmatrix}a_{11}-\lambda & a_{12} & \cdots & a_{1n}\\ a_{21} & a_{22}-\lambda & \cdots & a_{2n}\\ \vdots & \vdots & & \vdots\\ a_{n1} & a_{n2} & \cdots & a_{nn}-\lambda\end{vmatrix},$$

根据 n 阶行列式的定义, 行列式除主对角线上元素的乘积

$$(a_{11}-\lambda)(a_{22}-\lambda)\cdots(a_{nn}-\lambda)$$

这一项外, 其余各项至多包含 $n-2$ 个主对角线上的元素, 也就是说, 特征多项式 $f(\lambda)$ 含有 λ^n 和 λ^{n-1} 的项只能出现在主对角线上元素的乘积项中, 而 $f(\lambda)$ 的常数项为 $f(0)=|\boldsymbol{A}-0\boldsymbol{E}|=|\boldsymbol{A}|$, 因此

$$\begin{aligned} f(\lambda) &= |\boldsymbol{A}-\lambda\boldsymbol{E}| \\ &= (-1)^n[\lambda^n-(a_{11}+a_{22}+\cdots+a_{nn})\lambda^{n-1}+\cdots+(-1)^n|\boldsymbol{A}|]. \end{aligned} \tag{5.5}$$

另外, 矩阵 $\boldsymbol{A}$ 的 n 个特征值 $\lambda_1,\lambda_2,\cdots,\lambda_n$ 为特征多项式 $f(\lambda)$ 的 n 个根, 从而 $f(\lambda)$ 又可表示为

$$\begin{aligned} f(\lambda) &= (-1)^n(\lambda-\lambda_1)(\lambda-\lambda_2)\cdots(\lambda-\lambda_n) \\ &= (-1)^n[\lambda^n-(\lambda_1+\lambda_2+\cdots+\lambda_n)\lambda^{n-1}+\cdots+(-1)^n\lambda_1\lambda_2\cdots\lambda_n]. \end{aligned} \tag{5.6}$$

比较式 (5.5) 和式 (5.6) 可得

$$\lambda_1+\lambda_2+\cdots+\lambda_n=a_{11}+a_{22}+\cdots+a_{nn},$$

$$\lambda_1\lambda_2\cdots\lambda_n=|\boldsymbol{A}|.$$

注 式 $\sum\limits_{i=1}^{n}a_{ii}$ 称为矩阵 $\boldsymbol{A}$ 的迹, 记作 $\operatorname{tr}(\boldsymbol{A})=\sum\limits_{i=1}^{n}a_{ii}$.

推论 n 阶矩阵 $\boldsymbol{A}$ 可逆的充分必要条件是 $\boldsymbol{A}$ 的 n 个特征值均不为零.

性质 2 若 λ 是矩阵 $\boldsymbol{A}$ 的特征值, $\boldsymbol{x}$ 是 $\boldsymbol{A}$ 对应于 λ 的特征向量, 则

(1) $k\lambda$ 是 $k\boldsymbol{A}$ 的特征值 (k 是任意常数), $\boldsymbol{x}$ 是 $k\boldsymbol{A}$ 对应于 $k\lambda$ 的特征向量;

(2) λ^m 是 $\boldsymbol{A}^m$ 的特征值 (m 是正整数), $\boldsymbol{x}$ 是 $\boldsymbol{A}^m$ 对应于 λ^m 的特征向量;

(3) 当 $\boldsymbol{A}$ 可逆时, $\dfrac{1}{\lambda}$ 是 $\boldsymbol{A}^{-1}$ 的特征值, $\boldsymbol{x}$ 是 $\boldsymbol{A}^{-1}$ 对应于 $\dfrac{1}{\lambda}$ 的特征向量.

证明 (1) 请读者自行证明.

(2) 由已知条件 $\boldsymbol{A}\boldsymbol{x}=\lambda\boldsymbol{x}$, 对等式两边左乘 $\boldsymbol{A}$, 可得

$$\boldsymbol{A}(\boldsymbol{A}\boldsymbol{x})=\boldsymbol{A}(\lambda\boldsymbol{x})=\lambda(\boldsymbol{A}\boldsymbol{x})=\lambda(\lambda\boldsymbol{x}),$$

即

$$\boldsymbol{A}^2\boldsymbol{x}=\lambda^2\boldsymbol{x},$$

再继续进行上述运算至 $m-2$ 时, 有

$$\boldsymbol{A}^m\boldsymbol{x}=\lambda^m\boldsymbol{x},$$

所以 λ^m 是矩阵 $\boldsymbol{A}^m$ 的特征值, 且 $\boldsymbol{x}$ 是 $\boldsymbol{A}^m$ 对应于 λ^m 的特征向量.

(3) 当 $\boldsymbol{A}$ 可逆时, 由性质 1 的推论可知, $\lambda \neq 0$. 等式 $\boldsymbol{Ax} = \lambda\boldsymbol{x}$ 两边左乘 $\boldsymbol{A}^{-1}$, 有

$$\boldsymbol{A}^{-1}(\boldsymbol{Ax}) = \boldsymbol{A}^{-1}(\lambda\boldsymbol{x}) = \lambda(\boldsymbol{A}^{-1}\boldsymbol{x}).$$

因此

$$\boldsymbol{A}^{-1}\boldsymbol{x} = \frac{1}{\lambda}\boldsymbol{x},$$

所以 $\dfrac{1}{\lambda}$ 是 $\boldsymbol{A}^{-1}$ 的特征值, $\boldsymbol{x}$ 是 $\boldsymbol{A}^{-1}$ 对应于 $\dfrac{1}{\lambda}$ 的特征向量. □

设 $f(x) = a_m x^m + a_{m-1}x^{m-1} + \cdots + a_1 x + a_0$ 是 m 次多项式,λ 是 n 阶矩阵 $\boldsymbol{A}$ 的特征值, $\boldsymbol{x}$ 是 $\boldsymbol{A}$ 对应于 λ 的特征向量, 因为

$$\begin{aligned}
f(\boldsymbol{A})\boldsymbol{x} &= (a_m\boldsymbol{A}^m + a_{m-1}\boldsymbol{A}^{m-1} + \cdots + a_1\boldsymbol{A} + a_0\boldsymbol{E})\boldsymbol{x}\\
&= a_m\boldsymbol{A}^m\boldsymbol{x} + a_{m-1}\boldsymbol{A}^{m-1}\boldsymbol{x} + \cdots + a_1\boldsymbol{Ax} + a_0\boldsymbol{Ex}\\
&= a_m\lambda^m\boldsymbol{x} + a_{m-1}\lambda^{m-1}\boldsymbol{x} + \cdots + a_1\lambda\boldsymbol{x} + a_0\boldsymbol{x}\\
&= (a_m\lambda^m + a_{m-1}\lambda^{m-1} + \cdots + a_1\lambda + a_0)\boldsymbol{x}\\
&= f(\lambda)\boldsymbol{x},
\end{aligned}$$

所以 $f(\lambda)$ 是矩阵多项式 $f(\boldsymbol{A}) = a_m\boldsymbol{A}^m + a_{m-1}\boldsymbol{A}^{m-1} + \cdots + a_1\boldsymbol{A} + a_0\boldsymbol{E}$ 的特征值, 且 $\boldsymbol{x}$ 是 $f(\boldsymbol{A})$ 对应于特征值 $f(\lambda)$ 的特征向量.

性质 3　矩阵 $\boldsymbol{A}$ 和 $\boldsymbol{A}^{\mathrm{T}}$ 的特征值相同.

证明　因为

$$\left|\boldsymbol{A}^{\mathrm{T}} - \lambda\boldsymbol{E}\right| = \left|\boldsymbol{A}^{\mathrm{T}} - (\lambda\boldsymbol{E})^{\mathrm{T}}\right| = \left|(\boldsymbol{A} - \lambda\boldsymbol{E})^{\mathrm{T}}\right| = |\boldsymbol{A} - \lambda\boldsymbol{E}|,$$

所以, 矩阵 $\boldsymbol{A}$ 和 $\boldsymbol{A}^{\mathrm{T}}$ 有相同的特征值.

例 7　设 3 阶矩阵 $\boldsymbol{A}$ 的特征值为 0,1,2, 求 $|\boldsymbol{A} + 2\boldsymbol{E}|$.

解　因为 3 阶矩阵 $\boldsymbol{A}$ 的特征值为 0, 1, 2, 因此 $\boldsymbol{A} + 2\boldsymbol{E}$ 的 3 个特征值分别为

$$0 + 2 \times 1 = 2, \quad 1 + 2 \times 1 = 3, \quad 2 + 2 \times 1 = 4,$$

由性质 1 可得,$|\boldsymbol{A} + 2\boldsymbol{E}| = 2 \times 3 \times 4 = 24$.

定理 2　若 $\lambda_1, \lambda_2, \cdots, \lambda_m$ 为矩阵 $\boldsymbol{A}$ 的 m 个不同特征值, 则对应的特征向量 $\boldsymbol{x}_1, \boldsymbol{x}_2, \cdots, \boldsymbol{x}_m$ 线性无关.

证明　对 $\boldsymbol{A}$ 的不同特征值的个数 m 作数学归纳法.

当 $m = 1$ 时, $\boldsymbol{x}_1 \neq \boldsymbol{0}$ 线性无关, 结论成立.

设 $m-1$ 个不同特征值 $\lambda_1,\lambda_2,\cdots,\lambda_{m-1}$ 对应的特征向量 $\boldsymbol{x}_1,\boldsymbol{x}_2,\cdots,\boldsymbol{x}_{m-1}$ 线性无关, 下面考虑 m 个不同特征值对应的特征向量的情况.

设

$$k_1\boldsymbol{x}_1+k_2\boldsymbol{x}_2+\cdots+k_{m-1}\boldsymbol{x}_{m-1}+k_m\boldsymbol{x}_m=\mathbf{0}, \tag{5.7}$$

等式两边左乘 $\boldsymbol{A}$, 得

$$k_1\lambda_1\boldsymbol{x}_1+k_2\lambda_2\boldsymbol{x}_2+\cdots+k_{m-1}\lambda_{m-1}\boldsymbol{x}_{m-1}+k_m\lambda_m x_m=\mathbf{0}, \tag{5.8}$$

式 (5.7) 乘 λ_m, 再减去式 (5.8), 得

$$k_1(\lambda_m-\lambda_1)\boldsymbol{x}_1+k_2(\lambda_m-\lambda_2)\boldsymbol{x}_2+\cdots+k_{m-1}(\lambda_m-\lambda_{m-1})\boldsymbol{x}_{m-1}=\mathbf{0},$$

根据假设, $\boldsymbol{x}_1,\boldsymbol{x}_2,\cdots,\boldsymbol{x}_{m-1}$ 线性无关, 因此

$$k_i(\lambda_m-\lambda_i)=0 \quad (i=1,2,\cdots,m-1),$$

又由于 $\lambda_m\neq\lambda_i(i=1,2,\cdots,m-1)$, 所以 $k_i=0(i=1,2,\cdots,m-1)$, 代入式 (5.7) 得 $k_m\boldsymbol{x}_m=\mathbf{0}$. 因为特征向量 $\boldsymbol{x}_m\neq\mathbf{0}$, 所以 $k_m=0$, 故 $\boldsymbol{x}_1,\boldsymbol{x}_2,\cdots,\boldsymbol{x}_m$ 线性无关.

推论 若 $\lambda_1,\lambda_2,\cdots,\lambda_m$ 为矩阵 $\boldsymbol{A}$ 的 m 个不同特征值, $\boldsymbol{x}_{i1},\boldsymbol{x}_{i2},\cdots,\boldsymbol{x}_{ir_i}$ 是矩阵 $\boldsymbol{A}$ 对应特征值 λ_i 的一组线性无关的特征向量, 则向量组

$$\boldsymbol{x}_{11},\boldsymbol{x}_{12},\cdots,\boldsymbol{x}_{1r_1},\boldsymbol{x}_{21},\boldsymbol{x}_{22},\cdots,\boldsymbol{x}_{2r_2},\cdots,\boldsymbol{x}_{m1},\boldsymbol{x}_{m2},\cdots,\boldsymbol{x}_{mr_m}$$

也线性无关.

知识拓展 · 计算
特征向量的新公式

5.3 相似矩阵

对角形矩阵是最简单的一类矩阵, 而相似矩阵具有一些相同的性质. 那么, 任意矩阵 $\boldsymbol{A}$ 应具备什么条件才能与对角形矩阵相似呢? 下面讨论矩阵的相似对角化问题.

5.3.1 相似矩阵的概念与性质

定义 9 设 $\boldsymbol{A},\boldsymbol{B}$ 都是 n 阶矩阵, 若存在 n 阶可逆矩阵 $\boldsymbol{P}$, 使

$$\boldsymbol{P}^{-1}\boldsymbol{A}\boldsymbol{P}=\boldsymbol{B},$$

则称 $\boldsymbol{B}$ 是 $\boldsymbol{A}$ 的**相似矩阵**, 或称矩阵 $\boldsymbol{A}$ **与** $\boldsymbol{B}$ **相似**, 记作 $\boldsymbol{A}\sim\boldsymbol{B}$.

通过 $\boldsymbol{P}^{-1}\boldsymbol{A}\boldsymbol{P}=\boldsymbol{B}$ 把 $\boldsymbol{A}$ 化为 $\boldsymbol{B}$ 的过程称为矩阵的相似变换, $\boldsymbol{P}$ 称为**相似变换矩阵**.

矩阵的相似关系是一种等价关系, 满足

(1) **反身性** $\boldsymbol{A}\sim\boldsymbol{A}$;

(2) **对称性** 若 $\boldsymbol{A}\sim\boldsymbol{B}$, 则 $\boldsymbol{B}\sim\boldsymbol{A}$;

(3) **传递性** 若 $\boldsymbol{A}\sim\boldsymbol{B}$, $\boldsymbol{B}\sim\boldsymbol{C}$, 则 $\boldsymbol{A}\sim\boldsymbol{C}$.

相似矩阵有下面性质.

性质 1 若矩阵 $\boldsymbol{A}$ 与 $\boldsymbol{B}$ 相似, 则矩阵 $k\boldsymbol{A}$ 与 $k\boldsymbol{B}$ 相似, k 为任意实数.

证明 因为 $\boldsymbol{A}$ 与 $\boldsymbol{B}$ 相似, 则存在可逆矩阵 $\boldsymbol{P}$, 使得 $\boldsymbol{P}^{-1}\boldsymbol{A}\boldsymbol{P}=\boldsymbol{B}$, 有

$$k\boldsymbol{B}=k(\boldsymbol{P}^{-1}\boldsymbol{A}\boldsymbol{P})=\boldsymbol{P}^{-1}(k\boldsymbol{A})\boldsymbol{P},$$

因此 $k\boldsymbol{A}$ 与 $k\boldsymbol{B}$ 相似.

性质 2 若矩阵 $\boldsymbol{A}$ 与 $\boldsymbol{B}$ 相似, 则矩阵 $\boldsymbol{A}^m$ 与 $\boldsymbol{B}^m$ 相似, m 为任意正整数.

证明 因为 $\boldsymbol{A}$ 与 $\boldsymbol{B}$ 相似, 则存在可逆矩阵 $\boldsymbol{P}$, 使得 $\boldsymbol{P}^{-1}\boldsymbol{A}\boldsymbol{P}=\boldsymbol{B}$, 有

$$\boldsymbol{B}^m=(\boldsymbol{P}^{-1}\boldsymbol{A}\boldsymbol{P})^m=(\boldsymbol{P}^{-1}\boldsymbol{A}\boldsymbol{P})(\boldsymbol{P}^{-1}\boldsymbol{A}\boldsymbol{P})\cdots(\boldsymbol{P}^{-1}\boldsymbol{A}\boldsymbol{P})=\boldsymbol{P}^{-1}\boldsymbol{A}^m\boldsymbol{P},$$

因此 $\boldsymbol{A}^m$ 与 $\boldsymbol{B}^m$ 相似.

性质 3 若矩阵 $\boldsymbol{A}$ 与 $\boldsymbol{B}$ 相似, $f(x)$ 是一多项式, 则 $f(\boldsymbol{A})$ 与 $f(\boldsymbol{B})$ 相似.

利用性质 1 和性质 2 可证明性质 3, 请读者自行完成.

定理 3 若 n 阶矩阵 $\boldsymbol{A}$ 与 $\boldsymbol{B}$ 相似, 则 $\boldsymbol{A}$ 与 $\boldsymbol{B}$ 的特征多项式相同, 从而特征值也相同.

证明 因为 $\boldsymbol{A}$ 与 $\boldsymbol{B}$ 相似, 则存在可逆矩阵 $\boldsymbol{P}$, 使得 $\boldsymbol{P}^{-1}\boldsymbol{A}\boldsymbol{P}=\boldsymbol{B}$, 有

$$|\boldsymbol{B}-\lambda\boldsymbol{E}|=|\boldsymbol{P}^{-1}\boldsymbol{A}\boldsymbol{P}-\lambda\boldsymbol{E}|=|\boldsymbol{P}^{-1}(\boldsymbol{A}-\lambda\boldsymbol{E})\boldsymbol{P}|=|\boldsymbol{P}^{-1}||(\boldsymbol{A}-\lambda\boldsymbol{E})||\boldsymbol{P}|=|\boldsymbol{A}-\lambda\boldsymbol{E}|.$$

所以相似矩阵有相同的特征多项式, 从而有相同的特征值.

注 定理 3 的逆命题不成立, 即若 $\boldsymbol{A}$ 与 $\boldsymbol{B}$ 的特征多项式相同, 或所有特征值相同, $\boldsymbol{A}$ 与 $\boldsymbol{B}$ 不一定相似. 例如

$$\boldsymbol{A}=\begin{pmatrix}1&0\\0&1\end{pmatrix},\quad \boldsymbol{B}=\begin{pmatrix}1&0\\1&1\end{pmatrix},$$

它们有相同的特征多项式 $(\lambda-1)^2$, 但 $\boldsymbol{A}$ 是单位矩阵, 对任意可逆矩阵 $\boldsymbol{P}$, 都有 $\boldsymbol{P}^{-1}\boldsymbol{A}\boldsymbol{P}=\boldsymbol{A}\neq\boldsymbol{B}$, $\boldsymbol{A}$ 与 $\boldsymbol{B}$ 不相似.

推论 1 若 n 阶矩阵 $\boldsymbol{A}$ 与对角矩阵 $\boldsymbol{\Lambda}=\mathrm{diag}(\lambda_1,\lambda_2,\cdots,\lambda_n)$ 相似, 则 $\lambda_1,\lambda_2,\cdots,\lambda_n$ 就是 $\boldsymbol{A}$ 的 n 个特征值.

推论 2 若 n 阶矩阵 $\boldsymbol{A}$ 与 $\boldsymbol{B}$ 相似, 则 $|\boldsymbol{A}|=|\boldsymbol{B}|$.

5.3.2 矩阵与对角矩阵相似的充分必要条件

对于任意两个 n 阶矩阵 $\boldsymbol{A}$ 与 $\boldsymbol{B}$, 要判断它们是否相似, 就是要确定是否存在可逆矩阵 $\boldsymbol{P}$, 使 $\boldsymbol{P}^{-1}\boldsymbol{A}\boldsymbol{P}=\boldsymbol{B}$, 但求可逆矩阵 $\boldsymbol{P}$ 一般没有确定的方法可循. 在实际应用中, 经常遇到的问题是 n 阶矩阵 $\boldsymbol{A}$ 与对角矩阵 $\boldsymbol{\Lambda}$ 相似的问题, 即求可逆矩阵 $\boldsymbol{P}$, 使

$$\boldsymbol{P}^{-1}\boldsymbol{A}\boldsymbol{P}=\boldsymbol{\Lambda}.$$

这个问题称为矩阵 $\boldsymbol{A}$ 的对角化问题.

定理 4 n 阶矩阵 $\boldsymbol{A}$ 与对角矩阵相似的充分必要条件是 $\boldsymbol{A}$ 有 n 个线性无关的特征向量.

证明 充分性 设矩阵 $\boldsymbol{A}$ 有 n 个线性无关的特征向量 $\boldsymbol{p}_1,\boldsymbol{p}_2,\cdots,\boldsymbol{p}_n$, 则

$$\boldsymbol{A}\boldsymbol{p}_1=\lambda_1\boldsymbol{p}_1,\boldsymbol{A}\boldsymbol{p}_2=\lambda_2\boldsymbol{p}_2,\cdots,\boldsymbol{A}\boldsymbol{p}_n=\lambda_n\boldsymbol{p}_n,$$

令

$$\boldsymbol{P}=(\boldsymbol{p}_1,\boldsymbol{p}_2,\cdots,\boldsymbol{p}_n),$$

$$\boldsymbol{\Lambda}=\begin{pmatrix}\lambda_1&&&\\&\lambda_2&&\\&&\ddots&\\&&&\lambda_n\end{pmatrix}.$$

于是有

$$\begin{aligned}\boldsymbol{A}\boldsymbol{P}&=\boldsymbol{A}(\boldsymbol{p}_1,\boldsymbol{p}_2,\cdots,\boldsymbol{p}_n)=(\boldsymbol{A}\boldsymbol{p}_1,\boldsymbol{A}\boldsymbol{p}_2,\cdots,\boldsymbol{A}\boldsymbol{p}_n)\\&=(\lambda_1\boldsymbol{p}_1,\lambda_2\boldsymbol{p}_2,\cdots,\lambda_n\boldsymbol{p}_n)=(\boldsymbol{p}_1,\boldsymbol{p}_2,\cdots,\boldsymbol{p}_n)\begin{pmatrix}\lambda_1&&&\\&\lambda_2&&\\&&\ddots&\\&&&\lambda_n\end{pmatrix}=\boldsymbol{P}\boldsymbol{\Lambda}.\end{aligned}$$

因为 $\boldsymbol{p}_1,\boldsymbol{p}_2,\cdots,\boldsymbol{p}_n$ 线性无关, 所以 $\boldsymbol{P}$ 是可逆矩阵, 从而由 $\boldsymbol{A}\boldsymbol{P}=\boldsymbol{P}\boldsymbol{\Lambda}$ 可得

$$\boldsymbol{P}^{-1}\boldsymbol{A}\boldsymbol{P}=\boldsymbol{\Lambda},$$

根据定义 9 可知, 矩阵 $\boldsymbol{A}$ 与对角矩阵 $\boldsymbol{\Lambda}$ 相似.

必要性　设 n 阶矩阵 $\boldsymbol{A}$ 与对角矩阵相似, 根据矩阵相似的定义 9 可知, 存在可逆矩阵 $\boldsymbol{P}$, 使得

$$\boldsymbol{P}^{-1}\boldsymbol{AP}=\boldsymbol{\Lambda}=\begin{pmatrix}\lambda_1 & & & \\ & \lambda_2 & & \\ & & \ddots & \\ & & & \lambda_n\end{pmatrix},$$

上式可化为 $\boldsymbol{AP}=\boldsymbol{P\Lambda}$.

设

$$\boldsymbol{P}=(\boldsymbol{p}_1,\boldsymbol{p}_2,\cdots,\boldsymbol{p}_n),$$

则有

$$\begin{aligned}\boldsymbol{AP}&=\boldsymbol{A}(\boldsymbol{p}_1,\boldsymbol{p}_2,\cdots,\boldsymbol{p}_n)=(\boldsymbol{Ap}_1,\boldsymbol{Ap}_2,\cdots,\boldsymbol{Ap}_n)\\&=(\boldsymbol{p}_1,\boldsymbol{p}_2,\cdots,\boldsymbol{p}_n)\begin{pmatrix}\lambda_1 & & & \\ & \lambda_2 & & \\ & & \ddots & \\ & & & \lambda_n\end{pmatrix}=(\lambda_1\boldsymbol{p}_1,\lambda_2\boldsymbol{p}_2,\cdots,\lambda_n\boldsymbol{p}_n),\end{aligned}$$

因此

$$(\boldsymbol{Ap}_1,\boldsymbol{Ap}_2,\cdots,\boldsymbol{Ap}_n)=(\lambda_1\boldsymbol{p}_1,\lambda_2\boldsymbol{p}_2,\cdots,\lambda_n\boldsymbol{p}_n),$$

于是有

$$\boldsymbol{Ap}_i=\lambda_i\boldsymbol{p}_i\quad(i=1,2,\cdots,n).$$

因为 $\boldsymbol{P}$ 是可逆矩阵, 则 $\boldsymbol{p}_1,\boldsymbol{p}_2,\cdots,\boldsymbol{p}_n$ 线性无关, 即有 $\boldsymbol{p}_i\neq\boldsymbol{0}(i=1,2,\cdots,n)$, 从而 $\lambda_1,\lambda_2,\cdots,\lambda_n$ 是 $\boldsymbol{A}$ 的 n 个特征值, $\boldsymbol{p}_1,\boldsymbol{p}_2,\cdots,\boldsymbol{p}_n$ 分别是 $\boldsymbol{A}$ 的属于特征值 $\lambda_1,\lambda_2,\cdots,\lambda_n$ 的 n 个线性无关的特征向量. □

定理 4 表明, 矩阵 $\boldsymbol{A}$ 是否与对角矩阵相似, 取决于 $\boldsymbol{A}$ 是否有 n 个线性无关的特征向量. 若矩阵 $\boldsymbol{A}$ 与对角矩阵 $\boldsymbol{\Lambda}$ 相似, 则 $\boldsymbol{\Lambda}$ 的对角元即为 $\boldsymbol{A}$ 的 n 个特征值 (重特征值按重数计), 相似变换矩阵 $\boldsymbol{P}$ 的列向量即为 $\boldsymbol{A}$ 的 n 个线性无关的特征向量.

例 6 中, 3 阶矩阵 $\boldsymbol{A}$ 有三个线性无关的特征向量, 故 $\boldsymbol{A}$ 与对角矩阵相似, 令

$$\boldsymbol{P}=\begin{pmatrix}-1 & -2 & 0\\ 1 & 1 & 0\\ 1 & 0 & 1\end{pmatrix},\quad\boldsymbol{\Lambda}=\begin{pmatrix}-1 & 0 & 0\\ 0 & 2 & 0\\ 0 & 0 & 2\end{pmatrix},$$

则有 $\boldsymbol{P}^{-1}\boldsymbol{A}\boldsymbol{P}=\boldsymbol{\Lambda}$.

推论 若 n 阶矩阵 $\boldsymbol{A}$ 有 n 个不同的特征值, 则 $\boldsymbol{A}$ 与对角矩阵相似.

注 推论的逆命题不成立, 也就是说, 与对角矩阵相似的 n 阶矩阵 $\boldsymbol{A}$ 不一定有 n 个不同的特征值, 其特征方程的根可能有重根的情形, 如例 6.

例 8 判断下列矩阵能否相似于对角矩阵, 若能, 将其化为对角矩阵.

(1) $\boldsymbol{A}=\begin{pmatrix}0&0&1\\1&1&-1\\1&0&0\end{pmatrix}$; (2) $\boldsymbol{A}=\begin{pmatrix}-1&1&0\\-4&3&0\\1&0&2\end{pmatrix}$.

解 (1) 因为

$$|\boldsymbol{A}-\lambda\boldsymbol{E}|=\begin{vmatrix}-\lambda&0&1\\1&1-\lambda&-1\\1&0&-\lambda\end{vmatrix}=-(\lambda-1)^2(\lambda+1),$$

所以 $\boldsymbol{A}$ 的特征值为 $\lambda_1=\lambda_2=1,\lambda_3=-1$.

当 $\lambda_1=\lambda_2=1$ 时, 解齐次线性方程组 $(\boldsymbol{A}-\boldsymbol{E})\boldsymbol{x}=\boldsymbol{0}$, 由

$$\boldsymbol{A}-\boldsymbol{E}=\begin{pmatrix}-1&0&1\\1&0&-1\\1&0&-1\end{pmatrix}\xrightarrow{r}\begin{pmatrix}1&0&-1\\0&0&0\\0&0&0\end{pmatrix},$$

对应于特征值 $\lambda_1=\lambda_2=1$, 有两个线性无关的特征向量 $\boldsymbol{p}_1=\begin{pmatrix}0\\1\\0\end{pmatrix},\boldsymbol{p}_2=\begin{pmatrix}1\\0\\1\end{pmatrix}$.

当 $\lambda_3=-1$ 时, 解齐次线性方程组 $(\boldsymbol{A}+\boldsymbol{E})\boldsymbol{x}=\boldsymbol{0}$, 由

$$\boldsymbol{A}+\boldsymbol{E}=\begin{pmatrix}1&0&1\\1&2&-1\\1&0&1\end{pmatrix}\xrightarrow{r}\begin{pmatrix}1&0&1\\0&1&-1\\0&0&0\end{pmatrix},$$

对应于特征值 $\lambda_3=-1$, 有一个线性无关的特征向量 $\boldsymbol{p}_3=\begin{pmatrix}-1\\1\\1\end{pmatrix}$.

所以, 矩阵 $\boldsymbol{A}$ 可对角化, 令

$$\boldsymbol{P}=(\boldsymbol{p}_1,\boldsymbol{p}_2,\boldsymbol{p}_3)=\begin{pmatrix}0&1&-1\\1&0&1\\0&1&1\end{pmatrix},\quad \boldsymbol{\Lambda}=\begin{pmatrix}1&&\\&1&\\&&-1\end{pmatrix},$$

则有 $\boldsymbol{P}^{-1}\boldsymbol{A}\boldsymbol{P}=\boldsymbol{\Lambda}$.

(2) 因为

$$|\boldsymbol{A}-\lambda\boldsymbol{E}|=\begin{vmatrix}-1-\lambda & 1 & 0\\ -4 & 3-\lambda & 0\\ 1 & 0 & 2-\lambda\end{vmatrix}=-(\lambda-2)(\lambda-1)^2,$$

所以, $\boldsymbol{A}$ 的特征值为 $\lambda_1=2,\lambda_2=\lambda_3=1$.

当 $\lambda_1=2$ 时, 解齐次线性方程组 $(\boldsymbol{A}-2\boldsymbol{E})\boldsymbol{x}=\boldsymbol{0}$, 由

$$\boldsymbol{A}-2\boldsymbol{E}=\begin{pmatrix}-3 & 1 & 0\\ -4 & 1 & 0\\ 1 & 0 & 0\end{pmatrix}\xrightarrow{r}\begin{pmatrix}1 & 0 & 0\\ 0 & 1 & 0\\ 0 & 0 & 0\end{pmatrix},$$

对应于特征值 $\lambda_1=2$, 有一个线性无关的特征向量 $\boldsymbol{p}_1=\begin{pmatrix}0\\0\\1\end{pmatrix}$.

当 $\lambda_2=\lambda_3=1$ 时, 解齐次线性方程组 $(\boldsymbol{A}-\boldsymbol{E})\boldsymbol{x}=\boldsymbol{0}$, 由

$$\boldsymbol{A}-\boldsymbol{E}=\begin{pmatrix}-2 & 1 & 0\\ -4 & 2 & 0\\ 1 & 0 & 1\end{pmatrix}\xrightarrow{r}\begin{pmatrix}1 & 0 & 1\\ 0 & 1 & 2\\ 0 & 0 & 0\end{pmatrix},$$

对应于特征值 $\lambda_2=\lambda_3=1$, 有一个线性无关的特征向量 $\boldsymbol{p}_2=\begin{pmatrix}-1\\-2\\1\end{pmatrix}$.

矩阵 $\boldsymbol{A}$ 只有两个线性无关的特征向量, 所以 $\boldsymbol{A}$ 不能对角化.

注　实际上, 对于有重特征值的矩阵能否相似于对角矩阵, 在矩阵对角化的判断中, 只需要判断矩阵多重特征值的重数与其对应的线性无关特征向量的个数是否一致. 若一致, 则矩阵可对角化, 否则, 矩阵不能对角化.

定理 5　若 $\lambda_1,\lambda_2,\cdots,\lambda_m$ 为 n 阶矩阵 $\boldsymbol{A}$ 的 $m(m\leqslant n)$ 个不同特征值, 其特征值的重数分别为 $r_1,r_2,\cdots,r_m$, 且有 $\sum\limits_{i=1}^{m}r_i=n$, 则矩阵 $\boldsymbol{A}$ 与对角矩阵相似的充分必要条件是

$$R(\boldsymbol{A}-\lambda_i\boldsymbol{E})=n-r_i,\quad i=1,2,\cdots,m.$$

证明略.

注 设 λ 是 n 阶矩阵 $\boldsymbol{A}$ 的特征值, 齐次线性方程组 $(\boldsymbol{A}-\lambda\boldsymbol{E})\boldsymbol{x}=\boldsymbol{0}$ 的解空间的维数 $n-R(\boldsymbol{A}-\lambda\boldsymbol{E})$ 称为特征值 λ 的**几何重数**, 即为齐次线性方程组 $(\boldsymbol{A}-\lambda\boldsymbol{E})\boldsymbol{x}=\boldsymbol{0}$ 的基础解系中所含解向量的个数. 特征值 λ 作为矩阵 $\boldsymbol{A}$ 的特征多项式 $f(\lambda)=|\boldsymbol{A}-\lambda\boldsymbol{E}|$ 的根的重数, 称为特征值 λ 的**代数重数**. 而且几何重数与代数重数有如下关系: 矩阵任意特征值的几何重数不超过代数重数. 由定理 5 可知, 矩阵 $\boldsymbol{A}$ 与对角矩阵相似的充分必要条件是每个特征值的几何重数等于其代数重数.

例 9 设矩阵 $\boldsymbol{A}=\begin{pmatrix}3&-6&4\\1&-2&a\\0&0&1\end{pmatrix}$ 能相似于对角矩阵, 求 a 的值.

解 由特征多项式

$$|\boldsymbol{A}-\lambda\boldsymbol{E}|=\begin{vmatrix}3-\lambda&-6&4\\1&-2-\lambda&a\\0&0&1-\lambda\end{vmatrix}=(1-\lambda)\begin{vmatrix}3-\lambda&-6\\1&-2-\lambda\end{vmatrix}=-\lambda(\lambda-1)^2,$$

解得特征值为 $\lambda_1=0,\lambda_2=\lambda_3=1$.

对应单根 $\lambda_1=0$, 可求得线性无关的特征向量恰有 1 个, 因此矩阵 $\boldsymbol{A}$ 可对角化的充分必要条件是, 对应重根 $\lambda_2=\lambda_3=1$ 有 2 个线性无关的特征向量, 即方程组 $(\boldsymbol{A}-\boldsymbol{E})\boldsymbol{x}=\boldsymbol{0}$ 有 2 个线性无关的解向量, 亦即系数矩阵的秩 $R(\boldsymbol{A}-\boldsymbol{E})=1$.

由

$$\boldsymbol{A}-\boldsymbol{E}=\begin{pmatrix}2&-6&4\\1&-3&a\\0&0&0\end{pmatrix}\xrightarrow{r}\begin{pmatrix}1&-3&2\\0&0&a-2\\0&0&0\end{pmatrix},$$

要使 $R(\boldsymbol{A}-\boldsymbol{E})=1$, 只需 $a-2=0$, 即 $a=2$.

因此, 当 $a=2$ 时, 矩阵 $\boldsymbol{A}$ 可对角化.

5.4 实对称矩阵的相似对角化

矩阵的对角化是一个比较复杂的问题, 由 5.3 节可知, 一个 n 阶矩阵不一定可以对角化. 不过, 对于在实际问题中经常遇到的实对称矩阵, 一定可以对角化, 而且其特征值和特征向量具有一些特殊的性质.

5.4.1 实对称矩阵的特征值与特征向量

定义 10 设 $m\times n$ 矩阵 $\boldsymbol{A}=(a_{ij})$ 是复数矩阵 (元素 a_{ij} 是复数), 矩阵 $\boldsymbol{A}$ 的

每个元素取共轭复数后所得到的 $m\times n$ 阶矩阵 $\bar{\boldsymbol{A}}=(\bar{a}_{ij})$ 称为矩阵 $\boldsymbol{A}$ 的共轭矩阵.

根据定义 10, 若 $\boldsymbol{A}$ 为实对称矩阵, 则满足 $\bar{\boldsymbol{A}}=\boldsymbol{A}$ 且 $\boldsymbol{A}^{\mathrm{T}}=\boldsymbol{A}$.

定理 6　实对称矩阵的特征值全为实数.

证明　设 n 阶矩阵 $\boldsymbol{A}$ 为实对称矩阵, λ 为矩阵 $\boldsymbol{A}$ 的任意一个特征值, $\boldsymbol{p}=(p_1,p_2,\cdots,p_n)^{\mathrm{T}}$ 为 $\boldsymbol{A}$ 的特征值 λ 对应的特征向量. 即

$$\boldsymbol{A}\boldsymbol{p}=\lambda\boldsymbol{p},$$

上式两边取共轭, 再取转置, 可得

$$\bar{\boldsymbol{p}}^{\mathrm{T}}\bar{\boldsymbol{A}}^{\mathrm{T}}=\bar{\lambda}\bar{\boldsymbol{p}}^{\mathrm{T}},$$

因为 $\boldsymbol{A}$ 为实对称矩阵, 所以 $\bar{\boldsymbol{A}}^{\mathrm{T}}=\boldsymbol{A}$, 上式即为

$$\bar{\boldsymbol{p}}^{\mathrm{T}}\boldsymbol{A}=\bar{\lambda}\bar{\boldsymbol{p}}^{\mathrm{T}},$$

上式两边右乘 $\boldsymbol{p}$, 得 $\bar{\boldsymbol{p}}^{\mathrm{T}}\boldsymbol{A}\boldsymbol{p}=\bar{\lambda}\bar{\boldsymbol{p}}^{\mathrm{T}}\boldsymbol{p}$, 即有 $\lambda\bar{\boldsymbol{p}}^{\mathrm{T}}\boldsymbol{p}=\bar{\lambda}\bar{\boldsymbol{p}}^{\mathrm{T}}\boldsymbol{p}$, 从而可得 $(\lambda-\bar{\lambda})\bar{\boldsymbol{p}}^{\mathrm{T}}\boldsymbol{p}=\boldsymbol{0}$. 因为 $\boldsymbol{p}\neq\boldsymbol{0}$, 所以 $\bar{\boldsymbol{p}}^{\mathrm{T}}\boldsymbol{p}=\bar{p}_1p_1+\bar{p}_2p_2+\cdots+\bar{p}_np_n=\sum\limits_{k=1}^{n}|p_k|^2\neq 0$, 故 $\lambda=\bar{\lambda}$, 即 λ 为实数.

定理 7　实对称矩阵对应于不同特征值的特征向量必正交.

证明　设 λ_1,λ_2 是实对称矩阵 $\boldsymbol{A}$ 的两个不同特征值, $\boldsymbol{p}_1,\boldsymbol{p}_2$ 分别是对应于特征值 λ_1,λ_2 的特征向量, 即 $\boldsymbol{A}\boldsymbol{p}_1=\lambda_1\boldsymbol{p}_1,\boldsymbol{A}\boldsymbol{p}_2=\lambda_2\boldsymbol{p}_2$, 因为 $\boldsymbol{A}$ 是实对称矩阵, 则

$$\lambda_1\boldsymbol{p}_1^{\mathrm{T}}=(\lambda_1\boldsymbol{p}_1)^{\mathrm{T}}=(\boldsymbol{A}\boldsymbol{p}_1)^{\mathrm{T}}=\boldsymbol{p}_1^{\mathrm{T}}\boldsymbol{A}^{\mathrm{T}}=\boldsymbol{p}_1^{\mathrm{T}}\boldsymbol{A}.$$

两边右乘 $\boldsymbol{p}_2$, 有 $\lambda_1\boldsymbol{p}_1^{\mathrm{T}}\boldsymbol{p}_2=\boldsymbol{p}_1^{\mathrm{T}}\boldsymbol{A}\boldsymbol{p}_2=\lambda_2\boldsymbol{p}_1^{\mathrm{T}}\boldsymbol{p}_2$, 即 $(\lambda_1-\lambda_2)\boldsymbol{p}_1^{\mathrm{T}}\boldsymbol{p}_2=0$. 由于 $\lambda_1\neq\lambda_2$, 所以 $\boldsymbol{p}_1^{\mathrm{T}}\boldsymbol{p}_2=0$, 即 $\boldsymbol{p}_1$ 与 $\boldsymbol{p}_2$ 正交.

定理 8　设 $\boldsymbol{A}$ 是 n 阶实对称矩阵, λ 是 $\boldsymbol{A}$ 的特征方程的 r 重根, 那么, 齐次线性方程组 $(\boldsymbol{A}-\lambda\boldsymbol{E})\boldsymbol{x}=\boldsymbol{0}$ 的系数矩阵的秩 $R(\boldsymbol{A}-\lambda\boldsymbol{E})=n-r$, 从而对应于特征值 λ 的线性无关的特征向量恰有 r 个.

5.4.2　实对称矩阵的对角化

定理 9　若 $\boldsymbol{A}$ 是 n 阶实对称矩阵, 则必存在正交矩阵 $\boldsymbol{P}$, 使得

$$\boldsymbol{P}^{-1}\boldsymbol{A}\boldsymbol{P}=\boldsymbol{P}^{\mathrm{T}}\boldsymbol{A}\boldsymbol{P}=\begin{pmatrix}\lambda_1 & & & \\ & \lambda_2 & & \\ & & \ddots & \\ & & & \lambda_n\end{pmatrix},$$

其中 $\lambda_1, \lambda_2, \cdots, \lambda_n$ 是矩阵 $\boldsymbol{A}$ 的 n 个特征值.

这就是说, 实对称矩阵不仅相似于对角矩阵, 而且是正交相似于对角矩阵, 即存在正交阵 $\boldsymbol{P}$ 使得 $\boldsymbol{P}^{-1}\boldsymbol{AP} = \boldsymbol{\Lambda}$. 关于实对称矩阵 $\boldsymbol{A}$ 对角化的具体步骤如下:

(1) 求出 A 的全部特征值 $\lambda_1, \lambda_2, \cdots, \lambda_t$, 它们的重数分别是 $r_1, r_2, \cdots, r_t(\sum\limits_{i=1}^{t} r_i = n)$. 由定理 6 知 $\lambda_1, \lambda_2, \cdots, \lambda_t$ 全为实数, 对应的特征向量全是实向量;

(2) 求出 $\boldsymbol{A}$ 对应于特征值 $\lambda_i (i = 1, 2, \cdots, t)$ 的全部特征向量. 由定理 8 知, $\boldsymbol{A}$ 对应于 λ_i 的线性无关的特征向量恰有 r_i 个, 并且这 r_i 个特征向量就是线性方程组 $(\boldsymbol{A} - \lambda_i \boldsymbol{E})\boldsymbol{x} = \boldsymbol{0}$ 的一个基础解系;

(3) 由定理 7 知, 不同的特征值对应的特征向量正交, 因此只需分别将对应于 λ_i 的 r_i 个线性无关的特征向量正交化, 然后对所有特征向量单位化, 由此得到 $\boldsymbol{A}$ 的 n 个单位正交特征向量;

(4) 将上述 n 个单位正交特征向量构成矩阵 $\boldsymbol{P}$, 则 $\boldsymbol{P}$ 就是正交矩阵, 使 $\boldsymbol{P}^{-1}\boldsymbol{AP} = \boldsymbol{\Lambda}$, 其中 $\boldsymbol{\Lambda}$ 的对角线上元素就是 $\boldsymbol{A}$ 的 n 个特征值.

例 10 设 $\boldsymbol{A} = \begin{pmatrix} 3 & 1 & 1 \\ 1 & 3 & -1 \\ 1 & -1 & 3 \end{pmatrix}$, 求一正交矩阵 $\boldsymbol{P}$, 使 $\boldsymbol{P}^{-1}\boldsymbol{AP} = \boldsymbol{\Lambda}$ 为对角矩阵.

解 $\boldsymbol{A}$ 的特征多项式为

$$|\boldsymbol{A} - \lambda\boldsymbol{E}| = \begin{vmatrix} 3-\lambda & 1 & 1 \\ 1 & 3-\lambda & -1 \\ 1 & -1 & 3-\lambda \end{vmatrix} = \begin{vmatrix} 3-\lambda & 1 & 1 \\ 0 & 4-\lambda & \lambda-4 \\ 1 & -1 & 3-\lambda \end{vmatrix}$$

$$= \begin{vmatrix} 3-\lambda & 1 & 2 \\ 0 & 4-\lambda & 0 \\ 1 & -1 & 2-\lambda \end{vmatrix} = -(\lambda-1)(\lambda-4)^2,$$

所以, $\boldsymbol{A}$ 的特征值为 $\lambda_1 = 1, \lambda_2 = \lambda_3 = 4$.

当 $\lambda_1 = 1$ 时, 解齐次线性方程组 $(\boldsymbol{A} - \boldsymbol{E})\boldsymbol{x} = \boldsymbol{0}$, 由

$$\boldsymbol{A} - \boldsymbol{E} = \begin{pmatrix} 2 & 1 & 1 \\ 1 & 2 & -1 \\ 1 & -1 & 2 \end{pmatrix} \xrightarrow{r} \begin{pmatrix} 1 & 0 & 1 \\ 0 & 1 & -1 \\ 0 & 0 & 0 \end{pmatrix},$$

得基础解系为 $\boldsymbol{\xi}_1 = \begin{pmatrix} -1 \\ 1 \\ 1 \end{pmatrix}$. 将 $\boldsymbol{\xi}_1$ 单位化, 得 $\boldsymbol{p}_1 = \dfrac{\boldsymbol{\xi}_1}{\|\boldsymbol{\xi}_1\|} = \dfrac{1}{\sqrt{3}}\begin{pmatrix} -1 \\ 1 \\ 1 \end{pmatrix}$.

当 $\lambda_2=\lambda_3=4$ 时, 解齐次线性方程组 $(\boldsymbol{A}-4\boldsymbol{E})\boldsymbol{x}=\boldsymbol{0}$, 由

$$\boldsymbol{A}-4\boldsymbol{E}=\begin{pmatrix}-1&1&1\\1&-1&-1\\1&-1&-1\end{pmatrix}\xrightarrow{r}\begin{pmatrix}1&-1&-1\\0&0&0\\0&0&0\end{pmatrix},$$

得基础解系为 $\boldsymbol{\xi}_2=\begin{pmatrix}1\\1\\0\end{pmatrix},\boldsymbol{\xi}_3=\begin{pmatrix}1\\0\\1\end{pmatrix}$. 将 $\boldsymbol{\xi}_2,\boldsymbol{\xi}_3$ 正交化, 取

$$\boldsymbol{\eta}_1=\boldsymbol{\xi}_2=\begin{pmatrix}1\\1\\0\end{pmatrix},\quad \boldsymbol{\eta}_2=\boldsymbol{\xi}_3-\frac{[\boldsymbol{\xi}_3,\boldsymbol{\eta}_1]}{[\boldsymbol{\eta}_1,\boldsymbol{\eta}_1]}\boldsymbol{\eta}_1=\begin{pmatrix}1\\0\\1\end{pmatrix}-\frac{1}{2}\begin{pmatrix}1\\1\\0\end{pmatrix}=\frac{1}{2}\begin{pmatrix}1\\-1\\2\end{pmatrix},$$

再将 $\boldsymbol{\eta}_1,\boldsymbol{\eta}_2$ 单位化, 得 $\boldsymbol{p}_2=\frac{1}{\sqrt{2}}\begin{pmatrix}1\\1\\0\end{pmatrix},\boldsymbol{p}_3=\frac{1}{\sqrt{6}}\begin{pmatrix}1\\-1\\2\end{pmatrix}$.

令

$$\boldsymbol{P}=(\boldsymbol{p}_1,\boldsymbol{p}_2,\boldsymbol{p}_3)=\begin{pmatrix}-\frac{1}{\sqrt{3}}&\frac{1}{\sqrt{2}}&\frac{1}{\sqrt{6}}\\\frac{1}{\sqrt{3}}&\frac{1}{\sqrt{2}}&-\frac{1}{\sqrt{6}}\\\frac{1}{\sqrt{3}}&0&\frac{2}{\sqrt{6}}\end{pmatrix},$$

则 $\boldsymbol{P}^{-1}\boldsymbol{AP}=\boldsymbol{P}^{\mathrm{T}}\boldsymbol{AP}=\boldsymbol{\Lambda}=\begin{pmatrix}1&&\\&4&\\&&4\end{pmatrix}$.

例 11 设 $\boldsymbol{A}=\begin{pmatrix}2&0&0\\0&3&2\\0&2&3\end{pmatrix}$,

(1) 求一正交矩阵 $\boldsymbol{P}$, 使 $\boldsymbol{P}^{-1}\boldsymbol{AP}=\boldsymbol{\Lambda}$ 为对角矩阵;

(2) 计算 $\boldsymbol{A}^{30}$.

解 (1) $\boldsymbol{A}$ 的特征多项式为

$$|\boldsymbol{A}-\lambda\boldsymbol{E}|=\begin{vmatrix}2-\lambda & 0 & 0\\ 0 & 3-\lambda & 2\\ 0 & 2 & 3-\lambda\end{vmatrix}=(2-\lambda)\begin{vmatrix}3-\lambda & 2\\ 2 & 3-\lambda\end{vmatrix}=-(\lambda-1)(\lambda-2)(\lambda-5),$$

所以 $\boldsymbol{A}$ 的全部特征值是 $\lambda_1=1,\lambda_2=2,\lambda_3=5$.

对于 $\lambda_1=1$, 解齐次线性方程组 $(\boldsymbol{A}-\boldsymbol{E})\boldsymbol{x}=\boldsymbol{0}$, 由

$$\boldsymbol{A}-\boldsymbol{E}=\begin{pmatrix}1 & 0 & 0\\ 0 & 2 & 2\\ 0 & 2 & 2\end{pmatrix}\xrightarrow{r}\begin{pmatrix}1 & 0 & 0\\ 0 & 1 & 1\\ 0 & 0 & 0\end{pmatrix},$$

得基础解系为 $\boldsymbol{\xi}_1=\begin{pmatrix}0\\ -1\\ 1\end{pmatrix}$.

对于 $\lambda_2=2$, 解齐次线性方程组 $(\boldsymbol{A}-2\boldsymbol{E})\boldsymbol{x}=\boldsymbol{0}$, 由

$$\boldsymbol{A}-2\boldsymbol{E}=\begin{pmatrix}0 & 0 & 0\\ 0 & 1 & 2\\ 0 & 2 & 1\end{pmatrix}\xrightarrow{r}\begin{pmatrix}0 & 1 & 0\\ 0 & 0 & 1\\ 0 & 0 & 0\end{pmatrix},$$

得基础解系为 $\boldsymbol{\xi}_2=\begin{pmatrix}1\\ 0\\ 0\end{pmatrix}$.

对于 $\lambda_3=5$, 解齐次线性方程组 $(\boldsymbol{A}-5\boldsymbol{E})\boldsymbol{x}=\boldsymbol{0}$, 由

$$\boldsymbol{A}-5\boldsymbol{E}=\begin{pmatrix}-3 & 0 & 0\\ 0 & -2 & 2\\ 0 & 2 & -2\end{pmatrix}\xrightarrow{r}\begin{pmatrix}1 & 0 & 0\\ 0 & 1 & -1\\ 0 & 0 & 0\end{pmatrix},$$

得基础解系为 $\boldsymbol{\xi}_3=\begin{pmatrix}0\\ 1\\ 1\end{pmatrix}$.

$\boldsymbol{\xi}_1,\boldsymbol{\xi}_2,\boldsymbol{\xi}_3$ 是两两正交的, 将它们单位化, 得

$$\boldsymbol{p}_1=\frac{\boldsymbol{\xi}_1}{\|\boldsymbol{\xi}_1\|}=\frac{1}{\sqrt{2}}\begin{pmatrix}0\\ -1\\ 1\end{pmatrix},\quad \boldsymbol{p}_2=\boldsymbol{\xi}_2=\begin{pmatrix}1\\ 0\\ 0\end{pmatrix},\quad \boldsymbol{p}_3=\frac{\boldsymbol{\xi}_3}{\|\boldsymbol{\xi}_3\|}=\frac{1}{\sqrt{2}}\begin{pmatrix}0\\ 1\\ 1\end{pmatrix}.$$

令

$$\boldsymbol{P}=(\boldsymbol{p}_1,\boldsymbol{p}_2,\boldsymbol{p}_3)=\frac{1}{\sqrt{2}}\begin{pmatrix}0&\sqrt{2}&0\\-1&0&1\\1&0&1\end{pmatrix},$$

则 $\boldsymbol{P}^{-1}\boldsymbol{A}\boldsymbol{P}=\boldsymbol{P}^{\mathrm{T}}\boldsymbol{A}\boldsymbol{P}=\boldsymbol{\Lambda}=\begin{pmatrix}1&&\\&2&\\&&5\end{pmatrix}$.

(2) $\boldsymbol{A}^{30}=\boldsymbol{P}\boldsymbol{\Lambda}^{30}\boldsymbol{P}^{-1}=\frac{1}{\sqrt{2}}\begin{pmatrix}0&\sqrt{2}&0\\-1&0&1\\1&0&1\end{pmatrix}\begin{pmatrix}1&&\\&2^{30}&\\&&5^{30}\end{pmatrix}\frac{1}{\sqrt{2}}\begin{pmatrix}0&-1&1\\\sqrt{2}&0&0\\0&1&1\end{pmatrix}$

$$=\frac{1}{2}\begin{pmatrix}0&2^{30}\sqrt{2}&0\\-1&0&5^{30}\\1&0&5^{30}\end{pmatrix}\begin{pmatrix}0&-1&1\\\sqrt{2}&0&0\\0&1&1\end{pmatrix}=\frac{1}{2}\begin{pmatrix}2^{31}&0&0\\0&5^{30}+1&5^{30}-1\\0&5^{30}-1&5^{30}+1\end{pmatrix}.$$

知识拓展 · 矩阵分解

5.5 案例分析

5.5.1 PageRank 算法

互联网的使用已经深入到人们的日常生活中, 其巨大的信息量和强大的功能给生产、生活带来了很大的便利. 随着网络信息量越来越庞大, 如何有效地搜索出用户真正需要的信息变得十分重要. 自 1998 年搜索引擎网站 Google 创立以来, 网络搜索引擎成为解决这一问题的主要手段.

1998 年, 美国斯坦福大学的博士生拉里 · 佩奇 (Larry Page) 和谢尔盖 · 布林 (Sergey Brin) 创立了 Google 公司, 他们的核心技术就是通过 PageRank 算法对海量的检索结果进行重要性分析, 同时, PageRank 算法也奠定了 Google 强大的检索功能及提供各种特色功能的基础. 它的基本思想主要是: 一个网页的质量和重要性可以通过其他网页对其引用的数量和网页质量来衡量. Google 根据指向网页 A 的链接数及其重要性来判断页面 A 的重要性, 并赋予相应的页面等级值 PageRank.

形象地解释, 如果网页 B 链接到网页 A, 则认为 "网页 B 投了网页 A" 一票, 而且如果网页 B 的级别高, 则网页 A 的级别也相应地高.

在庞大的链接资源中, Google 提取出大量链接页面进行分析, 构造一个描述页面链接关系的有向图, 该有向图以页面为顶点, 页面中链接指向为有向边. PageRank 算法的具体实现可以利用网页对应有向图的邻接矩阵来表达网页间的链接关系. 因此, 首先写出对应链接图的邻接矩阵, 为了能将网页的页面等级值 PageRank 平均分配给该网页所链接指向的网页, 对各个行向量进行归一化处理, 得到状态转移概率矩阵 $\boldsymbol{P}$. 矩阵 $\boldsymbol{P}$ 的各个列向量元素之和全为 1, $\boldsymbol{P}^{\mathrm{T}}$ 的最大特征值 (一定为 1) 所对应的归一化特征向量即为各网页的页面等级值 PageRank.

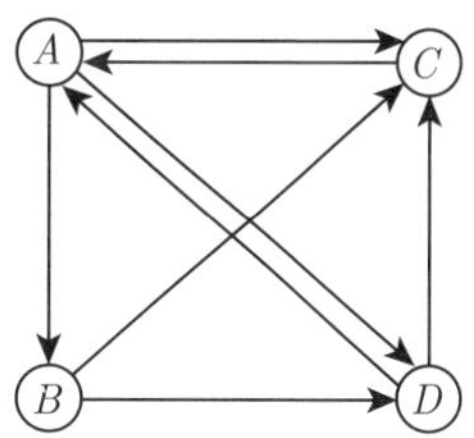

图 5.1 页面链接图

页面 A, B, C, D 之间的链接情况如图 5.1 所示, 计算各顶点的 PageRank 值.

由有向图构造各网页链接的邻接矩阵

$$\boldsymbol{W}=\begin{pmatrix} 0 & 0 & 1 & 1 \\ 1 & 0 & 0 & 0 \\ 1 & 1 & 0 & 1 \\ 1 & 1 & 0 & 0 \end{pmatrix},$$

矩阵 $\boldsymbol{W}$ 的列对应源页码, 行对应目标页码. 对 $\boldsymbol{W}$ 各个列向量进行归一化处理, 得转移概率矩阵

$$\boldsymbol{P}=\begin{pmatrix} 0 & 0 & 1 & \frac{1}{2} \\ \frac{1}{3} & 0 & 0 & 0 \\ \frac{1}{3} & \frac{1}{2} & 0 & \frac{1}{2} \\ \frac{1}{3} & \frac{1}{2} & 0 & 0 \end{pmatrix}.$$

矩阵 $\boldsymbol{P}$ 中元素表示源页码跳转到目标页码的概率, 比如 $p_{21}=p_{31}=p_{41}=\frac{1}{3}$, 表示页面 A 跳转到页面 B, C, D 的概率为 $\frac{1}{3}$, 即页面 A 可链接到页面 B, C, D (图 5.1).

矩阵 $\boldsymbol{P}$ 的最大特征值 1 对应的特征向量为 $\boldsymbol{x}=\begin{pmatrix} 12 \\ 4 \\ 9 \\ 6 \end{pmatrix}$, 对特征向量进行规范化处理, 得 $\boldsymbol{\varepsilon}=\frac{\boldsymbol{x}}{\|\boldsymbol{x}\|}=\begin{pmatrix} 0.387 \\ 0.129 \\ 0.290 \\ 0.194 \end{pmatrix}$, 向量 $\boldsymbol{\varepsilon}$ 的分量即为页面 A, B, C, D 的PageRank

值, 从而确定页面的排序为 A, C, D, B.

PageRank 算法除了可以用于网页检索排序外, 在诸多社会领域中都有广泛应用. 比如学术论文的重要性评价, 城市交通流和人流动向的预测, 比赛结果排名, 大数据分析等.

5.5.2　人口迁移问题

某地区在一定时期内, 每年有 5%的农村居民移居城镇, 有 1%的城镇居民移居农村. 假设该国人口总数保持不变, 且人口迁移的规律也不变. 若初始时期农村人口与城镇人口各占一半, 讨论若干年后该地区的人口分布情况.

令 x_n 和 y_n 分别表示 n 年后农村人口和城镇人口占总人口的比例, 根据人口迁移规律, 得方程组

$$\begin{cases} x_n = (1-0.05)x_{n-1} + 0.01y_{n-1}, \\ y_n = 0.05x_{n-1} + (1-0.01)y_{n-1}, \end{cases}$$

即

$$\begin{cases} x_n = 0.95x_{n-1} + 0.01y_{n-1}, \\ y_n = 0.05x_{n-1} + 0.99y_{n-1}. \end{cases}$$

记人口迁移分布为 $\boldsymbol{X}_n = \begin{pmatrix} x_n \\ y_n \end{pmatrix}$, 状态转移矩阵为 $\boldsymbol{A} = \begin{pmatrix} 0.95 & 0.01 \\ 0.05 & 0.99 \end{pmatrix}$, 则上述方程组可表示为矩阵方程

$$\boldsymbol{X}_n = \boldsymbol{A}\boldsymbol{X}_{n-1} \quad (n = 1, 2, \cdots), \tag{5.9}$$

由式 (5.9) 得

$$\boldsymbol{X}_n = \boldsymbol{A}\boldsymbol{X}_{n-1} = \boldsymbol{A}^2\boldsymbol{X}_{n-2} = \cdots = \boldsymbol{A}^n\boldsymbol{X}_0,$$

即

$$\boldsymbol{X}_n = \boldsymbol{A}^n\boldsymbol{X}_0 \quad (n = 1, 2, \cdots). \tag{5.10}$$

为了计算 $\boldsymbol{A}^n$, 先把矩阵 $\boldsymbol{A}$ 相似对角化. 由矩阵 $\boldsymbol{A}$ 的特征多项式

$$|\boldsymbol{A} - \lambda\boldsymbol{E}| = \begin{vmatrix} 0.95-\lambda & 0.01 \\ 0.05 & 0.99-\lambda \end{vmatrix} = \lambda^2 - 1.94\lambda + 0.94 = (\lambda - 1)(\lambda - 0.94),$$

解得特征值为 $\lambda_1 = 1, \lambda_2 = 0.94$. 特征值对应的特征向量分别为 $\boldsymbol{p}_1 = \begin{pmatrix} 0.2 \\ 1 \end{pmatrix}$, $\boldsymbol{p}_2 = \begin{pmatrix} -1 \\ 1 \end{pmatrix}$. 令 $\boldsymbol{P} = (\boldsymbol{p}_1, \boldsymbol{p}_2) = \begin{pmatrix} 0.2 & -1 \\ 1 & 1 \end{pmatrix}$, $\boldsymbol{\varLambda} = \begin{pmatrix} 1 & 0 \\ 0 & 0.94 \end{pmatrix}$, 则有 $\boldsymbol{P}^{-1}\boldsymbol{A}\boldsymbol{P} = \boldsymbol{\varLambda}$,

从而

$$A = P\Lambda P^{-1},$$

所以

$$\begin{aligned}A^n =&(P\Lambda P^{-1})^n = P\Lambda^n P^{-1}\\ =&\begin{pmatrix} 0.2 & -1 \\ 1 & 1 \end{pmatrix}\begin{pmatrix} 1 & 0 \\ 0 & 0.94 \end{pmatrix}^n\begin{pmatrix} 0.2 & -1 \\ 1 & 1 \end{pmatrix}^{-1}\\ =&\frac{1}{6}\begin{pmatrix} 1+5\times 0.94^n & 1-0.94^n \\ 5-5\times 0.94^n & 5+0.94^n \end{pmatrix}.\end{aligned}$$

当 $X_0 = \begin{pmatrix} 0.5 \\ 0.5 \end{pmatrix}$ 时, 由式 (5.10) 可得

$$X_n = A^n X_0 = \frac{1}{6}\begin{pmatrix} 1+5\times 0.94^n & 1-0.94^n \\ 5-5\times 0.94^n & 5+0.94^n \end{pmatrix}\begin{pmatrix} 0.5 \\ 0.5 \end{pmatrix} = \frac{1}{6}\begin{pmatrix} 1+2\times 0.94^n \\ 5-2\times 0.94^n \end{pmatrix}.$$

当 $n \to \infty$ 时, $X_n \to \begin{pmatrix} \frac{1}{6} \\ \frac{5}{6} \end{pmatrix}$, 也就是说若干年后, 该地区人口分布趋于稳定, 农村人口约占总人口的 17%, 城镇人口约占总人口的 83%.

类似地, 对于 2.5.2 小节中的人口就业问题, 若要预测该镇未来若干年的就业分布情况, 也可用上述方法来解决.

5.5.3 受教育程度的依赖性

社会学的某些调查发现, 儿童受教育的水平依赖于他们父母受教育的水平. 调查过程将人受教育的程度划分为三类. E 类: 这类人具有初中或初中以下程度; S 类: 这类人具有高中文化程度; C 类: 这类人受过高等教育. 当父母是这三类人中的一类时, 其子女将属于这三类人中的一类的概率 (占总数的百分比) 如表 5.1 所示.

表 5.1 子女受教育程度与父母受教育程度的关系

父母	子女		
	E	S	C
E	0.6	0.3	0.1
S	0.4	0.4	0.2
C	0.1	0.2	0.7

(1) 属于 S 类的人口中, 其第三代接受高等教育的百分比是多少?

(2) 假设只要父母之一受过高等教育, 那么他们的子女总是可以进入大学, 这时讨论 E 类和 S 类人口的后代平均要经过多少代, 最终能够全部接受高等教育?

解　(1) 由子女受教育程度与父母受教育程度的关系, 可得矩阵

$$\boldsymbol{P}=\begin{pmatrix}0.6 & 0.3 & 0.1\\ 0.4 & 0.4 & 0.2\\ 0.1 & 0.2 & 0.7\end{pmatrix},$$

称该矩阵为**概率转移矩阵**, 表示当父母是这三类人中的某一类型时, 其子女将属于这三类中的一类的概率, 经过两步转移得

$$\boldsymbol{P}^2=\begin{pmatrix}0.49 & 0.32 & 0.19\\ 0.42 & 0.32 & 0.26\\ 0.21 & 0.25 & 0.54\end{pmatrix},$$

即反映当祖父母是这三类人中的某一类型时第三代受教育程度, $\boldsymbol{P}^3,\boldsymbol{P}^4,\cdots$, 依次类推. 所以, 属于 S 类的人口中, 其第三代将接受高等教育的概率是 26%.

$\boldsymbol{P}$ 的三个特征值分别为

$$\lambda_1=1,\quad \lambda_2=\frac{7+\sqrt{21}}{20}=0.5791,\quad \lambda_3=\frac{7-\sqrt{21}}{20}=0.1209,$$

所以 $\boldsymbol{P}$ 可以对角化.

当 $n\to\infty$ 时,$\lambda_1^n\to 1,\lambda_2^n\to 0,\lambda_3^n\to 0$, 因此

$$\boldsymbol{P}^n\to\begin{pmatrix}0.3784 & 0.2973 & 0.3243\\ 0.3784 & 0.2973 & 0.3243\\ 0.3784 & 0.2973 & 0.3243\end{pmatrix}.$$

不论现在受教育水平的比例如何, 按照这种趋势发展下去, 其最终趋势是属于 E,S,C 类的人口分别为 37.84%, 29.73%, 32.43%.

(2) 如果父母之一受过高等教育, 那么他们的子女总是可以进入大学, 则上面的概率转移矩阵可修改为 $\boldsymbol{P}=\begin{pmatrix}0.6 & 0.3 & 0.1\\ 0.4 & 0.4 & 0.2\\ 0 & 0 & 1\end{pmatrix}$, 可以计算

$$\boldsymbol{P}^2=\begin{pmatrix}0.48 & 0.3 & 0.22\\ 0.40 & 0.28 & 0.32\\ 0 & 0 & 1\end{pmatrix},\cdots,\boldsymbol{P}^{21}=\begin{pmatrix}0.0273 & 0.0178 & 0.9550\\ 0.0273 & 0.0154 & 0.9609\\ 0 & 0 & 1\end{pmatrix},\cdots,$$

$$P^{50} = \begin{pmatrix} 0.0004 & 0.0002 & 0.9550 \\ 0.0003 & 0.0002 & 0.9995 \\ 0 & 0 & 1 \end{pmatrix},$$

上面的结果说明：半个世纪后, 大约有 96%的 E 类人口接受高等教育, 而几乎所有的 S 类人口都能接受到高等教育.

$\boldsymbol{P}$ 的三个特征值分别为

$$\lambda_1 = \frac{10+\sqrt{52}}{20} = 0.8606, \quad \lambda_2 = \frac{10-\sqrt{52}}{20} = 0.1394, \quad \lambda_3 = 1,$$

所以 $\boldsymbol{P}$ 可以对角化.

当 $n \to \infty$ 时,$\lambda_1^n \to 0, \lambda_2^n \to 0, \lambda_3^n \to 1$, 因此

$$\boldsymbol{P}^n \to \begin{pmatrix} 0 & 0 & 1 \\ 0 & 0 & 1 \\ 0 & 0 & 1 \end{pmatrix}.$$

如果父母之一受过高等教育, 那么他们的子女总是可以进入大学, 不论现在受教育水平的比例如何, 按照这种趋势发展下去, 其最终趋势是属于 E, S, C 类的人口分别为 0, 0, 100%. 由此可以看出, 按照这种趋势发展下去, 其最终趋势所有人都可以接受高等教育.

5.5.4 兔子繁殖问题

1202 年, 意大利的著名数学家斐波那契 (L. Fibonacci, 1175—1250) 在他的《算盘全集》一书中提出了著名的兔子繁殖问题：有一对新出生的兔子, 从出生后的第 3 个月起每月繁殖一对兔子, 小兔子长到第 3 个月后每月又繁殖一对兔子. 假设没有兔子死亡, 那么每月分别有多少对兔子?

设 F_n 表示第 n 月兔子的数量, 若第一对兔子出生时为初始时间, 记为 $F_0 = 1$; 第 1 月这对兔子还未繁殖, 兔子的数量为 $F_1 = 1$; 第 2 月这对兔子开始繁殖 1 对兔子, 因此兔子的数量 $F_2 = 2$; 第 3 月这对兔子又繁殖 1 对兔子, 兔子的数量 $F_2 = 3$, 依次可得各月的兔子数

$$1, 1, 2, 3, 5, 8, 13, 21, 34, \cdots,$$

这一数列称为**斐波那契数列**, 可用如下递推公式描述

$$F_{n+1} = F_n + F_{n-1} \quad (n = 1, 2, \cdots), \tag{5.11}$$

其中 $F_0=1, F_1=1$.

下面用矩阵形式来描述斐波那契数列, 并推导数列的通项 F_n.

式 (5.11) 可用矩阵表示为

$$\begin{pmatrix} F_{n+1} \\ F_n \end{pmatrix} = \begin{pmatrix} 1 & 1 \\ 1 & 0 \end{pmatrix} \begin{pmatrix} F_n \\ F_{n-1} \end{pmatrix}, \tag{5.12}$$

这就是斐波那契数列的矩阵模型. 令 $\boldsymbol{A}=\begin{pmatrix} 1 & 1 \\ 1 & 0 \end{pmatrix}$, 则

$$\begin{pmatrix} F_{n+1} \\ F_n \end{pmatrix} = \boldsymbol{A}\begin{pmatrix} F_n \\ F_{n-1} \end{pmatrix} = \boldsymbol{A}^2\begin{pmatrix} F_{n-1} \\ F_{n-2} \end{pmatrix} = \cdots = \boldsymbol{A}^n\begin{pmatrix} F_1 \\ F_0 \end{pmatrix}, \tag{5.13}$$

其中 $\begin{pmatrix} F_1 \\ F_0 \end{pmatrix} = \begin{pmatrix} 1 \\ 1 \end{pmatrix}$. 因此, 计算出 $\boldsymbol{A}^n$ 即可求出 F_n 的表达式. 由特征多项式

$$|\boldsymbol{A}-\lambda\boldsymbol{E}| = \begin{vmatrix} 1-\lambda & 1 \\ 1 & -\lambda \end{vmatrix} = \lambda^2-\lambda-1,$$

解得 $\boldsymbol{A}$ 的特征值为 $\lambda_1=\dfrac{1+\sqrt{5}}{2}, \lambda_2=\dfrac{1-\sqrt{5}}{2}$, 而且计算得到 λ_1 对应的特征向量为 $\boldsymbol{\xi}_1=\begin{pmatrix} \dfrac{1+\sqrt{5}}{2} \\ 1 \end{pmatrix}$, λ_2 对应的特征向量为 $\boldsymbol{\xi}_2=\begin{pmatrix} \dfrac{1-\sqrt{5}}{2} \\ 1 \end{pmatrix}$, 令

$$\boldsymbol{P}=(\boldsymbol{\xi}_1,\boldsymbol{\xi}_2)=\begin{pmatrix} \dfrac{1+\sqrt{5}}{2} & \dfrac{1-\sqrt{5}}{2} \\ 1 & 1 \end{pmatrix}, \quad \boldsymbol{\Lambda}=\begin{pmatrix} \dfrac{1+\sqrt{5}}{2} & 0 \\ 0 & \dfrac{1-\sqrt{5}}{2} \end{pmatrix},$$

则矩阵 $\boldsymbol{P}$ 是可逆矩阵, 并且 $\boldsymbol{P}^{-1}=\begin{pmatrix} \dfrac{1}{\sqrt{5}} & -\dfrac{1-\sqrt{5}}{2\sqrt{5}} \\ -\dfrac{1}{\sqrt{5}} & \dfrac{1+\sqrt{5}}{2\sqrt{5}} \end{pmatrix}$, 故 $\boldsymbol{P}^{-1}\boldsymbol{A}\boldsymbol{P}=\boldsymbol{\Lambda}$, 所以

$$\boldsymbol{A}^n=\boldsymbol{P}\boldsymbol{\Lambda}^n\boldsymbol{P}^{-1}=\begin{pmatrix} \dfrac{1+\sqrt{5}}{2} & \dfrac{1-\sqrt{5}}{2} \\ 1 & 1 \end{pmatrix}\begin{pmatrix} \dfrac{1+\sqrt{5}}{2} & 0 \\ 0 & \dfrac{1-\sqrt{5}}{2} \end{pmatrix}^n\begin{pmatrix} \dfrac{1}{\sqrt{5}} & -\dfrac{1-\sqrt{5}}{2\sqrt{5}} \\ -\dfrac{1}{\sqrt{5}} & \dfrac{1+\sqrt{5}}{2\sqrt{5}} \end{pmatrix}$$

$$=\sqrt{5}\begin{pmatrix} \left(\frac{1+\sqrt{5}}{2}\right)^{n+1}-\left(\frac{1-\sqrt{5}}{2}\right)^{n+1} & \left(\frac{1+\sqrt{5}}{2}\right)^{n}-\left(\frac{1-\sqrt{5}}{2}\right)^{n} \\ \left(\frac{1+\sqrt{5}}{2}\right)^{n}-\left(\frac{1-\sqrt{5}}{2}\right)^{n} & \left(\frac{1+\sqrt{5}}{2}\right)^{n-1}-\left(\frac{1-\sqrt{5}}{2}\right)^{n-1} \end{pmatrix}.$$

根据式 (5.13), 斐波那契数列的矩阵形式为

$$\begin{pmatrix} F_{n+1} \\ F_n \end{pmatrix}=\boldsymbol{A}^n\begin{pmatrix} 1 \\ 1 \end{pmatrix}=\frac{1}{\sqrt{5}}\begin{pmatrix} \left(\frac{1+\sqrt{5}}{2}\right)^{n+2}-\left(\frac{1-\sqrt{5}}{2}\right)^{n+2} \\ \left(\frac{1+\sqrt{5}}{2}\right)^{n+1}-\left(\frac{1-\sqrt{5}}{2}\right)^{n+1} \end{pmatrix}.$$

所以, 斐波那契数列的通项是

$$F_n=\frac{1}{\sqrt{5}}\left(\frac{1+\sqrt{5}}{2}\right)^{n+1}-\frac{1}{\sqrt{5}}\left(\frac{1-\sqrt{5}}{2}\right)^{n+1},\quad n\text{为非负整数}.$$

当 $n=12$ 时, 可得 $F_{12}=\dfrac{1}{\sqrt{5}}\left(\dfrac{1+\sqrt{5}}{2}\right)^{13}-\dfrac{1}{\sqrt{5}}\left(\dfrac{1-\sqrt{5}}{2}\right)^{13}=233$,

当 $n=24$ 时, 可得 $F_{24}=\dfrac{1}{\sqrt{5}}\left(\dfrac{1+\sqrt{5}}{2}\right)^{25}-\dfrac{1}{\sqrt{5}}\left(\dfrac{1-\sqrt{5}}{2}\right)^{25}=75025$,

当 $n=36$ 时, 可得 $F_{24}=\dfrac{1}{\sqrt{5}}\left(\dfrac{1+\sqrt{5}}{2}\right)^{37}-\dfrac{1}{\sqrt{5}}\left(\dfrac{1-\sqrt{5}}{2}\right)^{37}=24157817$,

因此, 一年后有 233 对兔子; 两年后有 7 万多对兔子; 三年后有约 2400 多万对兔子. 可见兔子的繁殖能力惊人. 当然, 这是在理想模型下的计算结果, 在实际情况下, 应该考虑死亡减员、环境约束等影响因素.

习 题 5

1. 设向量 $\boldsymbol{\alpha}=(1,2,a,-2)^{\mathrm{T}}$ 与向量 $\boldsymbol{\beta}=(2,1,-1,0)^{\mathrm{T}}$ 正交, 求 a.

2. 试用施密特正交化方法, 将下列向量组正交化:

(1) $\boldsymbol{\alpha}_1=\begin{pmatrix} 1 \\ 2 \\ -1 \end{pmatrix},\boldsymbol{\alpha}_2=\begin{pmatrix} -1 \\ 3 \\ 1 \end{pmatrix},\boldsymbol{\alpha}_3=\begin{pmatrix} 1 \\ 0 \\ 1 \end{pmatrix}$;

(2) $\boldsymbol{\alpha}_1=\begin{pmatrix} 0 \\ 1 \\ 1 \end{pmatrix},\boldsymbol{\alpha}_2=\begin{pmatrix} 1 \\ 0 \\ 1 \end{pmatrix},\boldsymbol{\alpha}_3=\begin{pmatrix} 1 \\ 1 \\ 0 \end{pmatrix}$;

(3) $\boldsymbol{\alpha}_1=\begin{pmatrix}1\\1\\0\end{pmatrix},\boldsymbol{\alpha}_2=\begin{pmatrix}-\frac{1}{2}\\\frac{1}{2}\\0\end{pmatrix},\boldsymbol{\alpha}_3=\begin{pmatrix}3\\-1\\1\end{pmatrix}$.

3. 判断下列矩阵是否为正交矩阵:

(1) $\begin{pmatrix}-\frac{1}{2}&\frac{1}{3}&1\\1&-\frac{1}{2}&-\frac{1}{2}\\\frac{1}{2}&-1&\frac{1}{3}\end{pmatrix}$; (2) $\begin{pmatrix}\frac{1}{\sqrt{2}}&\frac{1}{\sqrt{6}}&\frac{1}{\sqrt{3}}\\-\frac{1}{\sqrt{2}}&\frac{1}{\sqrt{6}}&\frac{1}{\sqrt{3}}\\0&-\frac{2}{\sqrt{6}}&\frac{1}{\sqrt{3}}\end{pmatrix}$; (3) $\begin{pmatrix}\frac{2}{3}&\frac{1}{3}&-\frac{2}{3}\\\frac{2}{3}&-\frac{2}{3}&\frac{1}{3}\\\frac{1}{3}&\frac{2}{3}&\frac{2}{3}\end{pmatrix}$.

4. 设 $\boldsymbol{x}$ 为 n 维列向量, 满足 $\boldsymbol{x}^{\mathrm{T}}\boldsymbol{x}=1$, 令 $\boldsymbol{H}=\boldsymbol{E}-2\boldsymbol{x}\boldsymbol{x}^{\mathrm{T}}$, 证明: $\boldsymbol{H}$ 是对称的正交矩阵.

5. 设 $\boldsymbol{x}_1,\boldsymbol{x}_2$ 是矩阵 $\boldsymbol{A}$ 不同特征值对应的特征向量, 证明: $\boldsymbol{x}_1+\boldsymbol{x}_2$ 不是 $\boldsymbol{A}$ 的一个特征向量.

6. 求下列矩阵的特征值和特征向量:

(1) $\begin{pmatrix}2&3&2\\1&4&2\\1&-3&1\end{pmatrix}$; (2) $\begin{pmatrix}2&0&3\\5&-3&3\\-1&0&-2\end{pmatrix}$; (3) $\begin{pmatrix}-2&3&0\\-3&4&0\\2&0&-3\end{pmatrix}$.

7. 已知 0 是矩阵 $\boldsymbol{A}=\begin{pmatrix}1&0&a\\0&2&0\\1&0&1\end{pmatrix}$ 的特征值, 求 $\boldsymbol{A}$ 的特征值和特征向量.

8. 若 $\boldsymbol{A}$ 是正交矩阵, 且 $|\boldsymbol{A}|=-1$, 证明: -1 是 $\boldsymbol{A}$ 的一个特征值.

9. 若矩阵 $\boldsymbol{A}$ 满足 $\boldsymbol{A}^2=\boldsymbol{A}$(称 $\boldsymbol{A}$ 为幂等阵), 证明: $\boldsymbol{A}$ 的特征值为 0 或 1.

10. 若矩阵 $\boldsymbol{A}$ 满足方程 $\boldsymbol{A}^2-\boldsymbol{A}-6\boldsymbol{E}=\boldsymbol{O}$, 证明: $\boldsymbol{A}$ 的特征值只能是 -2 或 3.

11. 若 3 阶矩阵 $\boldsymbol{A}$ 的行列式 $|\boldsymbol{A}|=9$, 且满足方程 $\boldsymbol{A}^2-4\boldsymbol{A}+3\boldsymbol{E}=\boldsymbol{O}$, 求 $\boldsymbol{A}$ 的特征值.

12. 若矩阵 $\boldsymbol{A}=\begin{pmatrix}-1&0&2\\m&1&m^2\\-4&0&5\end{pmatrix}$ 有 3 个线性无关的特征向量, 求参数 m.

13. 设 $\boldsymbol{A}=\begin{pmatrix}1&-2&-4\\-2&x&-2\\-4&-2&1\end{pmatrix}$ 与 $\boldsymbol{B}=\begin{pmatrix}5&&\\&y&\\&&-4\end{pmatrix}$ 相似, 求 x,y.

14. 判断下列矩阵是否可以对角化, 如果可以, 将矩阵对角化.

(1) $\begin{pmatrix}1&0&0\\-2&5&-2\\-2&4&-1\end{pmatrix}$; (2) $\begin{pmatrix}2&2&-2\\2&5&-4\\-2&-4&5\end{pmatrix}$;(3) $\begin{pmatrix}1&1&0\\0&1&0\\0&0&2\end{pmatrix}$;(4) $\begin{pmatrix}2&5&-1\\-1&-3&0\\2&3&-2\end{pmatrix}$.

15. 设 $\boldsymbol{A}=\begin{pmatrix}0&0&1\\1&1&x\\1&0&0\end{pmatrix}$, 问 x 为何值时, 矩阵 $\boldsymbol{A}$ 可以对角化.

16. 已知向量 $\boldsymbol{p}=\begin{pmatrix}1\\1\\-1\end{pmatrix}$ 是矩阵 $\boldsymbol{A}=\begin{pmatrix}2&-4&-3\\-1&a&1\\1&b&-2\end{pmatrix}$ 的一个特征向量,

(1) 确定参数 a,b 的值, 并求出与特征向量 $\boldsymbol{p}$ 对应的特征值;

(2) 判断矩阵 $\boldsymbol{A}$ 是否可以对角化, 并说明理由.

17. 设 3 阶方阵 $\boldsymbol{A}$ 的特征值为 $\lambda_1=1,\lambda_2=0,\lambda_3=-1$, 对应的特征向量依次为

$$\boldsymbol{p}_1=\begin{pmatrix}1\\2\\2\end{pmatrix},\quad \boldsymbol{p}_2=\begin{pmatrix}2\\-2\\1\end{pmatrix},\quad \boldsymbol{p}_3=\begin{pmatrix}-2\\-1\\2\end{pmatrix}.$$

求矩阵 $\boldsymbol{A}$.

18. 设矩阵 $\boldsymbol{A}=\begin{pmatrix}1&-1&1\\2&4&-2\\-3&-3&a\end{pmatrix}$ 与 $\boldsymbol{\Lambda}=\begin{pmatrix}2&&\\&2&\\&&b\end{pmatrix}$ 相似,

(1) 求参数 a,b;

(2) 求可逆矩阵 $\boldsymbol{P}$, 使得 $\boldsymbol{P}^{-1}\boldsymbol{A}\boldsymbol{P}=\boldsymbol{\Lambda}$.

19. 设 $\boldsymbol{A}=\begin{pmatrix}-1&1&0\\-2&2&0\\4&-2&1\end{pmatrix}$, 求 $\boldsymbol{A}^{100}$.

20. 求一个正交矩阵 $\boldsymbol{P}$, 将下列实对称矩阵化为对角矩阵.

(1) $\begin{pmatrix}3&1&0\\1&3&0\\0&0&2\end{pmatrix}$; (2) $\begin{pmatrix}2&-1&-1\\-1&2&-1\\-1&-1&2\end{pmatrix}$; (3) $\begin{pmatrix}2&-2&0\\-2&1&-2\\0&-2&0\end{pmatrix}$.

21. 设 3 阶实对称矩阵 $\boldsymbol{A}$ 的特征值为 $\lambda_1=0$, $\lambda_2=\lambda_3=3$, 且特征值 $\lambda_1=0$ 对应的特征向量 $\boldsymbol{p}_1=\begin{pmatrix}1\\1\\-1\end{pmatrix}$, 求矩阵 $\boldsymbol{A}$.

22. 若实对称矩阵 $\boldsymbol{A}$ 的特征值为 1 或 -1, 证明: $\boldsymbol{A}$ 必为正交矩阵.

23. 若 $\boldsymbol{A},\boldsymbol{B}$ 是两个 n 阶实对称矩阵, 证明: $\boldsymbol{A}$ 与 $\boldsymbol{B}$ 相似的充分必要条件是 $\boldsymbol{A}$ 与 $\boldsymbol{B}$ 有相同特征值.

24. 在 A, B, O 血型的人群中, 对各种群体基因的频率进行了研究, 如果把 $\mathrm{A}_1,\mathrm{A}_2$, B, O 这四种等位基因 (一个基因的变体) 区别开, 表 5.2 给出了四种人群中出现的相对频率.

表 5.2　四种等位基因在四种人群中出现的相对频率

基因	因纽特人	班图人	英国人	朝鲜人
A_1	0.2914	0.1034	0.2090	0.2208
A_2	0.0000	0.0866	0.0696	0.0000
B	0.0316	0.1200	0.0612	0.2069
O	0.6770	0.6900	0.6602	0.5723

如果用 4 维向量表示每个人种的四种等位基因的相对频率的向量, 并定义两个人种间的遗传学距离为两个对应向量的夹角, 试用此定义分析朝鲜人在遗传学上更接近因纽特人, 班图人, 还是英国人?

25. 某试验性生产线每年 1 月份进行熟练工与非熟练工的人数统计, 然后让 1/6 熟练工支援其他生产部门, 其缺额由招收新的非熟练工补齐. 新、老非熟练工经过培训及实践至年终考核有 2/5 成为熟练工, 设第 n 年 1 月份统计的熟练工和非熟练工所占百分比分别为 x_n 和 y_n, 记为向量 $\begin{pmatrix} x_n \\ y_n \end{pmatrix}$,

(1) 求 $\begin{pmatrix} x_{n+1} \\ y_{n+1} \end{pmatrix}$ 与 $\begin{pmatrix} x_n \\ y_n \end{pmatrix}$ 的关系, 并写成矩阵形式 $\begin{pmatrix} x_{n+1} \\ y_{n+1} \end{pmatrix} = \boldsymbol{A}\begin{pmatrix} x_n \\ y_n \end{pmatrix}$;

(2) 验证 $\boldsymbol{\eta}_1 = \begin{pmatrix} 4 \\ 1 \end{pmatrix}, \boldsymbol{\eta}_2 = \begin{pmatrix} -1 \\ 1 \end{pmatrix}$ 是 $\boldsymbol{A}$ 的两个线性无关特征向量, 并求出相应的特征值;

(3) 当 $\begin{pmatrix} x_0 \\ y_0 \end{pmatrix} = \begin{pmatrix} 0.5 \\ 0.5 \end{pmatrix}$ 时, 求 $\begin{pmatrix} x_n \\ y_n \end{pmatrix}$.

26. 某种昆虫的成虫每月产 100 个卵, 若只有 10%的卵可以孵化成幼虫,20%的幼虫可以变成蛹, 30%的蛹可以长成成虫. 设每个成长阶段持续 1 个月, 开始时仅有成虫 10 只, 而且每个月只有 40%的成虫可以活到下一个月. 请分析 6 个月后昆虫的数量, 以及今后昆虫的繁殖趋势.

第5章自测题

第5章自测题答案

第5章相关考研题

第6章　二　次　型

二次型是线性代数的主要内容, 同时也是矩阵特征值和特征向量的重要应用之一. 本章介绍二次型的基本概念、合同矩阵和几种化二次型为标准形的方法, 并进一步讨论正定二次型及正定矩阵.

第6章　课程导学

第6章　知识图谱

引　言

二次型起源于解析几何中对二次曲线和二次曲面的分类问题的讨论, 对二次型系统的研究开始于 18 世纪. 1748 年, 瑞士数学家欧拉讨论了三元二次型的化简问题. 1826 年, 法国数学家柯西开始研究三元二次型的标准化问题. 他首次利用特征值的方法解决了 n 元二次型的化简问题, 并给出结论: 当方程是标准形时, 二次曲面用二次项的符号来进行分类. 1852 年, 德国数学家西尔维斯特提出了 n 元二次型的惯性定理, 后来由德国数学家雅可比 (Jacobi, 1804—1851) 完成了证明. 1858 年, 德国数学家魏尔斯特拉斯又提出了同时化两个二次型为标准形的一般方法. 魏尔斯特拉斯比较系统地完成了二次型的理论并将其推广到双线性型. 早在 1801 年, 高斯在《算术研究》中引进了二次型的正定、负定、半正定和半负定等术语. 另一位对二次型的理论做出重要贡献是德国数学家弗罗贝尼乌斯, 他不仅引进了矩阵的秩、不变的因子和初等因子、正交矩阵、矩阵的相似变换、合同矩阵等概念, 而且讨论了正交矩阵与合同矩阵的一些重要性质.

我国二次型研究的开拓者是著名的数学家柯召 (1910—2002). 柯召是我国著名的数学教育家、社会活动家、中国科学院资深院士、中国近代数论的创始人. 他主要从事数论、组合论和代数的研究, 在数论方面, 在表示二次型为线性型平方和的研究上取得了一系列重要成果.

6.1　二次型及其标准形

在实际问题中, 当线性关系不能反映研究对象的实际情况时, 则需要考虑修正数学模型和扩展线性关系, 一种直观的想法是加入二次项, 比如平面解析几何先研究直线, 进而研究二次曲线. 为了便于研究二次曲线方程

$$ax^2+2bxy+cy^2=f$$

的几何性质, 选择直角坐标系的一个适当的旋转变换

$$\begin{cases} x=x'\cos\theta-y'\sin\theta, \\ y=x'\sin\theta+y'\cos\theta. \end{cases}$$

消去 x,y 的交叉项, 将二次曲线方程化为标准方程

$$a'x'^2+c'y'^2=f',$$

从代数的角度看, 上述过程就是通过变量的一个特殊的变换把一个二次齐次多项式化简, 使它只含平方项. 然后根据平方项的系数 a',c' 对方程进行分类, 可分为椭圆、双曲线、抛物线等类型来讨论曲线的共性. 又如空间解析几何中二次曲面可分为椭球面、抛物面、双曲面、锥面等. 作为推广, 本节讨论含有 n 个变量的二次齐次多项式 (即 n 元二次型) 化为标准形的问题.

6.1.1　二次型的概念

定义 1　含有 n 个变量 $x_1,x_2,\cdots,x_n$ 的二次齐次多项式

$$\begin{aligned} f(x_1,x_2,\cdots,x_n)=a_{11}x_1^2&+2a_{12}x_1x_2+\cdots+2a_{1n}x_1x_n \\ &+a_{22}x_2^2+2a_{23}x_2x_3+\cdots+2a_{2n}x_2x_n \\ &\cdots\cdots \\ &+a_{nn}x_n^2 \end{aligned} \tag{6.1}$$

称为 n **元二次型**, 简称 **二次型**, 其中系数 $a_{ij}(i,j=1,2,\cdots,n)$ 为实数时, 称为**实二次型**, a_{ij} 为复数时称为**复二次型**.

本书只讨论实二次型.

在式 (6.1) 中, 取 $a_{ij}=a_{ji}$, 那么

$$2a_{ij}x_ix_j=a_{ij}x_ix_j+a_{ji}x_jx_i,$$

于是式 (6.1) 可写成

$$\begin{aligned} f(x_1,x_2,\cdots,x_n)=&\,a_{11}x_1^2+a_{12}x_1x_2+\cdots+a_{1n}x_1x_n \\ &+a_{21}x_2x_1+a_{22}x_2^2+\cdots+a_{2n}x_2x_n \end{aligned}$$

$$
\begin{aligned}
&+\cdots\\
&+a_{n1}x_nx_1+a_{n2}x_nx_2+\cdots+a_{nn}x_n^2\\
=&\sum_{i=1}^{n}\sum_{j=1}^{n}a_{ij}x_ix_j.
\end{aligned}\tag{6.2}
$$

利用矩阵的乘法运算, 式 (6.2) 可写成

$$
\begin{aligned}
f(x_1,x_2,\cdots,x_n)=&\sum_{i=1}^{n}\sum_{j=1}^{n}a_{ij}x_ix_j=\sum_{i=1}^{n}x_i\sum_{j=1}^{n}a_{ij}x_j\\
=&(x_1,x_2,\cdots,x_n)\begin{pmatrix}a_{11}x_1+a_{12}x_2+\cdots+a_{1n}x_n\\a_{21}x_1+a_{22}x_2+\cdots+a_{2n}x_n\\\vdots\\a_{n1}x_1+a_{n2}x_2+\cdots+a_{nn}x_n\end{pmatrix}\\
=&(x_1,x_2,\cdots,x_n)\begin{pmatrix}a_{11}&a_{12}&\cdots&a_{1n}\\a_{21}&a_{22}&\cdots&a_{2n}\\\vdots&\vdots&&\vdots\\a_{n1}&a_{n2}&\cdots&a_{nn}\end{pmatrix}\begin{pmatrix}x_1\\x_2\\\vdots\\x_n\end{pmatrix}.
\end{aligned}
$$

记

$$
\boldsymbol{A}=\begin{pmatrix}a_{11}&a_{12}&\cdots&a_{1n}\\a_{21}&a_{22}&\cdots&a_{2n}\\\vdots&\vdots&&\vdots\\a_{n1}&a_{n2}&\cdots&a_{nn}\end{pmatrix},\quad \boldsymbol{x}=\begin{pmatrix}x_1\\x_2\\\vdots\\x_n\end{pmatrix},
$$

那么二次型可表示为矩阵形式

$$
f(\boldsymbol{x})=\boldsymbol{x}^{\mathrm{T}}\boldsymbol{A}\boldsymbol{x},\tag{6.3}
$$

其中 $\boldsymbol{A}$ 为对称矩阵.

任给一个二次型, 可以唯一确定一个对称矩阵; 反之, 任给一个对称矩阵, 也可以唯一确定一个二次型, 因此二次型与对称矩阵之间存在一一对应关系. 对称矩阵 $\boldsymbol{A}$ 称为**二次型 $\boldsymbol{f}$ 的矩阵**, 二次型 f 称为**对称矩阵 $\boldsymbol{A}$ 的二次型**.

例 1　(1) 写出二次型 $f(x_1,x_2,x_3)=x_1^2+2x_2^2-5x_3^2+4x_1x_2-2x_1x_3+8x_2x_3$ 的矩阵;

(2) 写出对称矩阵 $\boldsymbol{A}=\begin{pmatrix}1&0&2\\0&2&1\\2&1&-1\end{pmatrix}$ 的二次型.

解　(1) 因为 $f(x_1,x_2,x_3)=(x_1,x_2,x_3)\begin{pmatrix}1&2&-1\\2&2&4\\-1&4&-5\end{pmatrix}\begin{pmatrix}x_1\\x_2\\x_3\end{pmatrix}$, 所以二次型 $f(x_1,x_2,x_3)$ 的矩阵为

$$A=\begin{pmatrix}1&2&-1\\2&2&4\\-1&4&-5\end{pmatrix}.$$

$$\begin{aligned}(2)\ f(x_1,x_2,x_3)&=(x_1,x_2,x_3)\begin{pmatrix}1&0&2\\0&2&1\\2&1&-1\end{pmatrix}\begin{pmatrix}x_1\\x_2\\x_3\end{pmatrix}\\&=x_1^2+2x_2^2-x_3^2+4x_1x_3+2x_2x_3.\end{aligned}$$

定义 2　若二次型 $f(\boldsymbol{x})=\boldsymbol{x}^{\mathrm{T}}\boldsymbol{A}\boldsymbol{x}$, 则称对称矩阵 $\boldsymbol{A}$ 的秩为**二次型 f 的秩**.

例如, 因为 $\boldsymbol{A}=\begin{pmatrix}2&-2&2\\-2&3&-1\\2&-1&3\end{pmatrix}$ 的秩为 2, 故二次型 $f(x_1,x_2,x_3)=(x_1,x_2,x_3)\begin{pmatrix}2&-2&2\\-2&3&-1\\2&-1&3\end{pmatrix}\begin{pmatrix}x_1\\x_2\\x_3\end{pmatrix}$ 的秩为 2.

6.1.2　二次型的标准形

设从变量 $y_1,y_2,\cdots,y_n$ 到变量 $x_1,x_2,\cdots,x_n$ 的一个线性变换为

$$\begin{cases}x_1=c_{11}y_1+c_{12}y_2+\cdots+c_{1n}y_n,\\x_2=c_{21}y_1+c_{22}y_2+\cdots+c_{2n}y_n,\\\cdots\cdots\\x_n=c_{n1}y_1+c_{n2}y_2+\cdots+c_{nn}y_n.\end{cases}\tag{6.4}$$

记

$$\boldsymbol{x}=\begin{pmatrix}x_1\\x_2\\\vdots\\x_n\end{pmatrix},\quad \boldsymbol{y}=\begin{pmatrix}y_1\\y_2\\\vdots\\y_n\end{pmatrix},\quad \boldsymbol{C}=\begin{pmatrix}c_{11}&c_{12}&\cdots&c_{1n}\\c_{21}&c_{22}&\cdots&c_{2n}\\\vdots&\vdots&&\vdots\\c_{n1}&c_{n2}&\cdots&c_{nn}\end{pmatrix},$$

式 (6.4) 可写成矩阵形式

$$\boldsymbol{x}=\boldsymbol{C}\boldsymbol{y},\tag{6.5}$$

其中矩阵 C 为**线性变换矩阵**, 若 C 是可逆矩阵, 那么线性变换 (6.5) 称为**可逆线性变换**; 特别地, 若 C 是正交矩阵, 那么线性变换 (6.5) 即为**正交变换**.

定义 3 只含平方项的二次型, 即形如

$$f = k_1x_1^2 + k_2x_2^2 + \cdots + k_nx_n^2,$$

称为**二次型的标准形**(**或法式**), 它的矩阵形式为

$$f = \boldsymbol{x}^{\mathrm{T}}\boldsymbol{\Lambda}\boldsymbol{x},$$

其中 $\boldsymbol{\Lambda} = \mathrm{diag}(k_1, k_2, \cdots, k_n)$.

若标准形中的系数只有 $1, -1$ 和 0, 即形如

$$f = x_1^2 + x_2^2 + \cdots + x_p^2 - x_{p+1}^2 - x_{p+2}^2 - \cdots - x_{p+q}^2, \quad p + q \leqslant n,$$

称为**二次型的规范形**.

*6.1.3 矩阵的合同

定义 4 设 $\boldsymbol{A}, \boldsymbol{B}$ 都为 n 阶矩阵, 若存在 n 阶可逆矩阵 $\boldsymbol{C}$, 使

$$\boldsymbol{B} = \boldsymbol{C}^{\mathrm{T}}\boldsymbol{A}\boldsymbol{C},$$

则称 $\boldsymbol{B}$ 是 $\boldsymbol{A}$ 的**合同矩阵**, 或称矩阵 **$\boldsymbol{A}$与$\boldsymbol{B}$合同**, 记作 $\boldsymbol{A} \simeq \boldsymbol{B}$.

矩阵的合同关系是一种等价关系, 满足

(1) **反身性** $\boldsymbol{A} \simeq \boldsymbol{A}$;

(2) **对称性** 若 $\boldsymbol{A} \simeq \boldsymbol{B}$, 则 $\boldsymbol{B} \simeq \boldsymbol{A}$;

(3) **传递性** 若 $\boldsymbol{A} \simeq \boldsymbol{B}$, $\boldsymbol{B} \simeq \boldsymbol{C}$, 则 $\boldsymbol{A} \simeq \boldsymbol{C}$.

对于二次型 $f(\boldsymbol{x}) = \boldsymbol{x}^{\mathrm{T}}\boldsymbol{A}\boldsymbol{x}$, 作可逆线性变换 $\boldsymbol{x} = \boldsymbol{C}\boldsymbol{y}$, 得

$$f(\boldsymbol{x}) = \boldsymbol{x}^{\mathrm{T}}\boldsymbol{A}\boldsymbol{x} = (\boldsymbol{C}\boldsymbol{y})^{\mathrm{T}}\boldsymbol{A}(\boldsymbol{C}\boldsymbol{y}) = \boldsymbol{y}^{\mathrm{T}}(\boldsymbol{C}^{\mathrm{T}}\boldsymbol{A}\boldsymbol{C})\boldsymbol{y} = \boldsymbol{y}^{\mathrm{T}}\boldsymbol{B}\boldsymbol{y} = g(\boldsymbol{y}).$$

由 $\boldsymbol{B} = \boldsymbol{C}^{\mathrm{T}}\boldsymbol{A}\boldsymbol{C}$ 可知, 矩阵 $\boldsymbol{A}$与$\boldsymbol{B}$ 合同. 因为 $\boldsymbol{A}$ 是对称矩阵, 则 $\boldsymbol{B}$ 也是对称矩阵, 即为新二次型 $g(\boldsymbol{y})$ 的矩阵. 又因为矩阵 $\boldsymbol{C}$ 可逆, 从而 $\boldsymbol{C}^{\mathrm{T}}$ 也可逆, 由矩阵秩的性质, 可知 $R(\boldsymbol{A}) = R(\boldsymbol{B})$.

综上所述, 可得如下定理.

定理 1 二次型 $f(\boldsymbol{x}) = \boldsymbol{x}^{\mathrm{T}}\boldsymbol{A}\boldsymbol{x}$ 经可逆线性变换 $\boldsymbol{x} = \boldsymbol{C}\boldsymbol{y}$ 后, 变成新变量的二次型 $g(\boldsymbol{y}) = \boldsymbol{y}^{\mathrm{T}}\boldsymbol{B}\boldsymbol{y}$, 其矩阵 $\boldsymbol{B} = \boldsymbol{C}^{\mathrm{T}}\boldsymbol{A}\boldsymbol{C}$, 即二次型矩阵 $\boldsymbol{A}$与$\boldsymbol{B}$ 合同, 且 $R(\boldsymbol{A}) = R(\boldsymbol{B})$.

6.2 化二次型为标准形

对于二次型 $f=\boldsymbol{x}^{\mathrm{T}}\boldsymbol{A}\boldsymbol{x}$, 研究的主要问题是: 寻求可逆线性变换 $\boldsymbol{x}=\boldsymbol{C}\boldsymbol{y}$, 化二次型为标准形. 用矩阵表示就是以 $\boldsymbol{x}=\boldsymbol{C}\boldsymbol{y}$ 代入, 得

$$f=\boldsymbol{x}^{\mathrm{T}}\boldsymbol{A}\boldsymbol{x}=(\boldsymbol{C}\boldsymbol{y})^{\mathrm{T}}\boldsymbol{A}(\boldsymbol{C}\boldsymbol{y})=\boldsymbol{y}^{\mathrm{T}}(\boldsymbol{C}^{\mathrm{T}}\boldsymbol{A}\boldsymbol{C})\boldsymbol{y}=\boldsymbol{y}^{\mathrm{T}}\boldsymbol{\Lambda}\boldsymbol{y}.$$

也就是寻求可逆矩阵 $\boldsymbol{C}$, 使

$$\boldsymbol{C}^{\mathrm{T}}\boldsymbol{A}\boldsymbol{C}=\boldsymbol{\Lambda}.$$

因此, 化二次型为标准形的问题本质上是: 对于对称矩阵 $\boldsymbol{A}$, 求一可逆矩阵 $\boldsymbol{C}$, 使得 $\boldsymbol{C}^{\mathrm{T}}\boldsymbol{A}\boldsymbol{C}=\boldsymbol{\Lambda}$ 为对角矩阵, 即使对称矩阵 $\boldsymbol{A}$ 与对角矩阵 $\boldsymbol{\Lambda}$ 合同.

6.2.1 正交变换法化二次型为标准形

由于二次型 $f=\boldsymbol{x}^{\mathrm{T}}\boldsymbol{A}\boldsymbol{x}$ 的矩阵 $\boldsymbol{A}$ 是对称矩阵, 由第 5 章定理 9 可知, 总存在正交矩阵 $\boldsymbol{P}$, 使 $\boldsymbol{P}^{-1}\boldsymbol{A}\boldsymbol{P}=\boldsymbol{P}^{\mathrm{T}}\boldsymbol{A}\boldsymbol{P}=\boldsymbol{\Lambda}$, 所以任何二次型都可以通过正交变换化为标准形.

定理 2 对于任给的二次型 $f=\boldsymbol{x}^{\mathrm{T}}\boldsymbol{A}\boldsymbol{x}$, 则必存在正交变换 $\boldsymbol{x}=\boldsymbol{P}\boldsymbol{y}$, 把二次型 f 化成标准形

$$f=\lambda_1y_1^2+\lambda_2y_2^2+\cdots+\lambda_ny_n^2,$$

其中 $\lambda_1,\lambda_2,\cdots,\lambda_n$ 为矩阵 $\boldsymbol{A}$ 的 $\boldsymbol{n}$ 个特征值, $\boldsymbol{P}$ 的 $\boldsymbol{n}$ 个列向量 $\boldsymbol{p}_1,\boldsymbol{p}_2,\cdots,\boldsymbol{p}_n$ 分别是对应于特征值 $\lambda_1,\lambda_2,\cdots,\lambda_n$ 的单位正交特征向量.

推论 对于任给的二次型 $f(\boldsymbol{x})=\boldsymbol{x}^{\mathrm{T}}\boldsymbol{A}\boldsymbol{x}$, 则必存在可逆变换 $\boldsymbol{x}=\boldsymbol{C}\boldsymbol{z}$, 使 $f(\boldsymbol{x})=f(\boldsymbol{C}\boldsymbol{z})$ 为规范形.

用正交变换化二次型为标准形的一般步骤如下:

(1) 写出二次型矩阵 $\boldsymbol{A}$;

(2) 求正交矩阵 $\boldsymbol{P}$, 使得 $\boldsymbol{P}^{-1}\boldsymbol{A}\boldsymbol{P}=\boldsymbol{P}^{\mathrm{T}}\boldsymbol{A}\boldsymbol{P}=\boldsymbol{\Lambda}$;

(3) 作正交变换 $\boldsymbol{x}=\boldsymbol{P}\boldsymbol{y}$, 化二次型为标准形

$$f=\lambda_1y_1^2+\lambda_2y_2^2+\cdots+\lambda_ny_n^2,$$

标准形平方项的系数 $\lambda_1,\lambda_2,\cdots,\lambda_n$ 是二次型矩阵 $\boldsymbol{A}$ 的特征值.

例 2 用正交变换化二次型

$$f(x_1,x_2,x_3)=x_1^2+4x_2^2+x_3^2-4x_1x_2-8x_1x_3-4x_2x_3$$

为标准形.

解 先写出二次型 f 对应的矩阵 $\boldsymbol{A}=\begin{pmatrix}1&-2&-4\\-2&4&-2\\-4&-2&1\end{pmatrix}$, 由特征多项式

$$|\boldsymbol{A}-\lambda\boldsymbol{E}|=\begin{vmatrix}1-\lambda&-2&-4\\-2&4-\lambda&-2\\-4&-2&1-\lambda\end{vmatrix}=-(\lambda+4)(\lambda-5)^2,$$

得 $\boldsymbol{A}$ 的特征值为 $\lambda_1=-4,\lambda_2=\lambda_3=5$.

当 $\lambda_1=-4$ 时, 解齐次线性方程组 $(\boldsymbol{A}+4\boldsymbol{E})\boldsymbol{x}=\boldsymbol{0}$, 由

$$\boldsymbol{A}+4E=\begin{pmatrix}5&-2&-4\\-2&8&-2\\-4&-2&5\end{pmatrix}\xrightarrow{r}\begin{pmatrix}1&0&-1\\0&1&-\frac{1}{2}\\0&0&0\end{pmatrix},$$

从而得基础解系为 $\boldsymbol{\xi}_1=\begin{pmatrix}2\\1\\2\end{pmatrix}$, 将其单位化得 $\boldsymbol{p}_1=\dfrac{1}{3}\begin{pmatrix}2\\1\\2\end{pmatrix}$.

当 $\lambda_2=\lambda_3=5$ 时, 解齐次线性方程组 $(\boldsymbol{A}-5\boldsymbol{E})\boldsymbol{x}=\boldsymbol{0}$, 由

$$\boldsymbol{A}-5\boldsymbol{E}=\begin{pmatrix}-4&-2&-4\\-2&-1&-2\\-4&-2&-4\end{pmatrix}\xrightarrow{r}\begin{pmatrix}2&1&2\\0&0&0\\0&0&0\end{pmatrix},$$

得基础解系为 $\boldsymbol{\xi}_2=\begin{pmatrix}-1\\2\\0\end{pmatrix},\boldsymbol{\xi}_3=\begin{pmatrix}-1\\0\\1\end{pmatrix}$, 将 $\boldsymbol{\xi}_2,\boldsymbol{\xi}_3$ 正交化, 得

$$\boldsymbol{\eta}_1=\boldsymbol{\xi}_2=\begin{pmatrix}-1\\2\\0\end{pmatrix},\quad \boldsymbol{\eta}_2=\boldsymbol{\xi}_3-\frac{[\boldsymbol{\xi}_3,\boldsymbol{\eta}_1]}{[\boldsymbol{\eta}_1,\boldsymbol{\eta}_1]}\boldsymbol{\eta}_1=\frac{1}{5}\begin{pmatrix}-4\\-2\\5\end{pmatrix},$$

再单位化得 $\boldsymbol{p}_2=\dfrac{1}{\sqrt{5}}\begin{pmatrix}-1\\2\\0\end{pmatrix},\boldsymbol{p}_3=\dfrac{1}{3\sqrt{5}}\begin{pmatrix}-4\\-2\\5\end{pmatrix}$.

令 $\boldsymbol{P}=(\boldsymbol{p}_1,\boldsymbol{p}_2,\boldsymbol{p}_3)=\begin{pmatrix}\frac{2}{3} & -\frac{1}{\sqrt{5}} & -\frac{4}{3\sqrt{5}}\\ \frac{1}{3} & \frac{2}{\sqrt{5}} & -\frac{2}{3\sqrt{5}}\\ \frac{2}{3} & 0 & \frac{5}{3\sqrt{5}}\end{pmatrix}$, 即为所求的正交变换矩阵, 满足

$$\boldsymbol{P}^{-1}\boldsymbol{A}\boldsymbol{P}=\boldsymbol{P}^{\mathrm{T}}\boldsymbol{A}\boldsymbol{P}=\begin{pmatrix}-4 & & \\ & 5 & \\ & & 5\end{pmatrix}.$$

于是, 作正交变换 $\boldsymbol{x}=\boldsymbol{P}\boldsymbol{y}$, 可将二次型 f 化为标准形

$$f=-4y_1^2+5y_2^2+5y_3^2.$$

例 3 已知二次型 $f(x_1,x_2,x_3)=x_1^2+x_2^2+2x_3^2+2x_1x_3+2x_2x_3$,

(1) 用正交变换将 f 化为标准形, 并写出所作的正交变换;

(2) 指出 $f(x_1,x_2,x_3)=1$ 表示什么曲面?

解 (1) 二次型矩阵 $\boldsymbol{A}=\begin{pmatrix}1 & 0 & 1\\ 0 & 1 & 1\\ 1 & 1 & 2\end{pmatrix}$, 由

$$|\boldsymbol{A}-\lambda\boldsymbol{E}|=\begin{vmatrix}1-\lambda & 0 & 1\\ 0 & 1-\lambda & 1\\ 1 & 1 & 2-\lambda\end{vmatrix}=-\lambda(\lambda-1)(\lambda-3),$$

得特征值 $\lambda_1=0,\lambda_2=1,\lambda_3=3$.

对于 $\lambda_1=0$, 解齐次线性方程组 $\boldsymbol{A}\boldsymbol{x}=\boldsymbol{0}$, 由

$$\boldsymbol{A}=\begin{pmatrix}1 & 0 & 1\\ 0 & 1 & 1\\ 1 & 1 & 2\end{pmatrix}\xrightarrow{r}\begin{pmatrix}1 & 0 & 1\\ 0 & 1 & 1\\ 0 & 0 & 0\end{pmatrix},$$

得基础解系 $\boldsymbol{\xi}_1=\begin{pmatrix}-1\\ -1\\ 1\end{pmatrix}$, 将 $\boldsymbol{\xi}_1$ 单位化得 $\boldsymbol{p}_1=\frac{1}{\sqrt{3}}\begin{pmatrix}-1\\ -1\\ 1\end{pmatrix}$.

对于 $\lambda_2=1$, 解齐次线性方程组 $(\boldsymbol{A}-\boldsymbol{E})\boldsymbol{x}=\boldsymbol{0}$, 由

$$\boldsymbol{A}-\boldsymbol{E}=\begin{pmatrix}0 & 0 & 1\\ 0 & 0 & 1\\ 1 & 1 & 1\end{pmatrix}\xrightarrow{r}\begin{pmatrix}1 & 1 & 0\\ 0 & 0 & 1\\ 0 & 0 & 0\end{pmatrix},$$

得基础解系 $\boldsymbol{\xi}_2 = \begin{pmatrix} -1 \\ 1 \\ 0 \end{pmatrix}$, 将 $\boldsymbol{\xi}_2$ 单位化得 $\boldsymbol{p}_2 = \dfrac{1}{\sqrt{2}}\begin{pmatrix} -1 \\ 1 \\ 0 \end{pmatrix}$.

对于 $\lambda_3 = 3$, 解齐次线性方程组 $(\boldsymbol{A} - 3\boldsymbol{E})\boldsymbol{x} = \mathbf{0}$, 由

$$\boldsymbol{A} - 3\boldsymbol{E} = \begin{pmatrix} -2 & 0 & 1 \\ 0 & -2 & 1 \\ 1 & 1 & -1 \end{pmatrix} \xrightarrow{r} \begin{pmatrix} 1 & 0 & -\dfrac{1}{2} \\ 0 & 1 & -\dfrac{1}{2} \\ 0 & 0 & 0 \end{pmatrix},$$

得基础解系 $\boldsymbol{\xi}_3 = \begin{pmatrix} 1 \\ 1 \\ 2 \end{pmatrix}$, 将 $\boldsymbol{\xi}_3$ 单位化得 $\boldsymbol{p}_3 = \dfrac{1}{\sqrt{6}}\begin{pmatrix} 1 \\ 1 \\ 2 \end{pmatrix}$.

构造正交矩阵

$$\boldsymbol{P} = (\boldsymbol{p}_1, \boldsymbol{p}_2, \boldsymbol{p}_3) = \begin{pmatrix} -\dfrac{1}{\sqrt{3}} & -\dfrac{1}{\sqrt{2}} & \dfrac{1}{\sqrt{6}} \\ -\dfrac{1}{\sqrt{3}} & \dfrac{1}{\sqrt{2}} & \dfrac{1}{\sqrt{6}} \\ \dfrac{1}{\sqrt{3}} & 0 & \dfrac{2}{\sqrt{6}} \end{pmatrix},$$

则 $\boldsymbol{P}^{-1}\boldsymbol{A}\boldsymbol{P} = \begin{pmatrix} 0 & & \\ & 1 & \\ & & 3 \end{pmatrix}$, 作正交变换 $\boldsymbol{x} = \boldsymbol{P}\boldsymbol{y}$, 得原二次型的标准形为 $f = y_2^2 + 3y_3^2$.

若构造正交矩阵

$$\boldsymbol{Q} = (\boldsymbol{p}_3, \boldsymbol{p}_2, \boldsymbol{p}_1) = \begin{pmatrix} \dfrac{1}{\sqrt{6}} & -\dfrac{1}{\sqrt{2}} & -\dfrac{1}{\sqrt{3}} \\ \dfrac{1}{\sqrt{6}} & \dfrac{1}{\sqrt{2}} & -\dfrac{1}{\sqrt{3}} \\ \dfrac{2}{\sqrt{6}} & 0 & \dfrac{1}{\sqrt{3}} \end{pmatrix},$$

则 $\boldsymbol{Q}^{-1}\boldsymbol{A}\boldsymbol{Q} = \begin{pmatrix} 3 & & \\ & 1 & \\ & & 0 \end{pmatrix}$, 作正交变换 $\boldsymbol{x} = \boldsymbol{Q}\boldsymbol{y}$, 得原二次型的标准形为 $f = 3y_1^2 + y_2^2$.

(2) 在正交变换 $\boldsymbol{x} = \boldsymbol{P}\boldsymbol{y}$ 和 $\boldsymbol{x} = \boldsymbol{Q}\boldsymbol{y}$ 下, 二次曲面方程 $f(x_1, x_2, x_3) = 1$ 可分别化为椭圆柱面方程 $y_2^2 + 3y_3^2 = 1$(图 6.1) 和 $3y_1^2 + y_2^2 = 1$(图 6.2).

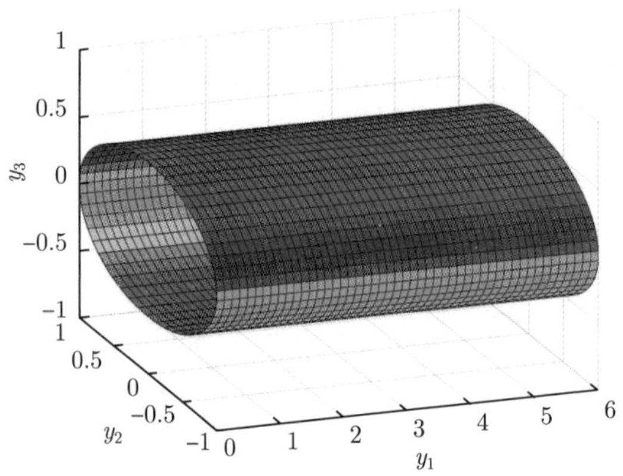

图 6.1　椭圆柱面 $y_2^2 + 3y_3^2 = 1$

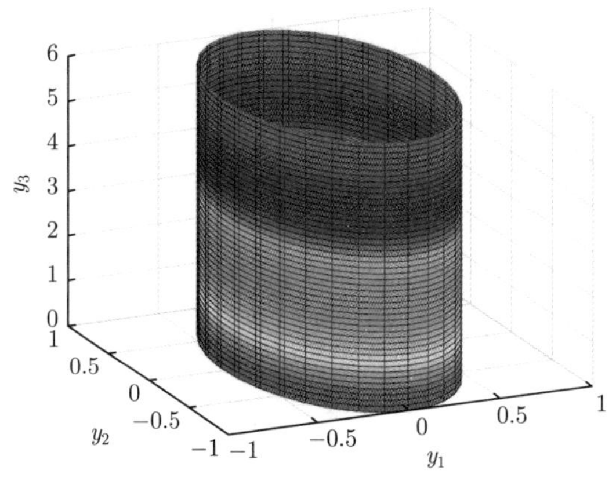

图 6.2　椭圆柱面 $3y_1^2 + y_2^2 = 1$

例 3 表明, 在不同的正交变换下, 二次曲面的标准方程不同; 但其几何形状和大小相同.

6.2.2　配方法化二次型为标准形

用正交变换化二次型为标准形, 具有保持图形几何形状不变的优点. 除了正交变换法外, 拉格朗日配方法也是化二次型为标准形的方法. 下面举例说明这种方法.

例 4　用配方法化二次型

$$f(x_1, x_2, x_3) = x_1^2 + 2x_2^2 + 3x_3^2 + 2x_1x_2 + 2x_1x_3 - 2x_2x_3$$

为标准形, 并求所作的可逆线性变换.

解 二次型中含有变量 x_1 的平方项, 因此先把含变量 x_1 的项合并在一起, 再配成完全平方的形式, 可得

$$\begin{aligned} f =& x_1^2 + 2x_1x_2 + 2x_1x_3 + 2x_2^2 + 3x_3^2 - 2x_2x_3 \\ =& (x_1 + x_2 + x_3)^2 - x_2^2 - x_3^2 - 2x_2x_3 + 2x_2^2 + 3x_3^2 - 2x_2x_3 \\ =& (x_1 + x_2 + x_3)^2 + x_2^2 - 4x_2x_3 + 2x_3^2, \end{aligned}$$

上式等号右端除第一项外已不含变量 x_1, 其余项中含有变量 x_2 的平方项, 继续配方, 得

$$f = (x_1 + x_2 + x_3)^2 + (x_2 - 2x_3)^2 - 2x_3^2,$$

令

$$\begin{cases} y_1 = x_1 + x_2 + x_3, \\ y_2 = x_2 - 2x_3, \\ y_3 = x_3, \end{cases}$$

即

$$\begin{cases} x_1 = y_1 - y_2 - 3y_3, \\ x_2 = y_2 + 2y_3, \\ x_3 = y_3, \end{cases}$$

二次型 f 化为标准形

$$f = y_1^2 + y_2^2 - 2y_3^2.$$

所作可逆线性变换 $\boldsymbol{x} = \boldsymbol{C}\boldsymbol{y}$, 其中

$$\boldsymbol{C} = \begin{pmatrix} 1 & -1 & -3 \\ 0 & 1 & 2 \\ 0 & 0 & 1 \end{pmatrix} \quad (|\boldsymbol{C}| = 1 \neq 0).$$

例 5 用配方法化二次型

$$f(x_1, x_2, x_3) = x_1x_2 + 2x_1x_3 - 4x_2x_3$$

为标准形, 并求所作的可逆线性变换.

解 二次型中不含平方项, 为了能够配方, 先考虑作一个可逆线性变换将交叉项 x_1x_2 变成平方项, 为此令

$$\begin{cases} x_1 = y_1 + y_2, \\ x_2 = y_1 - y_2, \\ x_3 = y_3, \end{cases}$$

即可逆线性变换 $\boldsymbol{x}=\boldsymbol{C}_1\boldsymbol{y}$, 其中 $\boldsymbol{C}_1=\begin{pmatrix}1&1&0\\1&-1&0\\0&0&1\end{pmatrix}$ $(|\boldsymbol{C}_1|=-2\neq 0)$, 则

$$\begin{aligned}f=&(y_1+y_2)(y_1-y_2)+2(y_1+y_2)y_3-4(y_1-y_2)y_3\\=&y_1^2-y_2^2-2y_1y_3+6y_2y_3,\end{aligned}$$

然后配方, 得

$$\begin{aligned}f=&(y_1-2y_1y_3+y_3^2)-(y_2^2-6y_2y_3+9y_3^2)+8y_3^2\\=&(y_1-y_3)^2-(y_2-3y_3)^2+8y_3^2,\end{aligned}$$

令

$$\begin{cases}z_1=y_1-y_3,\\z_2=y_2-3y_3,\\z_3=y_3,\end{cases}$$

即

$$\begin{cases}y_1=z_1+z_3,\\y_2=z_2+3z_3,\\y_3=z_3,\end{cases}$$

亦即可逆线性变换 $\boldsymbol{y}=\boldsymbol{C}_2\boldsymbol{z}$, 其中

$$\boldsymbol{C}_2=\begin{pmatrix}1&0&1\\0&1&3\\0&0&1\end{pmatrix}\quad(|\boldsymbol{C}_2|=1\neq 0).$$

二次型 f 化为标准形

$$f=z_1^2-z_2^2+8z_3^2.$$

所作可逆线性变换为 $\boldsymbol{x}=\boldsymbol{C}\boldsymbol{z}$, 其中

$$\boldsymbol{C}=\boldsymbol{C}_1\boldsymbol{C}_2=\begin{pmatrix}1&1&0\\1&-1&0\\0&0&1\end{pmatrix}\begin{pmatrix}1&0&1\\0&1&3\\0&0&1\end{pmatrix}=\begin{pmatrix}1&1&4\\1&-1&-2\\0&0&1\end{pmatrix}\quad(|\boldsymbol{C}|=-2\neq 0),$$

即

$$\begin{cases}x_1=z_1+z_2+4z_3,\\x_2=z_1-z_2-2z_3,\\x_3=z_3.\end{cases}$$

对于一般的二次型, 也都可以使用例 4 和例 5 中的方法化为标准形. 一般地, 对于二次型 $f(x_1,x_2,\cdots,x_n)=\boldsymbol{x}^{\mathrm{T}}\boldsymbol{A}\boldsymbol{x}$, 拉格朗日配方法的步骤为:

(1) 若二次型中含有变量 $x_i(i=1,2,\cdots,n)$ 的平方项, 则首先把含有 x_i 的项集中, 按 x_i 配成完全平方, 此时其余项中不再含有 x_i, 然后对其余项进行类似的配方过程, 直到各项都配成平方项, 再作可逆线性变换, 即可得到标准形 (如例 4);

(2) 若二次型中不含有平方项, 只有交叉项, 则可先作一个可逆线性变换, 使二次型中出现平方项. 比如交叉项 $x_ix_j(i\neq j)$ 的系数 $a_{ij}\neq 0$, 则对二次型作可逆线性变换

$$\begin{cases} x_i=y_i+y_j, \\ x_j=y_i-y_j, \qquad k\neq i,j, \\ x_k=y_k, \end{cases}$$

使二次型中含有 $a_{ij}y_i^2-a_{ij}y_j^2$ 项, 然后按照 (1) 中的方法配方得到标准形 (如例 5).

注 拉格朗日配方法所化标准形中平方项的系数与二次型矩阵的特征值无关.

在例 5 中, 若作可逆线性变换使交叉项 x_1x_3 变成平方项, 则令

$$\begin{cases} x_1=y_1+y_3, \\ x_2=y_2, \\ x_3=y_1-y_3, \end{cases}$$

即可逆线性变换 $\boldsymbol{x}=\boldsymbol{C}_1\boldsymbol{y}$, 其中

$$\boldsymbol{C}_1=\begin{pmatrix} 1 & 0 & 1 \\ 0 & 1 & 0 \\ 1 & 0 & -1 \end{pmatrix}, \quad (|\boldsymbol{C}_1|=-2\neq 0),$$

代入二次型, 得

$$\begin{aligned} f=&(y_1+y_3)y_2+2(y_1+y_3)(y_1-y_3)-4y_2(y_1-y_3) \\ =&2y_1^2-2y_3^2-3y_1y_2+5y_2y_3 \\ =&2\left(y_1^2-\frac{3}{2}y_1y_2+\frac{9}{16}y_2^2\right)-2\left(y_3^2-\frac{5}{2}y_2y_3+\frac{25}{16}y_2^2\right)+2y_2^2 \\ =&2\left(y_1-\frac{3}{4}y_2\right)^2+2y_2^2-2\left(\frac{5}{4}y_2-y_3\right)^2, \end{aligned}$$

令

$$\begin{cases} z_1=y_1-\dfrac{3}{4}y_2, \\ z_2=y_2, \\ z_3=\dfrac{5}{4}y_2-y_3, \end{cases}$$

即

$$\begin{cases} y_1 = z_1 + \dfrac{3}{4}z_2, \\ y_2 = z_2, \\ y_3 = \dfrac{5}{4}z_2 - z_3, \end{cases}$$

亦即可逆线性变换 $\boldsymbol{y} = \boldsymbol{C}_2\boldsymbol{z}$, 其中

$$\boldsymbol{C}_2 = \begin{pmatrix} 1 & \dfrac{3}{4} & 0 \\ 0 & 1 & 0 \\ 0 & \dfrac{5}{4} & -1 \end{pmatrix}, \quad (|\boldsymbol{C}_2| = -1 \neq 0),$$

将二次型 f 化为标准形

$$f = 2z_1^2 + 2z_2^2 - 2z_3^2.$$

所作的可逆线性变换为 $\boldsymbol{x} = \boldsymbol{C}\boldsymbol{z}$, 其中

$$\boldsymbol{C} = \boldsymbol{C}_1\boldsymbol{C}_2 = \begin{pmatrix} 1 & 0 & 1 \\ 0 & 1 & 0 \\ 1 & 0 & -1 \end{pmatrix} \begin{pmatrix} 1 & \dfrac{3}{4} & 0 \\ 0 & 1 & 0 \\ 0 & \dfrac{5}{4} & -1 \end{pmatrix} = \begin{pmatrix} 1 & 2 & -1 \\ 0 & 1 & 0 \\ 1 & -\dfrac{1}{2} & 1 \end{pmatrix} \quad (|\boldsymbol{C}| = 2 \neq 0),$$

即

$$\begin{cases} x_1 = z_1 + 2z_2 - z_3, \\ x_2 = z_2, \\ x_3 = z_1 - \dfrac{1}{2}z_2 + z_3. \end{cases}$$

由上面讨论的结果可见, 同一个二次型所作的可逆线性变换不同, 其标准形也不同, 即二次型的标准形不唯一.

如果令$f(x_1, x_2, x_3) = 1$, 即 $x_1x_2 + 2x_1x_3 - 4x_2x_3 = 1$, 由上面的标准形可知, 该曲面的标准方程为$z_1^2 - z_2^2 + \dfrac{z_3^2}{1/8} = 1$ 和 $\dfrac{z_1^2}{1/2} + \dfrac{z_2^2}{1/2} - \dfrac{z_3^2}{1/2} = 1$, 它们是单叶双曲面, 几何形状见图 6.3 和图 6.4 所示.

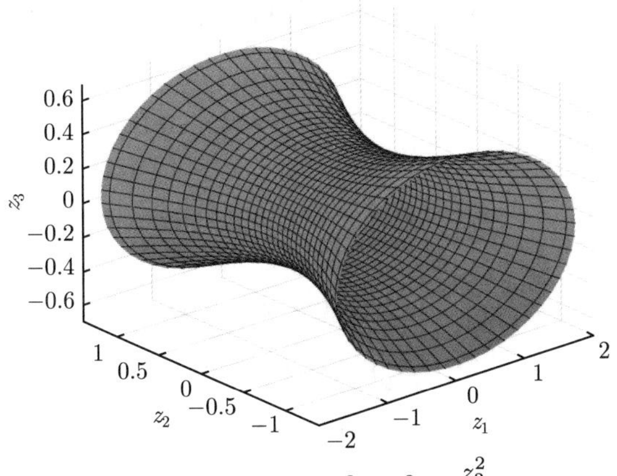

图 6.3　单叶双曲面 $z_1^2 - z_2^2 + \frac{z_3^2}{1/8} = 1$

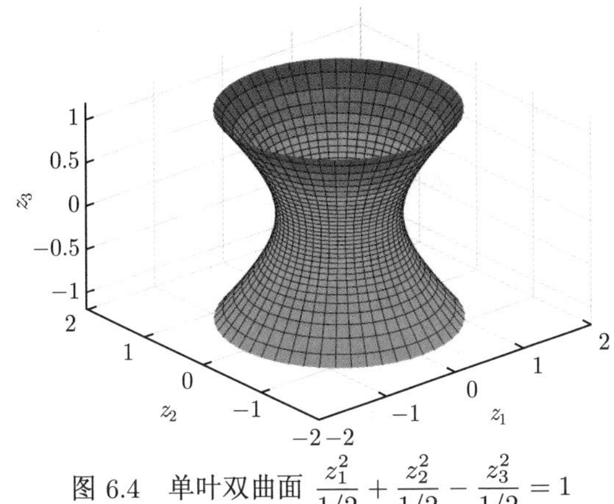

图 6.4　单叶双曲面 $\frac{z_1^2}{1/2} + \frac{z_2^2}{1/2} - \frac{z_3^2}{1/2} = 1$

上面的标准形和几何图形的结果表示, 用配方法对二次曲面方程作不同的可逆线性变换, 则曲面的标准方程和几何图形均不相同, 但二次曲面几何形状的类型相同, 标准方程的正项个数相同, 负项个数也相同.

配方法比较灵活, 而正交变换法的步骤规范. 对于简单的二次型化为标准形问题, 配方法较正交变换法适用, 因为配方法不用去求解特征值和多次计算特征向量. 但当配方的次数较多时, 配方法的可逆线性变换矩阵求解比较麻烦, 需要计算多个矩阵的乘积. 另外, 当变量的个数较多时, 配方不容易完成, 此时也不适用.

*6.2.3　初等变换法化二次型为标准形

二次型 $f(\boldsymbol{x}) = \boldsymbol{x}^{\mathrm{T}}\boldsymbol{A}\boldsymbol{x}$ 经可逆线性变换 $\boldsymbol{x} = \boldsymbol{C}\boldsymbol{y}$ 化为标准形, 若标准形的矩阵为对角矩阵 $\boldsymbol{\Lambda}$, 由定理 1 可知, 矩阵 $\boldsymbol{A}$ 与 $\boldsymbol{\Lambda}$ 合同, 即 $\boldsymbol{C}^{\mathrm{T}}\boldsymbol{A}\boldsymbol{C} = \boldsymbol{\Lambda}$. 由第 3 章定理

2 可知, 可逆矩阵 $\boldsymbol{C}$ 可表示成有限个初等矩阵 $\boldsymbol{P}_1, \boldsymbol{P}_2, \cdots, \boldsymbol{P}_s$ 的乘积, 即

$$\boldsymbol{C} = \boldsymbol{P}_1\boldsymbol{P}_2\cdots\boldsymbol{P}_s,$$

从而

$$\boldsymbol{C}^{\mathrm{T}} = \boldsymbol{P}_s^{\mathrm{T}}\boldsymbol{P}_{s-1}^{\mathrm{T}}\cdots\boldsymbol{P}_1^{\mathrm{T}},$$

因此有

$$\boldsymbol{P}_s^{\mathrm{T}}\boldsymbol{P}_{s-1}^{\mathrm{T}}\cdots\boldsymbol{P}_1^{\mathrm{T}}\boldsymbol{A}\boldsymbol{P}_1\boldsymbol{P}_2\cdots\boldsymbol{P}_s = \boldsymbol{\Lambda},$$

$$\boldsymbol{E}\boldsymbol{P}_1\boldsymbol{P}_2\cdots\boldsymbol{P}_s = \boldsymbol{C}.$$

因为初等矩阵的转置还是同一类型的初等矩阵, 从而上式表明, 对 $\boldsymbol{A}$ 施行同样的初等行变换和列变换将 $\boldsymbol{A}$ 化为对角矩阵 $\boldsymbol{\Lambda}$ 时, 对单位矩阵 $\boldsymbol{E}$ 施行相同的初等列变换可将 $\boldsymbol{E}$ 化为 $\boldsymbol{C}$.

构造矩阵 $\begin{pmatrix} \boldsymbol{A} \\ \hdashline \boldsymbol{E} \end{pmatrix}$, 对矩阵 $\boldsymbol{A}$ 施行同样的初等行变换和列变换, 对 $\boldsymbol{E}$ 施行相同的初等列变换, 矩阵 $\boldsymbol{A}$ 化为对角矩阵 $\boldsymbol{\Lambda}$ 时, 单位矩阵 $\boldsymbol{E}$ 就化为 $\boldsymbol{C}$, 即

$$\begin{pmatrix} \boldsymbol{A} \\ \hdashline \boldsymbol{E} \end{pmatrix} \xrightarrow[\text{对 } \boldsymbol{E} \text{ 施行同样的初等列变换}]{\text{对 } \boldsymbol{A} \text{ 施行同样的初等行变换和列变换}} \begin{pmatrix} \boldsymbol{\Lambda} \\ \hdashline \boldsymbol{C} \end{pmatrix}$$

下面通过一个例子来说明如何用初等变换法化二次型为标准形.

例 6 用初等变换法将二次型

$$f(x_1, x_2, x_3) = x_1^2 + 2x_2^2 - x_3^2 + 4x_1x_2 - 4x_1x_3 - 4x_2x_3$$

化为标准形, 并写出所作的可逆线性变换.

解 二次型的矩阵

$$\boldsymbol{A} = \begin{pmatrix} 1 & 2 & -2 \\ 2 & 2 & -2 \\ -2 & -2 & -1 \end{pmatrix},$$

构造矩阵

$$\begin{pmatrix} \boldsymbol{A} \\ \hdashline \boldsymbol{E} \end{pmatrix} = \begin{pmatrix} 1 & 2 & -2 \\ 2 & 2 & -2 \\ -2 & -2 & -1 \\ \hdashline 1 & 0 & 0 \\ 0 & 1 & 0 \\ 0 & 0 & 1 \end{pmatrix} \xrightarrow{r_2 - 2r_1} \begin{pmatrix} 1 & 2 & -2 \\ 0 & -2 & 2 \\ -2 & -2 & -1 \\ \hdashline 1 & 0 & 0 \\ 0 & 1 & 0 \\ 0 & 0 & 1 \end{pmatrix} \xrightarrow{c_2 - 2c_1} \begin{pmatrix} 1 & 0 & -2 \\ 0 & -2 & 2 \\ -2 & 2 & -1 \\ \hdashline 1 & -2 & 0 \\ 0 & 1 & 0 \\ 0 & 0 & 1 \end{pmatrix}$$

$$\xrightarrow{r_3+2r_1}\begin{pmatrix}1&0&-2\\0&-2&2\\0&2&-5\\ \hdashline 1&-2&0\\0&1&0\\0&0&1\end{pmatrix}\xrightarrow{c_3+2c_1}\begin{pmatrix}1&0&0\\0&-2&2\\0&2&-5\\ \hdashline 1&-2&2\\0&1&0\\0&0&1\end{pmatrix}$$

$$\xrightarrow{r_3+r_2}\begin{pmatrix}1&0&0\\0&-2&2\\0&0&-3\\ \hdashline 1&-2&2\\0&1&0\\0&0&1\end{pmatrix}\xrightarrow{c_3+c_2}\begin{pmatrix}1&0&0\\0&-2&0\\0&0&-3\\ \hdashline 1&-2&0\\0&1&1\\0&0&1\end{pmatrix},$$

所以

$$\boldsymbol{\Lambda}=\begin{pmatrix}1&&\\&-2&\\&&-3\end{pmatrix},\quad \boldsymbol{C}=\begin{pmatrix}1&-2&0\\0&1&1\\0&0&1\end{pmatrix}\ (|\boldsymbol{C}|=1\neq 0),$$

作可逆线性变换 $\boldsymbol{x}=\boldsymbol{C}\boldsymbol{y}$, 即

$$\begin{cases}x_1=y_1-2y_2,\\x_2=y_2+y_3,\\x_3=y_3,\end{cases}$$

则二次型化为标准形

$$f=y_1^2-2y_2^2-3y_3^2\ .$$

合同线性变换法的特点是对二次型 f 的矩阵 $\boldsymbol{A}$ 作成对初等行、列变换, 而对 $\boldsymbol{E}$ 只作相应初等列变换, 将 $\boldsymbol{A}$ 化为对角形矩阵 $\boldsymbol{\Lambda}$ 时, 也将 $\boldsymbol{E}$ 化成了 $\boldsymbol{C}$, 直接给出了可逆线性变换矩阵.

6.3 正定二次型

通过 6.2 节的讨论, 显然, 二次型的标准形不唯一. 那么二次型的标准形中哪些是唯一确定的呢? 下面首先介绍二次型的惯性定理, 然后讨论二次型的正定性. 特别是正定二次型, 在实际应用中有着重要的作用. 比如, 可以利用正定二次型研究多元函数的极值问题、运筹学中的最优化问题等.

6.3.1　惯性定理

定理 3　若二次型 $f=\boldsymbol{x}^{\mathrm{T}}\boldsymbol{A}\boldsymbol{x}$ 经过可逆线性变换 $\boldsymbol{x}=\boldsymbol{C}\boldsymbol{y}$ 化为标准形, 则标准形中平方项的个数等于二次型的秩.

证明　设二次型 f 经过可逆线性变换 $\boldsymbol{x}=\boldsymbol{C}\boldsymbol{y}$ 后化为标准形

$$f=\lambda_1y_1^2+\lambda_2y_2^2+\cdots+\lambda_ry_r^2,$$

其中 $\lambda_i\neq 0(i=1,2,\cdots,r)$, 由定理 1 可知

$$\boldsymbol{C}^{\mathrm{T}}\boldsymbol{A}\boldsymbol{C}=\boldsymbol{\Lambda},$$

其中 $\boldsymbol{\Lambda}=\mathrm{diag}(\lambda_1,\lambda_2,\cdots,\lambda_r,0,\cdots,0)$, 因为 $\boldsymbol{C}$ 是可逆矩阵, 从而有 $R(\boldsymbol{\Lambda})=R(\boldsymbol{A})$, 亦等于二次型的秩, 因此二次型的标准形中所含非零平方项的个数等于二次型的秩. □

定理 4 (惯性定理)　若二次型 $f=\boldsymbol{x}^{\mathrm{T}}\boldsymbol{A}\boldsymbol{x}$ 的秩为 r, 设有两个可逆线性变换 $\boldsymbol{x}=\boldsymbol{C}\boldsymbol{y}$ 与 $\boldsymbol{x}=\boldsymbol{P}\boldsymbol{z}$ 分别将二次型化为标准形

$$f=k_1y_1^2+k_2y_2^2+\cdots+k_ry_r^2\quad(k_i\neq 0,i=1,2,\cdots,r),$$

与

$$f=h_1z_1^2+h_2z_2^2+\cdots+h_rz_r^2\quad(h_i\neq 0,i=1,2,\cdots,r),$$

则 $k_1,k_2,\cdots,k_r$ 中正数的个数与 $h_1,h_2,\cdots,h_r$ 中正数的个数相等.

证明略.

定理 4 表明, 虽然二次型的标准形不唯一, 但标准形中平方项的个数为秩 r, 且正平方项与负平方项的个数是唯一确定的. 通常, 系数为正的平方项个数 p 称为二次型的**正惯性指数**, 系数为负的平方项个数 q 称为二次型的**负惯性指数**, 它们的差 $p-q=p-(r-p)=2p-r$ 称为二次型的**符号差**.

例如, 若二次型 $f(x)=\boldsymbol{x}^{\mathrm{T}}\boldsymbol{A}\boldsymbol{x}$ 的标准形为

$$f=y_1^2+2y_2^2+3y_3^2-4y_4^2,$$

则该二次型的秩为 4, 正惯性指数为 3, 负惯性指数为 1, 符号差为 2.

惯性定理应用于解析几何, 表示可逆线性变换将二次曲线 (或二次曲面) 方程化为标准方程时, 标准方程的系数随可逆线性变换矩阵的不同而不同, 但曲线 (或曲面) 的类型相同.

6.3.2 二次型的正定性

定义 5 设 n 元实二次型 $f(\boldsymbol{x})=\boldsymbol{x}^{\mathrm{T}}\boldsymbol{A}\boldsymbol{x}$, 若对任意 $\boldsymbol{x}\neq\boldsymbol{0}$, 都有 $f(\boldsymbol{x})=\boldsymbol{x}^{\mathrm{T}}\boldsymbol{A}\boldsymbol{x}>0(\geqslant 0)$, 则称 f 为**正定二次型 (半正定二次型)**, 并称矩阵 $\boldsymbol{A}$ 为**正定矩阵 (半正定二次型)**; 若对任意 $\boldsymbol{x}\neq\boldsymbol{0}$, 都有 $f(\boldsymbol{x})=\boldsymbol{x}^{\mathrm{T}}\boldsymbol{A}\boldsymbol{x}<\boldsymbol{0}(\leqslant\boldsymbol{0})$, 则称 f 为**负定二次型 (半负定二次型)**, 并称矩阵 $\boldsymbol{A}$ 为**负定矩阵 (半负定矩阵)**.

例 7 用定义判断下列二次型的正定性:

(1) $f(x_1,x_2,x_3)=x_1^2+2x_2^2+4x_3^2$;

(2) $f(x_1,x_2,x_3)=-2x_1^2-3x_2^2-2x_3^2$;

(3) $f(x_1,x_2,x_3,x_4)=x_1^2+2x_2^2+x_3^2$.

解 (1) 二次型 $f(x_1,x_2,x_3)$ 是标准形, 且各项的系数都为正数, 因此对于任意非零向量 $(x_1,x_2,x_3)^{\mathrm{T}}$, 都有 $f(x_1,x_2,x_3)>0$, 所以二次型 $f(x_1,x_2,x_3)$ 是正定二次型.

(2) 二次型 $f(x_1,x_2,x_3)$ 是标准形, 且各项的系数都为负数, 因此对于任意非零向量 $(x_1,x_2,x_3)^{\mathrm{T}}$, 都有 $f(x_1,x_2,x_3)<0$, 所以二次型 $f(x_1,x_2,x_3)$ 是负定二次型.

(3) 二次型 $f(x_1,x_2,x_3,x_4)$ 是四元标准二次型, 对于任意非零向量 $(x_1,x_2,x_3,x_4)^{\mathrm{T}}$, 都有 $f(x_1,x_2,x_3,x_4)\geqslant 0$, 所以二次型 $f(x_1,x_2,x_3,x_4)$ 是半正定二次型.

定理 5 二次型 $f=\boldsymbol{x}^{\mathrm{T}}\boldsymbol{A}\boldsymbol{x}$ 为正定的充分必要条件是它的标准形中 n 个系数全为正.

证明 设可逆线性变换 $\boldsymbol{x}=\boldsymbol{C}\boldsymbol{y}$ 使

$$f(x_1,x_2,\cdots,x_n)=\sum_{i=1}^{n}k_iy_i^2.$$

充分性 设 $k_i>0(i=1,2,\cdots,n)$. 任给 $\boldsymbol{x}\neq\boldsymbol{0}$, 则 $\boldsymbol{y}=\boldsymbol{C}^{-1}\boldsymbol{x}\neq\boldsymbol{0}$, 故

$$f(x_1,x_2,\cdots,x_n)=\sum_{i=1}^{n}k_iy_i^2>0.$$

必要性 用反证法. 假设 $k_i\leqslant 0$, 则当 $\boldsymbol{y}=\varepsilon_i$(基本单位向量) 时, 有 $\boldsymbol{x}=\boldsymbol{C}\varepsilon_i=(c_{1i},c_{2i},\cdots,c_{ni})^{\mathrm{T}}\neq\boldsymbol{0}$, 并且 $f(c_{1i},c_{2i},\cdots,c_{ni})=k_i\leqslant 0$, 这与 f 为正定矛盾. 因此 $k_i>0(i=1,2,\cdots,n)$. □

推论 1 对称矩阵 $\boldsymbol{A}$ 为正定的充分必要条件是 $\boldsymbol{A}$ 的特征值全为正.

推论 2 若 $\boldsymbol{A}$ 为 n 阶正定矩阵, 则 $|\boldsymbol{A}|>0$.

例 8 判断二次型 $f(x_1,x_2,x_3)=3x_1^2+3x_2^2+2x_3^2+4x_1x_2$ 的正定性.

解　二次型的矩阵为

$$A = \begin{pmatrix} 3 & 2 & 0 \\ 2 & 3 & 0 \\ 0 & 0 & 2 \end{pmatrix},$$

解特征方程 $|A - \lambda E| = 0$ 得 $\lambda_1 = 1, \lambda_2 = 2, \lambda_3 = 5$, 特征值全大于 0, 因此 $f(x_1, x_2, x_3)$ 为正定二次型.

判定二次型的正定性, 除了利用定义或将二次型化为标准形进行判定外, 还可以利用行列式进行判定. 下面先给出顺序主子式的定义.

定义 6　设 $A = (a_{ij})$ 为 n 阶矩阵, A 的左上角的 $k(k = 1, 2, \cdots, n)$ 阶子式

$$\begin{vmatrix} a_{11} & a_{12} & \cdots & a_{1k} \\ a_{21} & a_{22} & \cdots & a_{2k} \\ \vdots & \vdots & & \vdots \\ a_{k1} & a_{k2} & \cdots & a_{kk} \end{vmatrix}$$

称为矩阵 A 的 k **阶顺序主子式**, 记作 Δ_k.

定理 6　n 阶对称矩阵 A 为正定的充分必要条件是 A 的各阶顺序主子式都为正, 即

$$\Delta_1 = a_{11} > 0, \Delta_2 = \begin{vmatrix} a_{11} & a_{12} \\ a_{21} & a_{22} \end{vmatrix} > 0, \cdots, \Delta_n = |A| > 0.$$

n 阶对称矩阵 A 为负定的充分必要条件是: 奇数阶顺序主子式都为负, 而偶数阶顺序主子式都为正, 即

$$(-1)^k \Delta_k > 0 \quad (k = 1, 2, \cdots, n).$$

定理 6 是由德国数学家赫尔维茨 (A. Hurwitz, 1859—1919) 发现的, 因此该定理通常又称为**赫尔维茨定理**, 这里不予证明.

例 9　当 t 取何值时,$f = tx_1^2 + tx_2^2 + 2x_3^2 + 4x_1x_2 + 2x_1x_3 - 2x_2x_3$ 为正定二次型.

解　二次型 f 的矩阵为

$$A = \begin{pmatrix} t & 2 & 1 \\ 2 & t & -1 \\ 1 & -1 & 2 \end{pmatrix},$$

由于 f 为正定二次型, 故它的所有顺序主子式全大于零, 即

$$\Delta_1 = t > 0, \quad \Delta_2 = \begin{vmatrix} t & 2 \\ 2 & t \end{vmatrix} = t^2-4 > 0, \quad \Delta_3 = \begin{vmatrix} t & 2 & 1 \\ 2 & t & -1 \\ 1 & -1 & 2 \end{vmatrix} = 2(t+2)(t-3) > 0,$$

解得 $t > 3$, 即当 $t > 3$ 时, 二次型正定.

知识拓展 · 二次曲面的分类

6.4 案例分析

6.4.1 线性控制系统的稳定性

系统的稳定性是指: 自动控制系统在受到外界扰动作用时, 系统偏离平衡状态, 当扰动消失后, 系统能重新恢复到初始平衡状态的性能. 对于自动控制系统, 稳定性是控制系统最重要的性能指标, 因为一个不稳定的系统不仅无法工作, 也没有使用的价值. 因此, 如何判定一个系统的稳定性以及怎样改善其稳定性是系统分析与设计的首要问题.

1892 年, 俄国数学家李雅普诺夫 (A. M. Lyapunov, 1857—1918) 就如何判别系统的稳定性问题, 提出了李雅普诺夫第一法和李雅普诺夫第二法. 前者通过求解系统的微分方程 (或状态方程), 根据解的性质来判定系统的问题; 后者不需要求解系统的微分方程, 而是通过构造一个李雅普诺夫函数, 根据这个函数的性质来判定系统的稳定性. 下面以线性定常连续系统为例, 介绍如何利用李雅普诺夫第二法分析线性系统的稳定性.

设系统的齐次状态方程为

$$\boldsymbol{x}' = f(\boldsymbol{x}, t), \quad \boldsymbol{x}(t_0) = \boldsymbol{x}_0, \tag{6.6}$$

式中 $\boldsymbol{x} = (x_1, x_2, \cdots, x_n)^{\mathrm{T}}$ 为 n 维状态向量, $f(\boldsymbol{x}, t) = (f_1(\boldsymbol{x}, t), f_2(\boldsymbol{x}, t), \cdots, f_n(\boldsymbol{x}, t))^{\mathrm{T}}$ 为 n 维向量函数, 其中 $f_i(\boldsymbol{x}, t)(i = 1, 2, \cdots, n)$ 为状态分量 $x_1, x_2, \cdots, x_n$ 和时间 t 的连续可微单值有界函数. 一般地, 方程 (6.6) 在给定初始条件 $\boldsymbol{x}(t_0) = \boldsymbol{x}_0$ 下, 有唯一解 $\boldsymbol{x} = \Phi(t; \boldsymbol{x}_0, t_0)$.

定义 7 若系统 (6.6) 对于所有时间 t, 存在状态向量 $\boldsymbol{x}_e$, 使得

$$f(\boldsymbol{x}_e, t) = \mathbf{0},$$

则称 $\boldsymbol{x}_e$ 为系统的**平衡状态**.

对于线性定常系统, 有

$$\boldsymbol{x}' = \boldsymbol{A}\boldsymbol{x}, \tag{6.7}$$

若 $\boldsymbol{A}$ 是可逆矩阵, 满足 $\boldsymbol{A}\boldsymbol{x} = \boldsymbol{0}$ 的解 $\boldsymbol{x}_e = \boldsymbol{0}$ 是系统的唯一平衡状态; 若 $\boldsymbol{A}$ 是不可逆矩阵, 则系统有无穷多个平衡状态.

应用李雅普诺夫第二法判定系统稳定的核心是构造李雅普诺夫函数 $V(\boldsymbol{x})$. 对于一个给定的系统, 如果 $V(\boldsymbol{x})$ 是正定的, 而 $V'(\boldsymbol{x})$ 是负定的, 则该系统是渐近稳定的. 到目前为止, 已经有许多构造李雅普诺夫函数的方法, 但这些方法都有其针对性, 因此还没有一个能适用于任意系统的构造方法. 不过, 对于线性系统 (6.7), 其李雅普诺夫函数一定可以选取二次型函数的形式.

定理 7　对于线性定常系统 (6.7), 平衡状态 $\boldsymbol{x}_e = \boldsymbol{0}$ 为渐近稳定的充分必要条件是: 对任意给定的正定实对称矩阵 $\boldsymbol{Q}$, 必存在正定的实对称矩阵 $\boldsymbol{P}$, 满足李雅普诺夫矩阵方程

$$\boldsymbol{A}^{\mathrm{T}}\boldsymbol{P} + \boldsymbol{P}\boldsymbol{A} = -\boldsymbol{Q}, \tag{6.8}$$

并且正定函数

$$V(\boldsymbol{x}) = \boldsymbol{x}^{\mathrm{T}}\boldsymbol{P}\boldsymbol{x}$$

即为系统的一个李雅普诺夫函数.

应用定理 7 的过程中, 通常取 $\boldsymbol{Q} = \boldsymbol{E}$, 这时 $\boldsymbol{P}$ 满足

$$\boldsymbol{A}^{\mathrm{T}}\boldsymbol{P} + \boldsymbol{P}\boldsymbol{A} = -\boldsymbol{E},$$

由上式解出矩阵 $\boldsymbol{P}$, 再利用**赫尔维茨定理**判定 $\boldsymbol{P}$ 的正定性, 进而得出系统渐近稳定的结论.

例如, 系统的状态方程为

$$\begin{pmatrix} x_1' \\ x_2' \end{pmatrix} = \begin{pmatrix} 0 & 1 \\ -1 & -1 \end{pmatrix}\begin{pmatrix} x_1 \\ x_2 \end{pmatrix},$$

下面讨论该系统平衡状态的稳定性.

设 $\boldsymbol{A} = \begin{pmatrix} 0 & 1 \\ -1 & -1 \end{pmatrix}$, 首先构造李雅普诺夫函数为

$$V(\boldsymbol{x}) = \boldsymbol{x}^{\mathrm{T}}\boldsymbol{P}\boldsymbol{x},$$

由定理 7, 并取 $\boldsymbol{Q} = \boldsymbol{E}$, 则 $\boldsymbol{P}$ 满足李雅普诺夫矩阵方程

$$\boldsymbol{A}^{\mathrm{T}}\boldsymbol{P} + \boldsymbol{P}\boldsymbol{A} = -\boldsymbol{E}.$$

令

$$\boldsymbol{P}=\begin{pmatrix} p_{11} & p_{12} \\ p_{12} & p_{22} \end{pmatrix},$$

代入李雅普诺夫矩阵方程, 可得

$$\begin{pmatrix} 0 & -1 \\ 1 & -1 \end{pmatrix}\begin{pmatrix} p_{11} & p_{12} \\ p_{12} & p_{22} \end{pmatrix}+\begin{pmatrix} p_{11} & p_{12} \\ p_{12} & p_{22} \end{pmatrix}\begin{pmatrix} 0 & 1 \\ -1 & -1 \end{pmatrix}=-\begin{pmatrix} 1 & 0 \\ 0 & 1 \end{pmatrix},$$

将上式展开, 并由矩阵相等的定义, 可解得

$$\boldsymbol{P}=\begin{pmatrix} \dfrac{3}{2} & \dfrac{1}{2} \\ \dfrac{1}{2} & 1 \end{pmatrix}.$$

它的顺序主子式

$$\varDelta_1=\frac{3}{2}>0,\quad \varDelta_2=|\boldsymbol{P}|=\begin{vmatrix} \dfrac{3}{2} & \dfrac{1}{2} \\ \dfrac{1}{2} & 1 \end{vmatrix}=\frac{5}{4}>0,$$

因此 $\boldsymbol{P}$ 是正定矩阵, 所以系统的平衡状态是渐近稳定的. 此时, 李雅普诺夫函数

$$V(\boldsymbol{x})=\boldsymbol{x}^{\mathrm{T}}\boldsymbol{P}\boldsymbol{x}=\boldsymbol{x}^{\mathrm{T}}\begin{pmatrix} \dfrac{3}{2} & \dfrac{1}{2} \\ \dfrac{1}{2} & 1 \end{pmatrix}\boldsymbol{x}=\frac{3}{2}x_1^2+x_2^2+x_1x_2$$

是正定的, 而

$$V'(\boldsymbol{x})=-\boldsymbol{x}^{\mathrm{T}}\boldsymbol{Q}\boldsymbol{x}=\boldsymbol{x}^{\mathrm{T}}\begin{pmatrix} -1 & 0 \\ 0 & -1 \end{pmatrix}\boldsymbol{x}=-(x_1^2+x_2^2)$$

是负定的, 也可得上述结论.

6.4.2 主成分分析

在大数据、机器学习领域, 通常要对大量数据进行分析或预测. 这些数据中包含多个指标或变量, 在研究这些变量的依存关系时, 经常会遇到如下问题: 一是变量过多, 问题的分析复杂性和难度都增加; 二是变量间存在共线性, 即变量间不完全独立, 导致分析结果不稳定或不正确. 主成分分析 (principle component analysis, PCA) 是一种处理上述问题的有效手段和方法, 通过降维技术把多个变量重新组合

成少数几个新的相互无关的综合变量 (即主成分). 这些主成分能够保留原始变量的主要特征信息, 它们通常表示为原始变量的某种线性组合. 主成分分析由英国数学家皮尔逊 (K. Pearson, 1857—1936) 于 1901 年首先引入, 后来被美国数理统计学家霍特林 (H. Hotelling, 1895—1973) 发展.

设 $\boldsymbol{X}=(\boldsymbol{X}_1,\boldsymbol{X}_2,\cdots,\boldsymbol{X}_n)^{\mathrm{T}}$ 为 n 维随机变量, 其协方差矩阵

$$\mathrm{Cov}(\boldsymbol{X})=\boldsymbol{\Sigma}=\mathrm{E}\left[(\boldsymbol{X}-\mathrm{E}(\boldsymbol{X}))(\boldsymbol{X}-\mathrm{E}(\boldsymbol{X}))^{\mathrm{T}}\right]$$

为 n 阶半正定矩阵, 其中 $E(\cdot)$ 为随机变量的数学期望.

构造 $\boldsymbol{X}=(\boldsymbol{X}_1,\boldsymbol{X}_2,\cdots,\boldsymbol{X}_n)^{\mathrm{T}}$ 的线性组合

$$\boldsymbol{Y}_1=\boldsymbol{a}_1^{\mathrm{T}}\boldsymbol{X}=a_{11}\boldsymbol{X}_1+a_{12}\boldsymbol{X}_2+\cdots+a_{1n}\boldsymbol{X}_n, \tag{6.9}$$

确定组合系数 $\boldsymbol{a}_1=(a_{11},a_{12},\cdots,a_{1n})^{\mathrm{T}}$, 使得随机变量 Y_1 的方差

$$\mathrm{Var}(\boldsymbol{Y}_1)=\mathrm{Var}(a_1^{\mathrm{T}}\boldsymbol{X})=\boldsymbol{a}_1^{\mathrm{T}}\boldsymbol{\Sigma}\boldsymbol{a}_1$$

达到最大, 同时为保证变量的有界性, 要求 $\boldsymbol{a}_1^{\mathrm{T}}\boldsymbol{a}_1=1$. 可表述为如下优化问题:

$$\begin{aligned}\max\quad & \mathrm{Var}(\boldsymbol{Y}_1)=\boldsymbol{a}_1^{\mathrm{T}}\boldsymbol{\Sigma}\boldsymbol{a}_1\\ \text{s.t.}\quad & \boldsymbol{a}_1^{\mathrm{T}}\boldsymbol{a}_1=1.\end{aligned} \tag{6.10}$$

称满足式 (6.10) 的随机变量 $\boldsymbol{Y}_1$ 为 $\boldsymbol{X}$ 的**第一主成分**. 显然, 第一主成分的方差是一个半正定二次型, 达到最大时, 反映原变量的信息量也最多.

继续构造 $\boldsymbol{X}=(\boldsymbol{X}_1,\boldsymbol{X}_2,\cdots,\boldsymbol{X}_n)^{\mathrm{T}}$ 的线性组合

$$\boldsymbol{Y}_2=a_2^{\mathrm{T}}\boldsymbol{X}=a_{21}\boldsymbol{X}_1+a_{22}\boldsymbol{X}_2+\cdots+a_{2n}\boldsymbol{X}_n, \tag{6.11}$$

确定组合系数 $\boldsymbol{a}_2=(a_{21},a_{22},\cdots,a_{2n})^{\mathrm{T}}$, 使得随机变量 $\boldsymbol{Y}_2$ 的方差

$$\mathrm{Var}(\boldsymbol{Y}_2)=\mathrm{Var}(\boldsymbol{a}_2^{\mathrm{T}}\boldsymbol{X})=\boldsymbol{a}_2^{\mathrm{T}}\boldsymbol{\Sigma}\boldsymbol{a}_2$$

达到最大, 满足 $\boldsymbol{a}_2^{\mathrm{T}}\boldsymbol{a}_2=1$, 且 $\boldsymbol{Y}_2$ 与 $\boldsymbol{Y}_1$ 独立, 即

$$\mathrm{Cov}(\boldsymbol{Y}_2,\boldsymbol{Y}_1)=Cov(\boldsymbol{a}_2^{\mathrm{T}}\boldsymbol{X},\boldsymbol{a}_1^{\mathrm{T}}\boldsymbol{X})=\boldsymbol{a}_2^{\mathrm{T}}\boldsymbol{\Sigma}\boldsymbol{a}_1=0,$$

可表述为如下优化问题:

$$\begin{aligned}\max\quad & \mathrm{Var}(\boldsymbol{Y}_2)=\boldsymbol{a}_2^{\mathrm{T}}\boldsymbol{\Sigma}\boldsymbol{a}_2\\ \text{s.t.}\quad & \begin{cases}\boldsymbol{a}_1^{\mathrm{T}}\boldsymbol{a}_1=1,\\ \boldsymbol{a}_2^{\mathrm{T}}\boldsymbol{\Sigma}\boldsymbol{a}_1=0.\end{cases}\end{aligned} \tag{6.12}$$

称满足式 (6.12) 的随机变量 $\boldsymbol{Y}_2$ 为 $\boldsymbol{X}$ 的**第二主成分**.

以此类推, 构造 $\boldsymbol{X}=(\boldsymbol{X}_1,\boldsymbol{X}_2,\cdots,\boldsymbol{X}_n)^{\mathrm{T}}$ 的线性组合

$$\boldsymbol{Y}_k=\boldsymbol{a}_k^{\mathrm{T}}\boldsymbol{X}=a_{k1}\boldsymbol{X}_1+a_{k2}\boldsymbol{X}_2+\cdots+\boldsymbol{a}_{kn}\boldsymbol{X}_n \quad (k=3,4,\cdots,n),$$

在约束条件 $\boldsymbol{a}_k^{\mathrm{T}}\boldsymbol{a}_k=1$, 且与前述变量独立, 即满足

$$\mathrm{Cov}(\boldsymbol{Y}_k,\boldsymbol{Y}_j)=\mathrm{Cov}(\boldsymbol{a}_k^{\mathrm{T}}\boldsymbol{X},\boldsymbol{a}_j^{\mathrm{T}}\boldsymbol{X})=\boldsymbol{a}_k^{\mathrm{T}}\boldsymbol{\Sigma}\boldsymbol{a}_j=0, \quad j=1,2,\cdots,k-1$$

条件下, 确定组合系数 $\boldsymbol{a}_k=(a_{k1},a_{k2},\cdots,a_{kn})^{\mathrm{T}}$, 使得随机变量 $\boldsymbol{Y}_k$ 的方差

$$\mathrm{Var}(\boldsymbol{Y}_k)=\mathrm{Var}(\boldsymbol{a}_k^{\mathrm{T}}\boldsymbol{X})=\boldsymbol{a}_k^{\mathrm{T}}\boldsymbol{\Sigma}\boldsymbol{a}_k$$

达到最大, 称随机变量 $\boldsymbol{Y}_k$ 为 $\boldsymbol{X}$ 的第 k 主成分.

实际上, 在寻求各主成分的时候, 不需要求解优化问题, 而是直接计算样本的协方差矩阵 $\boldsymbol{\Sigma}$, 并求出其所有特征值及其对应的单位正交特征向量.

因协方差矩阵 $\boldsymbol{\Sigma}$ 为半正定矩阵, 设其特征值按从大到小顺序排列为

$$\lambda_1\geqslant\lambda_2\geqslant\cdots\geqslant\lambda_n\geqslant 0,$$

相应的单位正交特征向量为 $\boldsymbol{e}_1,\boldsymbol{e}_2,\cdots,\boldsymbol{e}_n$. 令 $\boldsymbol{P}=(\boldsymbol{e}_1,\boldsymbol{e}_2,\cdots,\boldsymbol{e}_n)$, $\boldsymbol{\Lambda}=\mathrm{diag}(\lambda_1,\lambda_2,\cdots,\lambda_n)$, 则矩阵 $\boldsymbol{P}$ 为正交矩阵, 且有 $\boldsymbol{P}^{\mathrm{T}}\boldsymbol{\Sigma}\boldsymbol{P}=\boldsymbol{P}^{-1}\boldsymbol{\Sigma}\boldsymbol{P}=\boldsymbol{\Lambda}$.

$\boldsymbol{X}$ 的第 k 个主成分可表示为

$$\boldsymbol{Y}_k=\boldsymbol{e}_k^{\mathrm{T}}\boldsymbol{X}=e_{k1}\boldsymbol{X}_1+e_{k2}\boldsymbol{X}_2+\cdots+e_{kn}\boldsymbol{X}_n, \quad k=1,2,\cdots,n,$$

其中 $\boldsymbol{e}_k=(e_{k1},e_{k2},\cdots,e_{kn})^{\mathrm{T}}$, 此时

$$\mathrm{Var}(\boldsymbol{Y}_k)=\mathrm{Var}(\boldsymbol{e}_k^{\mathrm{T}}\boldsymbol{X})=\boldsymbol{e}_k^{\mathrm{T}}\boldsymbol{\Sigma}\boldsymbol{e}_k=\lambda_k\boldsymbol{e}_k^{\mathrm{T}}\boldsymbol{e}_k=\lambda_k, \quad k=1,2,\cdots,n,$$

$$\mathrm{Cov}(\boldsymbol{Y}_k,\boldsymbol{Y}_j)=\boldsymbol{e}_k^{\mathrm{T}}\boldsymbol{\Sigma}\boldsymbol{e}_j=\lambda_k\boldsymbol{e}_k^{\mathrm{T}}\boldsymbol{e}_j=0, \quad j\neq k.$$

第 k 个主成分 $\boldsymbol{Y}_k$ 的贡献率为 $\dfrac{\lambda_k}{\sum\limits_{i=1}^{n}\lambda_i}$, 前 m 个主成分的累计贡献率为 $\dfrac{\sum\limits_{i=1}^{m}\lambda_i}{\sum\limits_{i=1}^{n}\lambda_i}(m\leqslant n)$, 若累计贡献率达到一定比例, 比如 85%, 则可选用前 m 个主成分 $\boldsymbol{Y}_1,\boldsymbol{Y}_2,\cdots,\boldsymbol{Y}_m$ 代替原始变量 $\boldsymbol{X}_1,\boldsymbol{X}_2,\cdots,\boldsymbol{X}_n$, 从而达到降维的目的.

下面以二维变量 $\boldsymbol{X}=(\boldsymbol{X}_1,\boldsymbol{X}_2)^{\mathrm{T}}$ 的数据

$$\boldsymbol{X} = \begin{pmatrix} -2 & 0 & 0 & 1 & 1 & -1 & 0 & -1 & 2 \\ -1 & -1 & 0 & 0 & 2 & -2 & 1 & 0 & 1 \end{pmatrix}$$

为例, 讨论如何用主成分分析方法进行降维处理.

计算协方差矩阵, 得

$$\boldsymbol{\Sigma} = \begin{pmatrix} 1.5 & 1 \\ 1 & 1.5 \end{pmatrix}.$$

解特征方程, 得到特征值为 $\lambda_1 = 2.5, \lambda_2 = 0.5$, 对于的特征向量分别为

$$\boldsymbol{p}_1 = \begin{pmatrix} 1 \\ 1 \end{pmatrix}, \quad \boldsymbol{p}_2 = \begin{pmatrix} -1 \\ 1 \end{pmatrix},$$

$\boldsymbol{p}_1, \boldsymbol{p}_2$ 正交, 直接单位化, 可得

$$\boldsymbol{e}_1 = \begin{pmatrix} \dfrac{1}{\sqrt{2}} \\ \dfrac{1}{\sqrt{2}} \end{pmatrix}, \quad \boldsymbol{e}_2 = \begin{pmatrix} -\dfrac{1}{\sqrt{2}} \\ \dfrac{1}{\sqrt{2}} \end{pmatrix}.$$

得到两个主成分分别为

$$\boldsymbol{Y}_1 = \boldsymbol{e}_1^{\mathrm{T}}\boldsymbol{X} = \frac{1}{\sqrt{2}}\boldsymbol{X}_1 + \frac{1}{\sqrt{2}}\boldsymbol{X}_2,$$

$$\boldsymbol{Y}_2 = \boldsymbol{e}_2^{\mathrm{T}}\boldsymbol{X} = -\frac{1}{\sqrt{2}}\boldsymbol{X}_1 + \frac{1}{\sqrt{2}}\boldsymbol{X}_2,$$

其中第一主成分的贡献率为 $\dfrac{\lambda_1}{\lambda_1 + \lambda_2} = \dfrac{2.5}{2.5 + 0.5} = 83.33\%$, 因此, 可用第一主成分 $\boldsymbol{Y}_1$ 代替原二维变量 $\boldsymbol{X} = (\boldsymbol{X}_1, \boldsymbol{X}_2)^{\mathrm{T}}$, 从而得到降维后的变量为

$$\begin{aligned} \boldsymbol{Y}_1 =& \boldsymbol{e}_1^{\mathrm{T}}\boldsymbol{X} = \left(\frac{1}{\sqrt{2}}, \quad \frac{1}{\sqrt{2}}\right)\begin{pmatrix} -2 & 0 & 0 & 1 & 1 & -1 & 0 & -1 & 2 \\ -1 & -1 & 0 & 0 & 2 & -2 & 1 & 0 & 1 \end{pmatrix} \\ &= \left(\frac{-3}{\sqrt{2}}, \quad \frac{-1}{\sqrt{2}}, \quad 0, \quad \frac{1}{\sqrt{2}}, \quad \frac{3}{\sqrt{2}}, \quad \frac{-3}{\sqrt{2}}, \quad \frac{1}{\sqrt{2}}, \quad \frac{-1}{\sqrt{2}}, \quad \frac{3}{\sqrt{2}} \right). \end{aligned}$$

降维结果如图 6.5 所示.

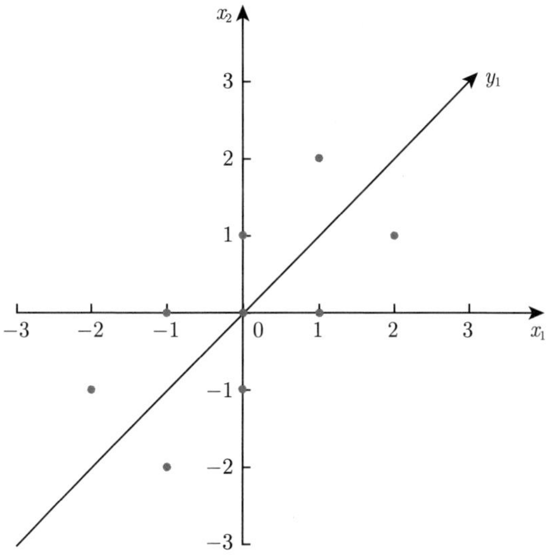

图 6.5 数据降维示意图

习 题 6

1. 用矩阵形式表示下列二次型:

(1) $f(x_1,x_2,x_3)=x_1^2+4x_2^2-6x_1x_2+2x_1x_3+4x_2x_3$;

(2) $f(x_1,x_2,x_3)=2x_2^2+x_3^2+2x_1x_3-6x_2x_3$;

(3) $f(x_1,x_2,x_3)=2x_1^2+4x_2^2+6x_3^2-8x_1x_2+6x_1x_3+4x_2x_3$.

2. 写出下列实对称矩阵对应的二次型:

(1) $\boldsymbol{A}=\begin{pmatrix}1&-1&0\\-1&0&0\\0&0&-2\end{pmatrix}$; (2) $\boldsymbol{A}=\begin{pmatrix}0&0&3\\0&2&0\\3&0&0\end{pmatrix}$; (3)$\boldsymbol{A}=\begin{pmatrix}1&2&-1\\2&-2&1\\-1&1&3\end{pmatrix}$.

3. 求一个正交变换, 将下列二次型化为标准形:

(1) $f(x_1,x_2,x_3)=2x_1^2+x_2^2-4x_1x_2-4x_2x_3$;

(2) $f(x_1,x_2,x_3)=2x_1x_2+2x_1x_3-2x_2x_3$;

(3) $f(x_1,x_2,x_3)=4x_1^2+4x_2^2+4x_3^2+4x_1x_2+4x_1x_3+4x_2x_3$;

(4) $f(x_1,x_2,x_3)=2x_1^2+6x_2^2+2x_3^2+8x_1x_3$.

4. 若二次型 $f(x_1,x_2,x_3)=x_1^2+3x_2^2+sx_3^2+2tx_1x_2+2x_1x_3+2x_2x_3$ 经正交变换 $\boldsymbol{x}=\boldsymbol{P}\boldsymbol{y}$ 化为标准形 $f(y_1,y_2,y_3)=y_2^2+4y_3^2$, 求 s 和 t 的值以及正交矩阵 $\boldsymbol{P}$.

5. 用配方法将下列二次型化为标准形:

(1) $f(x_1,x_2,x_3)=x_1^2+3x_2^2-2x_1x_2-4x_2x_3$;

(2) $f(x_1,x_2,x_3)=4x_2^2+2x_3^2+4x_1x_2+6x_1x_3+4x_2x_3$;

(3) $f(x_1,x_2,x_3)=x_1x_2+x_1x_3+x_2x_3$;

(4) $f(x_1,x_2,x_3)=2x_1x_2+2x_1x_3$.

6. 判断下列二次型的正定性:

(1) $f(x_1,x_2,x_3)=5x_1^2+6x_2^2+4x_3^2-4x_1x_2-4x_2x_3$;

(2) $f(x_1,x_2,x_3)=3x_1^2+3x_2^2+3x_3^2+2x_1x_2+2x_1x_3-2x_2x_3$;

(3) $f(x_1,x_2,x_3)=2x_1^2-2x_1x_2+6x_1x_3+4x_2^2-4x_2x_3+6x_3^2$;

(4) $f(x_1,x_2,x_3)=-2x_1^2-6x_2^2-4x_3^2+2x_1x_2+2x_1x_3$.

7. t 取何值时, 下列二次型是正定的:

(1) $f(x_1,x_2,x_3)=x_1^2+x_2^2+5x_3^2+2tx_1x_2-2x_1x_3+4x_2x_3$;

(2) $f(x_1,x_2,x_3)=2x_1^2+x_2^2+x_3^2+2x_1x_2+tx_1x_3$.

8. 若 $\boldsymbol{A},\boldsymbol{B}$ 均为 n 阶正定矩阵, 证明: $\boldsymbol{A}^{\mathrm{T}},\boldsymbol{A}^{-1},\boldsymbol{A}^m,\boldsymbol{A}+\boldsymbol{B}$ 也是正定矩阵, 其中 m 为正整数.

9. 若 $\boldsymbol{A}=(a_{ij})$ 为 n 阶正定矩阵, 证明: $a_{ii}>0(i=1,2,\cdots,n)$.

10. 若 $\boldsymbol{A}$ 为 n 阶正定矩阵, 证明: $\boldsymbol{A}$ 与 $\boldsymbol{E}$ 合同.

11. 若 $\boldsymbol{A}$ 为 n 阶正定矩阵, 证明: 存在 n 阶正定矩阵 $\boldsymbol{B}$, 使得 $\boldsymbol{A}=\boldsymbol{B}^2$.

12. 若二次型 $f(x_1,x_2,x_3)=(x_1+a_1x_2)^2+(x_2+a_2x_3)^2+(x_3+a_3x_1)^2$, 其中 $a_i(i=1,2,3)$ 为实数, 试问: 当 a_1,a_2,a_3 满足什么条件时, 二次型 $f(x_1,x_2,x_3)$ 为正定二次型?

13. 用正交变换化二次型 $f(x_1,x_2,x_3)=5x_1^2+5x_2^2+3x_3^2-2x_1x_2+6x_1x_3-6x_2x_3$ 为标准型, 写出所作的正交变换, 并指出 $f(x_1,x_2,x_3)=1$ 为何种二次曲面.

14. 设有一球心在坐标原点的单位球体, 球内的粉尘粒子在电场作用下形成带电粒子并吸附在球体内壁. 球面上 $P(x,y,z)$ 处的电荷面密度 $(\mathrm{C/m^2})$ 为

$$\sigma(x,y,z)=3x^2+2y^2+2z^2+2xy+2xz,$$

试求球面何处的电荷面密度最大? 何处的电荷面密度最小? 最大面密度和最小面密度分别是何值?

第6章自测题

第6章自测题答案

第6章相关考研题

部分习题答案

习题 1

1. (1) 3; (2) 5; (3) $n-1$; (4) $\dfrac{(n-1)(n-2)}{2}$; (5) $n(n-1)$.

2. $a_{13}a_{21}a_{32}a_{44}$, $-a_{13}a_{21}a_{34}a_{42}$, $-a_{13}a_{24}a_{32}a_{41}$, $a_{14}a_{23}a_{32}a_{41}$.

3. (1) -2, 3; (2) 0, 2.

4. 略.

5. (1) $4abcdef$; (2) $4(a^2b+b^2c+ac^2-bc^2-ab^2-ca^2)$; (3) $(a+3b)(a-b)^3$;

(4) $-\left(\sum\limits_{i=1}^{4}a_i-b\right)b^3$; (5) 0; (6) 160; (7) 1; (8) 16.

6. 略.

7. (1) $6x^3-9x^2-x+1$; (2) $-4(x^3+x^2+x+1)$; (3) x^4.

8. (1) 48; (2) $b+2d+2c-a$; (3) 12; (4) $xyzuv$;

(5) $abcd(b-a)(c-a)(d-a)(c-b)(d-b)(d-c)$.

9. 略.

10. 略.

11. (1) $a^{n-2}(a^2-1)$; (2) $[x+(n-1)a](x-a)^{n-1}$; (3) $\left(x_0-\sum\limits_{i=1}^{n}\dfrac{1}{x_i}\right)\prod\limits_{i=1}^{n}x_i$;

(4) $x^n+(-1)^{n+1}y^n$.

12. 略.

13. 10.

14. 12, -8.

15. (1) $x_1=1,x_2=2,x_3=3$; (2) $x_1=1,x_2=2,x_3=2,x_4=-1$.

16. (1) $\lambda=2,5$ 或 8; (2) $\lambda=-1$ 或 -3.

17. 略.

18. 略.

19. $P_2(x)=x^2+x+1$.

习题 2

1. $a=1,b=2$.

2. $\boldsymbol{A}+\boldsymbol{B}=\begin{pmatrix} 7 & 7 & 0 \\ 2 & 2 & 11 \end{pmatrix}$, $3\boldsymbol{A}-2\boldsymbol{B}=\begin{pmatrix} 1 & 6 & 5 \\ -4 & 11 & 3 \end{pmatrix}$.

3. $\begin{cases} z_1 = 2x_1+3x_2-3x_3, \\ z_2 = 9x_1+7x_2-7x_3, \\ z_3 = \quad\quad -4x_2-5x_3. \end{cases}$

4. (1) -4; (2) $\begin{pmatrix} 2 & 6 & -2 \\ -1 & -3 & 1 \\ 3 & 9 & -3 \end{pmatrix}$; (3) $\begin{pmatrix} 4 \\ 6 \\ -5 \end{pmatrix}$; (4) $\begin{pmatrix} 7 & -3 & 1 \\ 4 & 9 & -8 \\ 22 & -3 & -2 \end{pmatrix}$;

(5) $a_{11}x_1^2+a_{22}x_2^2+a_{33}x_3^2+2a_{12}x_1x_2+2a_{13}x_1x_3+2a_{23}x_2x_3$.

5. $\boldsymbol{AB}=\begin{pmatrix} -3 & 6 & 1 \\ 1 & 0 & 18 \\ -2 & -2 & 7 \end{pmatrix}$; $\boldsymbol{BA}=\begin{pmatrix} 2 & 3 & -2 \\ 3 & 0 & 11 \\ -14 & -4 & 2 \end{pmatrix}$; $\boldsymbol{A}^{\mathrm{T}}\boldsymbol{B}=\begin{pmatrix} -1 & 2 & -15 \\ 0 & 3 & -7 \\ -9 & 14 & -3 \end{pmatrix}$.

6. $a=2, b=-1$.

7. 略.

8. $\boldsymbol{A}^2=\begin{pmatrix} 1 & 0 \\ 2\lambda & 1 \end{pmatrix}, \boldsymbol{A}^3=\begin{pmatrix} 1 & 0 \\ 3\lambda & 1 \end{pmatrix}, \boldsymbol{A}^k=\begin{pmatrix} 1 & 0 \\ k\lambda & 1 \end{pmatrix}$.

9. $\boldsymbol{A}^n=\begin{pmatrix} 1 & n & \frac{n(n-1)}{2} \\ 0 & 1 & n \\ 0 & 0 & 1 \end{pmatrix}$. 提示: 设 $\boldsymbol{B}=\begin{pmatrix} 0 & 1 & 0 \\ 0 & 0 & 1 \\ 0 & 0 & 0 \end{pmatrix}$, 则 $\boldsymbol{A}^n=(\boldsymbol{E}+\boldsymbol{B})^n=\boldsymbol{E}+\mathrm{C}_n^1\boldsymbol{B}+\mathrm{C}_n^2\boldsymbol{B}^2$.

10. $\boldsymbol{A}=5, \boldsymbol{B}=\begin{pmatrix} 1 & 2 & 3 \\ -1 & -2 & -3 \\ 2 & 4 & 6 \end{pmatrix}, \boldsymbol{A}^n=5^n, \boldsymbol{B}^n=5^{n-1}\begin{pmatrix} 1 & 2 & 3 \\ -1 & -2 & -3 \\ 2 & 4 & 6 \end{pmatrix}$.

11. $\boldsymbol{A}^n=\begin{pmatrix} 5-4\times 3^n & -2+2\times 3^n \\ 10-10\times 3^n & -4+5\times 3^n \end{pmatrix}$.

12. 略.

13. 略.

14. 略.

15. 略.

16. (1) $\begin{pmatrix} -\frac{5}{2} & \frac{3}{2} \\ 2 & -1 \end{pmatrix}$; (2) $\begin{pmatrix} \cos\theta & \sin\theta \\ -\sin\theta & \cos\theta \end{pmatrix}$; (3) $\begin{pmatrix} 2 & -1 & -1 \\ 2 & -2 & -1 \\ -1 & 1 & 1 \end{pmatrix}$;

(4) $\begin{pmatrix} -2 & 1 & 0 \\ -\dfrac{13}{2} & 3 & -\dfrac{1}{2} \\ -16 & 7 & -1 \end{pmatrix}$.

17.(1) $x_1=5,\ x_2=0,\ x_3=3$; (2) $x_1=8, x_2=-4, x_3=-1$.

18. (1) $\boldsymbol{X}=\begin{pmatrix} 5 & 3 \\ -7 & -2 \end{pmatrix}$; (2) $\boldsymbol{X}=\begin{pmatrix} 2 & 9 & -5 \\ -4 & -12 & 8 \\ -2 & -10 & 7 \end{pmatrix}$;

(3) $\boldsymbol{X}=\begin{pmatrix} \dfrac{11}{2} & \dfrac{3}{2} \\ -15 & -2 \\ \dfrac{9}{2} & \dfrac{1}{2} \end{pmatrix}$; (4) $\boldsymbol{X}=\begin{pmatrix} 0 & 5 & -1 \\ 4 & 3 & 2 \\ 2 & 1 & 1 \end{pmatrix}$.

19. $\boldsymbol{X}=\begin{pmatrix} 4 & -3 & 6 \\ 3 & -5 & 5 \\ -6 & 8 & -9 \end{pmatrix}$

20. 略.

21. -4.

22. $\boldsymbol{B}=\begin{pmatrix} 2 & 0 & 0 \\ 0 & -4 & 0 \\ 0 & 0 & 2 \end{pmatrix}$.

23. 略.

24. 略.

25. $\boldsymbol{AB}=\begin{pmatrix} 4 & 3 & 3 & 0 \\ 11 & -3 & 0 & 3 \\ 8 & 2 & 0 & 0 \\ 2 & -4 & 0 & 0 \end{pmatrix}$, $\boldsymbol{BA}=\begin{pmatrix} 6 & -1 & 4 & 1 \\ -3 & -7 & 1 & -2 \\ 7 & -1 & 1 & 0 \\ 2 & 9 & 0 & 1 \end{pmatrix}$.

26. $|\boldsymbol{A}^8|=10^{16}$, $\boldsymbol{A}^4=\begin{pmatrix} 5^4 & 0 & 0 & 0 \\ 0 & 5^4 & 0 & 0 \\ 0 & 0 & 2^4 & 0 \\ 0 & 0 & 2^6 & 2^4 \end{pmatrix}$.

27. $|\boldsymbol{A}|=8$, $\boldsymbol{A}^{-1}=\begin{pmatrix} \dfrac{1}{2} & 0 & 0 & 0 \\ 0 & 3 & -2 & 0 \\ 0 & -1 & 1 & 0 \\ 0 & 0 & 0 & \dfrac{1}{4} \end{pmatrix}$.

28. 略.

29. (1) $\boldsymbol{A}=\begin{pmatrix}1&1.2&1.3\\1.2&1.4&1.7\\0.8&1&1.1\\1.1&1.2&1.3\end{pmatrix}$, $\boldsymbol{B}=\begin{pmatrix}1.5&1.7&2\\1.9&2&2.1\\1.3&1.4&1.5\\1.4&1.5&1.6\end{pmatrix}$;

(2) $\boldsymbol{A}+\boldsymbol{B}=\begin{pmatrix}2.5&2.9&3.3\\3.1&3.4&3.8\\2.1&2.4&2.6\\2.5&2.7&2.9\end{pmatrix}$.

意义: 四种产品在两季度起始月的销量和分别是 2.5, 3.1, 2.1, 2.5; 两季度中期销量和分别是 2.9, 3.4, 2.4, 2.7; 两季度末销量和分别是 3.3, 3.8, 2.6, 2.9.

$$\boldsymbol{B}-\boldsymbol{A}=\begin{pmatrix}0.5&0.5&0.7\\0.7&0.6&0.4\\0.5&0.4&0.4\\0.3&0.3&0.3\end{pmatrix}.$$

意义: 四种产品在第二季度起始月的销量比第一季度增加 0.5, 0.7, 0.5, 0.3; 第二季度中期销量比第一季度增加 0.5, 0.6, 0.4, 0.3; 第二季度末销量比第一季度增加 0.7, 0.4, 0.4, 0.3

30. (1) 销售到三个城市的产品价值. 重量和体积分别是: 北京 2050, 560, 2270; 上海 1375, 375, 1525; 深圳 550, 150, 610.

(2) 产品的总价值. 总重量和总体积分别是 3975, 1085, 4405.

31. 二车间.

32. $\begin{pmatrix}x_n\\y_n\end{pmatrix}=\begin{pmatrix}1&-0.15\\-0.1&1\end{pmatrix}\begin{pmatrix}x_{n-1}\\y_{n-1}\end{pmatrix}, n=1,2,3,\cdots$, 其中 $\begin{pmatrix}x_0\\y_0\end{pmatrix}=\begin{pmatrix}10000\\5000\end{pmatrix}$.

33. $\begin{pmatrix}12.5\\12.5\\5\end{pmatrix}$, $\begin{pmatrix}11.125\\14.000\\4.875\end{pmatrix}$.

习题 3

1. (1) $\begin{pmatrix}1&1&1\\0&1&2\\0&0&-1\end{pmatrix}$; (2) $\begin{pmatrix}-1&1&2&1\\0&1&-1&2\\0&0&-2&-5\end{pmatrix}$; (3) $\begin{pmatrix}1&0&-1\\0&1&1\\0&0&3\\0&0&0\end{pmatrix}$;

(4) $\begin{pmatrix}1&1&2&-1\\0&1&1&-2\\0&0&2&-1\\0&0&0&0\end{pmatrix}$.

2. (1) $\begin{pmatrix} 1 & 0 & -15 & -5 \\ 0 & 1 & 6 & 3 \\ 0 & 0 & 0 & 0 \end{pmatrix}$; (2) $\begin{pmatrix} 1 & \frac{1}{2} & -\frac{1}{2} & 0 & \frac{1}{2} \\ 0 & 0 & 0 & 1 & 0 \\ 0 & 0 & 0 & 0 & 0 \end{pmatrix}$;

(3) $\begin{pmatrix} 1 & 0 & 0 & 7 \\ 0 & 1 & 0 & 11 \\ 0 & 0 & 1 & 0 \\ 0 & 0 & 0 & 0 \end{pmatrix}$; (4) $\begin{pmatrix} 1 & 0 & 0 & 1 & 1 \\ 0 & 1 & 0 & -3 & 2 \\ 0 & 0 & 1 & 2 & -3 \\ 0 & 0 & 0 & 0 & 0 \end{pmatrix}$.

3. (1) $\begin{pmatrix} \boldsymbol{E}_2 & \boldsymbol{O} \\ \boldsymbol{O} & \boldsymbol{O} \end{pmatrix}$; (2) $\boldsymbol{E}_3$; (3) $\begin{pmatrix} \boldsymbol{E}_3, & \boldsymbol{O} \end{pmatrix}$; (4) $\begin{pmatrix} \boldsymbol{E}_3 & \boldsymbol{O} \\ \boldsymbol{O} & \boldsymbol{O} \end{pmatrix}$.

4. $\begin{pmatrix} 3 & 2 & 1 \\ 4 & 3 & 2 \\ 8069 & 6052 & 4035 \end{pmatrix}$.

5. $\boldsymbol{A} = \begin{pmatrix} 1 & 0 & 0 \\ 0 & 1 & 0 \\ 2 & 0 & 1 \end{pmatrix} \begin{pmatrix} 1 & 0 & 0 \\ 0 & 0 & 1 \\ 0 & 1 & 0 \end{pmatrix} \begin{pmatrix} 1 & 0 & 0 \\ 0 & 1 & 0 \\ 0 & 0 & -1 \end{pmatrix}$

6. (1) $\boldsymbol{A}^{-1} = \begin{pmatrix} 1 & -4 & -3 \\ 1 & -5 & -3 \\ -1 & 6 & 4 \end{pmatrix}$; (2) $\boldsymbol{A}^{-1} = \begin{pmatrix} -\frac{5}{2} & 1 & -\frac{1}{2} \\ 5 & -1 & 1 \\ \frac{7}{2} & -1 & \frac{1}{2} \end{pmatrix}$;

(3) $\boldsymbol{A}^{-1} = \begin{pmatrix} 1 & 0 & 0 & 0 \\ -1 & 1 & 0 & 0 \\ 0 & -1 & 1 & 0 \\ 0 & 0 & -1 & 1 \end{pmatrix}$; (4) $\boldsymbol{A}^{-1} = \begin{pmatrix} 1 & -2 & 4 & -9 \\ 0 & 1 & -2 & 4 \\ 0 & 0 & 1 & -2 \\ 0 & 0 & 0 & 1 \end{pmatrix}$.

7. $\boldsymbol{X} = \begin{pmatrix} 15 & 3 \\ 7 & 2 \\ -3 & -1 \end{pmatrix}$.

8. $\boldsymbol{B} = \begin{pmatrix} 3 & -8 & -6 \\ 2 & -9 & -6 \\ -2 & 12 & 9 \end{pmatrix}$.

9. $\boldsymbol{X} = \begin{pmatrix} 1 & 5 \\ 0 & 6 \\ -1 & 5 \end{pmatrix}$.

10. $\boldsymbol{X}=\frac{1}{4}\begin{pmatrix}1&1&0\\0&1&1\\1&0&1\end{pmatrix}$.

11.(1) 3; (2) 2; (3) 4; (4) 2.

12. $a=2$.

13. (1) 当 $a=-8,b=-2$ 时, $R(\boldsymbol{A})=2$;

(2) 当 $a=-8,b\neq-2$ 时, $R(\boldsymbol{A})=3$;

(3) 当 $a\neq-8,b=-2$ 时, $R(\boldsymbol{A})=3$;

(4) 当 $a\neq-8,b\neq-2$ 时, $R(\boldsymbol{A})=4$.

14.$\lambda=2$ 或 $\lambda=-5$.

15. (1) $\begin{pmatrix}2&-1&4&2\\1&2&-3&6\end{pmatrix}$; (2) $\begin{pmatrix}1&3&-2&4\\1&2&1&-1\\3&-1&4&2\end{pmatrix}$; (3) $\begin{pmatrix}3&-1&4&3&1\\1&-2&2&1&2\\2&3&1&4&-1\\1&-4&3&-1&2\end{pmatrix}$.

16. (1) $\begin{cases}x_1+2x_2-2x_3+x_4=4,\\-x_1+x_2-x_3+x_4=2;\end{cases}$ (2) $\begin{cases}x_1+x_2+x_3=-1,\\4x_1+3x_2+5x_3=-1,\\2x_1+x_2+3x_3=1;\end{cases}$

(3) $\begin{cases}x_1+x_2+x_3+2x_4=3,\\2x_1+3x_2+x_3+7x_4=8,\\x_1+2x_2+3x_4=4,\\-x_2+x_3-2x_4=-1.\end{cases}$

17. (1) $\begin{cases}x_1=-2c,\\x_2=2c,\\x_3=-c,\\x_4=c,\end{cases}$ c 为任意实数; (2) $\begin{cases}x_1=-\frac{5}{14}c_1+\frac{1}{2}c_2,\\x_2=\frac{3}{14}c_1-\frac{1}{2}c_2,\\x_3=c_1,\\x_4=c_2.\end{cases}$ c_1,c_2 为任意实数;

(3) 唯一零解.

18. (1) 无解; (2) $\begin{cases}x_1=-\frac{1}{3}c+\frac{4}{3},\\x_2=-\frac{2}{3}c-\frac{1}{2},\\x_3=c,\\x_4=\frac{1}{6},\end{cases}$ c 为任意实数.

19.$\lambda=1$ 或 $\mu=0$.

20.(1) 当 $k\neq0$ 且 $k\neq\pm1$ 时, 有唯一解;

(2) 当 $k=0$ 时, 无解;

(3) 当 $k=1$ 或 $k=-1$ 时, 有无穷多个解.

21. 当 $k\neq 1$ 且 $k\neq -2$ 时, 有唯一解 $x_1=x_2=x_3=\dfrac{1}{k+2}$; 当 $k=-2$ 时, 无解; 当 $k=1$ 时, 有无穷多个解 $x_1=1-c_1-c_2, x_2=c_1, x_3=c_2$, 其中 c_1, c_2 取任意实数.

22. (1) 当 $\lambda\neq 0$ 且 $\mu\neq 1$ 时有唯一解;

(2) 当 $\lambda=0$ 或 $\mu=1$ 且 $\lambda\neq\dfrac{1}{2}$ 时, 无解;

(3) 当 $\lambda=\dfrac{1}{2}$ 且 $\mu=1$ 时, 有无穷多个解.

23. 略.

24. 略.

25. 略.

26. 略.

27. 略.

习题 4

1. (1) $\boldsymbol{\beta}=2\boldsymbol{\alpha}_1-2\boldsymbol{\alpha}_2+\boldsymbol{\alpha}_3$; (2) $\boldsymbol{\beta}$ 不能由 $\boldsymbol{\alpha}_1,\boldsymbol{\alpha}_2,\boldsymbol{\alpha}_3$ 线性表示; (3) $\boldsymbol{\beta}=3\boldsymbol{\alpha}_1+\boldsymbol{\alpha}_2$.

2. 略.

3. 略.

4. (1) 线性无关; (2) 线性相关.

5. (1) $c\neq 7$ 时线性无关; (2) $c=7$ 时线性相关, 且 $\boldsymbol{\alpha}_3=\dfrac{13}{7}\boldsymbol{\alpha}_1+\dfrac{5}{7}\boldsymbol{\alpha}_2$.

6. 略.

7. 线性相关.

8. $abc=1$.

9. 略.

10. 略.

11. (1) $R(\boldsymbol{A})=2$, 第 1, 2 列是极大无关组; (2) $R(\boldsymbol{A})=3$, 第 1, 2, 4 列是极大无关组.

12. (1) $R(\boldsymbol{A})=3$, 极大无关组为 $\boldsymbol{\alpha}_1,\boldsymbol{\alpha}_2,\boldsymbol{\alpha}_3$, 且 $\boldsymbol{\alpha}_4=3\boldsymbol{\alpha}_1-2\boldsymbol{\alpha}_2+\boldsymbol{\alpha}_3$;

(2) $R(\boldsymbol{A})=3$, 极大无关组为 $\boldsymbol{\alpha}_1,\boldsymbol{\alpha}_2,\boldsymbol{\alpha}_4$, 且 $\boldsymbol{\alpha}_3=3\boldsymbol{\alpha}_1+\boldsymbol{\alpha}_2, \boldsymbol{\alpha}_5=-2\boldsymbol{\alpha}_1+\boldsymbol{\alpha}_2+4\boldsymbol{\alpha}_4$;

(3) $R(\boldsymbol{A})=2$, 极大无关组为 $\boldsymbol{\alpha}_1,\boldsymbol{\alpha}_2$, 且 $\boldsymbol{\alpha}_3=2\boldsymbol{\alpha}_1-\boldsymbol{\alpha}_2, \boldsymbol{\alpha}_4=-4\boldsymbol{\alpha}_1+3\boldsymbol{\alpha}_2, \boldsymbol{\alpha}_5=\boldsymbol{\alpha}_1+\boldsymbol{\alpha}_2$.

13. 略.

14. 略.

15. 略.

16. (1) 基础解系 $\boldsymbol{\xi}_1=\begin{pmatrix}8\\-6\\1\\0\end{pmatrix}, \boldsymbol{\xi}_2=\begin{pmatrix}-7\\5\\0\\1\end{pmatrix}$, 通解 $\boldsymbol{x}=k_1\boldsymbol{\xi}_1+k_2\boldsymbol{\xi}_2(k_1,k_2\in\mathbf{R})$;

(2) 基础解系 $\xi = \begin{pmatrix} -\frac{7}{9} \\ -\frac{2}{9} \\ \frac{5}{9} \\ 1 \end{pmatrix}$, 通解 $\boldsymbol{x} = k\boldsymbol{\xi}(k \in \mathbf{R})$;

(3) 基础解系 $\boldsymbol{\xi}_1 = \begin{pmatrix} 2 \\ 1 \\ 0 \\ 0 \end{pmatrix}, \boldsymbol{\xi}_2 = \begin{pmatrix} \frac{2}{7} \\ 0 \\ -\frac{5}{7} \\ 1 \end{pmatrix}$, 通解 $\boldsymbol{x} = k_1\boldsymbol{\xi}_1 + k_2\boldsymbol{\xi}_2(k_1, k_2 \in \mathbf{R})$;

(4) 基础解系 $\boldsymbol{\xi} = \begin{pmatrix} -\frac{1}{3} \\ -\frac{2}{3} \\ -\frac{1}{3} \\ 1 \end{pmatrix}$, 通解 $\boldsymbol{x} = k\boldsymbol{\xi}(k \in \mathbf{R})$.

17. 略.

18. (1) $\boldsymbol{\eta}_0 = \begin{pmatrix} 1 \\ 0 \\ 1 \\ 0 \end{pmatrix}, \boldsymbol{\xi} = \begin{pmatrix} -\frac{3}{2} \\ \frac{3}{2} \\ -\frac{1}{2} \\ 1 \end{pmatrix}$, 通解 $\boldsymbol{x} = \boldsymbol{\eta}_0 + k\boldsymbol{\xi}(k \in \mathbf{R})$;

(2) $\boldsymbol{\eta}_0 = \begin{pmatrix} -\frac{3}{5} \\ -\frac{1}{5} \\ 0 \\ 0 \end{pmatrix}, \boldsymbol{\xi}_1 = \begin{pmatrix} -\frac{4}{5} \\ \frac{7}{5} \\ 1 \\ 0 \end{pmatrix}, \boldsymbol{\xi}_2 = \begin{pmatrix} \frac{1}{5} \\ -\frac{3}{5} \\ 0 \\ 1 \end{pmatrix}$, 通解 $\boldsymbol{x} = \boldsymbol{\eta}_0 + k_1\boldsymbol{\xi}_1 + k_2\boldsymbol{\xi}_2(k_1, k_2 \in \mathbf{R})$;

(3) $\boldsymbol{\eta}_0 = \begin{pmatrix} 1 \\ -2 \\ 0 \\ 0 \end{pmatrix}, \boldsymbol{\xi}_1 = \begin{pmatrix} -\frac{9}{7} \\ \frac{1}{7} \\ 1 \\ 0 \end{pmatrix}, \boldsymbol{\xi}_2 = \begin{pmatrix} \frac{1}{2} \\ -\frac{1}{2} \\ 0 \\ 1 \end{pmatrix}$, 通解 $\boldsymbol{x} = \boldsymbol{\eta}_0 + k_1\boldsymbol{\xi}_1 + k_2\boldsymbol{\xi}_2(k_1, k_2 \in \mathbf{R})$;

(4) $\boldsymbol{\eta}_0=\begin{pmatrix}0\\-3\\-4\\0\end{pmatrix},\boldsymbol{\xi}=\begin{pmatrix}-11\\-12\\-9\\1\end{pmatrix}$, 通解 $\boldsymbol{x}=\boldsymbol{\eta}_0+k\boldsymbol{\xi}(k\in\mathbf{R})$.

19. 通解为: $\begin{pmatrix}1\\2\\4\\5\end{pmatrix}+k\begin{pmatrix}0\\3\\8\\7\end{pmatrix}\quad(k\in\mathbf{R})$.

20. 略.

21. 略.

22. 略.

23. 略.

24. (1) 是; (2) 是; (3) 是; (4) 不是; (5) 不是.

25. $\boldsymbol{\beta}_1$ 在基 $\boldsymbol{\alpha}_1,\boldsymbol{\alpha}_2,\boldsymbol{\alpha}_3$ 下的坐标为 $\left(\frac{2}{5},\ \frac{6}{5},\ 1\right)^{\mathrm{T}}$, $\boldsymbol{\beta}_2$ 在基 $\boldsymbol{\alpha}_1,\boldsymbol{\alpha}_2,\boldsymbol{\alpha}_3$ 下的坐标为 $\left(-\frac{8}{5},\ \frac{11}{5},\ 1\right)^{\mathrm{T}}$.

26. $\boldsymbol{P}=\begin{pmatrix}3&1&0\\-4&-6&3\\6&9&-5\end{pmatrix},\begin{cases}\boldsymbol{\beta}_1=3\boldsymbol{\alpha}_1-4\boldsymbol{\alpha}_2+6\boldsymbol{\alpha}_3,\\\boldsymbol{\beta}_2=\ \ \boldsymbol{\alpha}_1-6\boldsymbol{\alpha}_2+9\boldsymbol{\alpha}_3,\\\boldsymbol{\beta}_3=\qquad\ \ 3\boldsymbol{\alpha}_2-5\boldsymbol{\alpha}_3.\end{cases}$

27. (1) 可行, 至少需要购买 A,B,D,E 调味制品, C 可由 1 份 A 和 2 份 B 配制, F 可由 1 份 A 和 1 份 B 配制; (2) 3 份 A, 1 份 B 和 1 份 D.

28. 略.

习题 5

1. $a=4$.

2. (1) $\boldsymbol{b}_1=\begin{pmatrix}1\\2\\-1\end{pmatrix},\boldsymbol{b}_2=\begin{pmatrix}-\frac{5}{3}\\\frac{5}{3}\\\frac{5}{3}\end{pmatrix},\boldsymbol{b}_3=\begin{pmatrix}1\\0\\1\end{pmatrix}$;

(2) $\boldsymbol{b}_1=\begin{pmatrix}0\\1\\1\end{pmatrix},\boldsymbol{b}_2=\begin{pmatrix}1\\-\frac{1}{2}\\\frac{1}{2}\end{pmatrix},\boldsymbol{b}_3=\begin{pmatrix}\frac{2}{3}\\\frac{2}{3}\\-\frac{2}{3}\end{pmatrix}$;

(3) $\boldsymbol{b}_1=\begin{pmatrix}1\\1\\0\end{pmatrix},\boldsymbol{b}_2=\begin{pmatrix}-\frac{1}{2}\\\frac{1}{2}\\0\end{pmatrix},\boldsymbol{b}_3=\begin{pmatrix}0\\0\\1\end{pmatrix}$.

3. (1) 不是; (2) 是; (3) 是.

4. 略.

5. 略.

6. (1) $\lambda_1=1,\lambda_2=\lambda_3=3$, $\boldsymbol{p}_1=\begin{pmatrix}3\\1\\-3\end{pmatrix},\boldsymbol{p}_2=\begin{pmatrix}1\\1\\-1\end{pmatrix}$;

(2) $\lambda_1=-3,\ \lambda_2=1,\ \lambda_3=-1$, $\boldsymbol{p}_1=\begin{pmatrix}0\\1\\0\end{pmatrix},\boldsymbol{p}_2=\begin{pmatrix}-3\\-3\\1\end{pmatrix},\boldsymbol{p}_3=\begin{pmatrix}-1\\-1\\1\end{pmatrix}$;

(3) $\lambda_1=-3,\lambda_2=\lambda_3=1$, $\boldsymbol{p}_1=\begin{pmatrix}0\\0\\1\end{pmatrix},\boldsymbol{p}_2=\begin{pmatrix}2\\2\\1\end{pmatrix}$.

7. $\lambda_1=0,\lambda_2=\lambda_3=2$. $\boldsymbol{p}_1=\begin{pmatrix}-1\\0\\1\end{pmatrix},\boldsymbol{p}_2=\begin{pmatrix}0\\1\\0\end{pmatrix},\boldsymbol{p}_3=\begin{pmatrix}1\\0\\1\end{pmatrix}$.

8. 略.

9. 略.

10. 略.

11. $\lambda_1=1,\ \lambda_2=3,\ \lambda_3=3$.

12. $m=0$ 或 $m=-1$.

13. $x=4,y=5$.

14. (1) $\boldsymbol{P}=\begin{pmatrix}2&-1&0\\1&0&1\\0&1&1\end{pmatrix},\boldsymbol{P}^{-1}\boldsymbol{A}\boldsymbol{P}=\begin{pmatrix}1&&\\&1&\\&&3\end{pmatrix}$;

(2) $\boldsymbol{P}=\begin{pmatrix}-2&2&-1\\1&0&-2\\0&1&2\end{pmatrix},\boldsymbol{P}^{-1}\boldsymbol{A}\boldsymbol{P}=\begin{pmatrix}1&&\\&1&\\&&10\end{pmatrix}$;

(3) 不能;

(4) 不能.

15. $x=-1$ 时，A 可对角化.

16. (1) $\lambda=1,a=3,b=-4$; (2) 能.

17. $\boldsymbol{A}=\dfrac{1}{3}\begin{pmatrix}-1 & 0 & 2\\ 0 & 1 & 2\\ 2 & 2 & 0\end{pmatrix}$.

18. $a=5,b=6$，$\boldsymbol{P}=\begin{pmatrix}-1 & 1 & 1\\ 1 & 0 & -2\\ 0 & 1 & 3\end{pmatrix}$.

19. $\boldsymbol{A}=\begin{pmatrix}-1 & 1 & 0\\ -2 & 2 & 0\\ 4 & -2 & 1\end{pmatrix}$.

20. (1) $\boldsymbol{P}=\begin{pmatrix}-\dfrac{1}{\sqrt{2}} & 0 & \dfrac{1}{\sqrt{2}}\\ \dfrac{1}{\sqrt{2}} & 0 & \dfrac{1}{\sqrt{2}}\\ 0 & 1 & 0\end{pmatrix},\boldsymbol{P}^{-1}\boldsymbol{AP}=\begin{pmatrix}2 & & \\ & 2 & \\ & & 4\end{pmatrix}$;

(2) $\boldsymbol{P}=\begin{pmatrix}\dfrac{1}{\sqrt{3}} & -\dfrac{1}{\sqrt{2}} & -\dfrac{1}{\sqrt{6}}\\ \dfrac{1}{\sqrt{3}} & \dfrac{1}{\sqrt{2}} & -\dfrac{1}{\sqrt{6}}\\ \dfrac{1}{\sqrt{3}} & 0 & \dfrac{2}{\sqrt{6}}\end{pmatrix},\boldsymbol{P}^{-1}\boldsymbol{AP}=\begin{pmatrix}0 & & \\ & 3 & \\ & & 3\end{pmatrix}$;

(3) $\boldsymbol{P}=\dfrac{1}{3}\begin{pmatrix}1 & 2 & 2\\ 2 & 1 & -2\\ 2 & -2 & 1\end{pmatrix},\boldsymbol{P}^{-1}\boldsymbol{AP}=\begin{pmatrix}-2 & & \\ & 1 & \\ & & 4\end{pmatrix}$.

21. $\boldsymbol{A}=\begin{pmatrix}2 & -1 & 1\\ -1 & 2 & 1\\ 1 & 1 & 2\end{pmatrix}$.

22. 略.

23. 略.

24. 英国人.

25. (1) $\begin{pmatrix}x_{n+1}\\ y_{n+1}\end{pmatrix}=\begin{pmatrix}\dfrac{9}{10} & \dfrac{2}{5}\\ \dfrac{1}{10} & \dfrac{3}{5}\end{pmatrix}\begin{pmatrix}x_n\\ y_n\end{pmatrix}$; (2) $\lambda_1=\dfrac{1}{2},\lambda_2=1$;

(3) $\begin{pmatrix}x_{n+1}\\ y_{n+1}\end{pmatrix}=\dfrac{1}{5}\begin{pmatrix}4-3\times 2^{-n-1}\\ 1+3\times 2^{-n-1}\end{pmatrix}$.

26. 略.

习题 6

1. (1) $\boldsymbol{A}=\begin{pmatrix}1&-3&1\\-3&4&2\\1&2&0\end{pmatrix}$; (2) $\boldsymbol{A}=\begin{pmatrix}0&0&1\\0&2&-3\\1&-3&1\end{pmatrix}$; (3) $\boldsymbol{A}=\begin{pmatrix}2&-4&3\\-4&4&2\\3&2&6\end{pmatrix}$.

2. (1) $f(x_1,x_2,x_3)=x_1^2-2x_3^2-2x_1x_2$; (2) $f(x_1,x_2,x_3)=2x_2^2+6x_1x_3$;

(3) $f(x_1,x_2,x_3)=x_1^2-2x_2^2+3x_3^2+4x_1x_2-2x_1x_3+2x_2x_3$.

3. (1) $\boldsymbol{P}=\begin{pmatrix}\frac{1}{3}&-\frac{2}{3}&\frac{2}{3}\\\frac{2}{3}&-\frac{1}{3}&-\frac{2}{3}\\\frac{2}{3}&\frac{2}{3}&\frac{1}{3}\end{pmatrix}$, 正交变换 $\boldsymbol{x}=\boldsymbol{P}\boldsymbol{y}$, $f=-2y_1^2+y_2^2+4y_3^2$;

(2) $\boldsymbol{P}=\begin{pmatrix}-\frac{1}{\sqrt{3}}&\frac{1}{\sqrt{2}}&\frac{1}{\sqrt{6}}\\\frac{1}{\sqrt{3}}&\frac{1}{\sqrt{2}}&-\frac{1}{\sqrt{6}}\\\frac{1}{\sqrt{3}}&0&\frac{\sqrt{2}}{\sqrt{3}}\end{pmatrix}$, 正交变换 $\boldsymbol{x}=\boldsymbol{P}\boldsymbol{y}$, $f=-2y_1^2+y_2^2+y_3^2$;

(3) $\boldsymbol{P}=\begin{pmatrix}-\frac{1}{\sqrt{2}}&-\frac{1}{\sqrt{6}}&\frac{1}{\sqrt{3}}\\\frac{1}{\sqrt{2}}&-\frac{1}{\sqrt{6}}&\frac{1}{\sqrt{3}}\\0&\frac{2}{\sqrt{6}}&\frac{1}{\sqrt{3}}\end{pmatrix}$, 正交变换 $\boldsymbol{x}=\boldsymbol{P}\boldsymbol{y}$, $f=2y_1^2+2y_2^2+8y_3^2$;

(4) $\boldsymbol{P}=\begin{pmatrix}\frac{1}{\sqrt{2}}&0&\frac{1}{\sqrt{2}}\\0&1&0\\-\frac{1}{\sqrt{2}}&0&\frac{1}{\sqrt{2}}\end{pmatrix}$, 正交变换 $\boldsymbol{x}=\boldsymbol{P}\boldsymbol{y}$, $f=-2y_1^2+6y_2^2+6y_3^2$.

4. $s=1,t=1$, $\boldsymbol{P}=\begin{pmatrix}\frac{1}{\sqrt{2}}&\frac{1}{\sqrt{3}}&\frac{1}{\sqrt{6}}\\0&-\frac{1}{\sqrt{3}}&\frac{2}{\sqrt{6}}\\-\frac{1}{\sqrt{2}}&\frac{1}{\sqrt{3}}&\frac{1}{\sqrt{6}}\end{pmatrix}$,

5. (1) $f=y_1^2+2y_2^2-2y_3^2$, 可逆线性变换 $\boldsymbol{x}=\boldsymbol{C}\boldsymbol{y}$, $\boldsymbol{C}=\begin{pmatrix}1&1&1\\0&1&1\\0&0&1\end{pmatrix}$;

(2) $f=-5y_1^2+y_2^2+y_3^2$, 可逆线性变换 $\boldsymbol{x}=\boldsymbol{C}\boldsymbol{y}$, $\boldsymbol{C}=\begin{pmatrix}1&0&0\\ \frac{1}{2}&\frac{1}{2}&-\frac{1}{2}\\ -2&0&1\end{pmatrix}$;

(3) $f=z_1^2-z_2^2-z_3^2$, 可逆线性变换 $\boldsymbol{x}=\boldsymbol{C}\boldsymbol{z}$, $\boldsymbol{C}=\begin{pmatrix}1&1&-1\\ 1&-1&-1\\ 0&0&1\end{pmatrix}$;

(4) $f=z_1^2-z_2^2$, 可逆线性变换 $\boldsymbol{x}=\boldsymbol{C}z$, $\boldsymbol{C}=\begin{pmatrix}\frac{1}{\sqrt{2}}&\frac{1}{\sqrt{2}}&0\\ \frac{1}{\sqrt{2}}&-\frac{1}{\sqrt{2}}&-1\\ 0&0&1\end{pmatrix}$.

6. (1) 正定; (2) 正定; (3) 正定; (4) 负定.

7.(1) $-\frac{4}{5}<t<0$; (2) $-2<t<2$.

8. 略.

9. 略.

10. 略.

11. 略.

12. $a_1a_2a_3\neq-1$.

13. $\boldsymbol{P}=\begin{pmatrix}\frac{1}{\sqrt{2}}&\frac{1}{\sqrt{3}}&-\frac{1}{\sqrt{6}}\\ \frac{1}{\sqrt{2}}&-\frac{1}{\sqrt{3}}&\frac{1}{\sqrt{6}}\\ 0&\frac{1}{\sqrt{3}}&\frac{2}{\sqrt{6}}\end{pmatrix}$, 正交变换 $\boldsymbol{x}=\boldsymbol{P}\boldsymbol{y}$, 二次型标准形为 $f=4y_1^2+9y_2^2$. $f(x_1,x_2,x_3)=1$ 表示椭圆柱面.

14. 略.

主要参考文献

陈建华. 线性代数 [M]. 3 版. 北京: 机械工业出版社, 2011.

杜建卫, 王若鹏. 数学建模基础案例 [M]. 北京: 化学工业出版社, 2009.

马艳琴, 张荣艳, 陈东升. 线性代数案例教程 [M]. 北京: 科学出版社, 2012.

丘维声. 简明线性代数 [M]. 北京: 北京大学出版社, 2002.

邵珠艳, 岳丽. 线性代数 [M]. 北京: 北京大学出版社, 2013.

孙玺菁, 司守奎. MATLAB 的工程数学应用 [M]. 北京: 国防工业出版社, 2017.

同济大学数学系. 工程数学 —— 线性代数 [M]. 6 版. 北京: 高等教育出版社, 2014.

杨韧, 秦健秋. 数学实验 —— 基于 CDIO 模式 [M]. 2 版. 北京: 科学出版社, 2014.

张志让, 刘启宽. 线性代数与空间解析几何 [M]. 2 版. 北京: 高等教育出版社, 2009.

邹杰涛, 张杰. 线性代数及其应用 [M]. 北京: 科学出版社, 2014.

David C. Lay. 线性代数及其应用 [M]. 沈复兴, 傅莺莺, 莫单玉, 等译, 北京: 人民邮电出版社, 2007.

Steven J. Leon. 线性代数 [M]. 张文博, 张丽静, 译. 北京: 机械工业出版社, 2015.